U0345254

《中国工程物理研究院科技丛书》第 072 号

国防科技图书出版基金

放射性测量及其应用

Radioactive Measurement and Its Applications

主　编　蒙大桥
副主编　杨明太　吴伦强

国防工业出版社

·北京·

图书在版编目(CIP)数据

放射性测量及其应用/蒙大桥主编. —北京:国防工业出版社,2018.1
ISBN 978-7-118-11409-6

Ⅰ. ①放…　Ⅱ. ①蒙…　②杨…　Ⅲ. ①放射性分析
Ⅳ. ①TL73

中国版本图书馆 CIP 数据核字(2017)第 318784 号

※

*国防工业出版社*出版发行

(北京市海淀区紫竹院南路 23 号　邮政编码 100048)
天津嘉恒印务有限公司印刷
新华书店经售
*
开本 787×1092　1/16　印张 16¾　字数 318 千字
2018 年 1 月第 1 版第 1 次印刷　印数 1—3000 册　定价 109.00 元

(本书如有印装错误,我社负责调换)

国防书店:(010)88540777　　　发行邮购:(010)88540776
发行传真:(010)88540755　　　发行业务:(010)88540717

致 读 者

本书由中央军委装备发展部**国防科技图书出版基金**资助出版。

为了促进国防科技和武器装备发展,加强社会主义物质文明和精神文明建设,培养优秀科技人才,确保国防科技优秀图书的出版,原国防科工委于1988年初决定每年拨出专款,设立国防科技图书出版基金,成立评审委员会,扶持、审定出版国防科技优秀图书。这是一项具有深远意义的创举。

国防科技图书出版基金资助的对象是:

1. 在国防科学技术领域中,学术水平高,内容有创见,在学科上居领先地位的基础科学理论图书;在工程技术理论方面有突破的应用科学专著。

2. 学术思想新颖,内容具体、实用,对国防科技和武器装备发展具有较大推动作用的专著;密切结合国防现代化和武器装备现代化需要的高新技术内容的专著。

3. 有重要发展前景和有重大开拓使用价值,密切结合国防现代化和武器装备现代化需要的新工艺、新材料内容的专著。

4. 填补目前我国科技领域空白并具有军事应用前景的薄弱学科和边缘学科的科技图书。

国防科技图书出版基金评审委员会在中央军委装备发展部的领导下开展工作,负责掌握出版基金的使用方向,评审受理的图书选题,决定资助的图书选题和资助金额,以及决定中断或取消资助等。经评审给予资助的图书,由中央军委装备发展部国防工业出版社出版发行。

国防科技和武器装备发展已经取得了举世瞩目的成就,国防科技图书承担着记载和弘扬这些成就,积累和传播科技知识的使命。开展好评审工作,使有限的基金发挥出巨大的效能,需要不断摸索、认真总结和及时改进,更需要国防科技和武器装备建设战线广大科技工作者、专家、教授,以及社会各界朋友的热情支持。

让我们携起手来,为祖国昌盛、科技腾飞、出版繁荣而共同奋斗!

国防科技图书出版基金

评审委员会

《中国工程物理研究院科技丛书》
出 版 说 明

中国工程物理研究院建院 50 年来，坚持理论研究、科学实验和工程设计密切结合的科研方向，完成了国家下达的各项国防科技任务。通过完成任务，在许多专业领域里，不论是在基础理论方面，还是在实验测试技术和工程应用技术方面，都有重要发展和创新，积累了丰富的知识经验，造就了一大批优秀科技人才。

为了扩大科技交流与合作，促进我院事业的继承与发展，系统地总结我院 50 年来在各个专业领域里集体积累起来的经验，吸收国内外最新科技成果，形成一套系列科技丛书，无疑是一件十分有意义的事情。

这套丛书将部分地反映中国工程物理研究院科技工作的成果，内容涉及本院过去开设过的二十几个主要学科。现在和今后开设的新学科，也将编著出书，续入本丛书中。

这套丛书自 1989 年开始出版，在今后一段时期还将继续编辑出版。我院早些年零散编著出版的专业书籍，经编委会审定后，也纳入本丛书系列。

谨以这套丛书献给 50 年来为我国国防现代化而献身的人们！

《中国工程物理研究院科技丛书》
编审委员会
2008 年 5 月 8 日修改

《中国工程物理研究院科技丛书》
公开出版书目

编审委员会

主　任　蒙大桥

副主任　杨明太　吴伦强

编写组　赵德山　张连平　熊忠华　钟火平

前　言

以 1895 年伦琴发现 X 射线为开端,特别是放射性的发现,引起了人类科学思想上的革命,对认识宇宙、促进人类知识的发展产生了巨大的推动作用。100 多年来,放射性、原子能和核技术的应用深远地影响着人类的生存与发展。所有这一切,离不开放射性测量这一重要核技术支撑。

放射性测量是核物理实验和核技术应用的重要技术手段之一。近年来,放射性测量技术的应用几乎涵盖国防军事、工业、农业、医疗卫生、地质矿山、环境保护、航天、教学、科研、海关等众多领域。放射性测量紧紧伴随着放射性的发现和核技术的发展而发展,在核技术的研究和应用中发挥了不可或缺的作用。本书的编写旨在适应核科学技术快速发展的要求,系统整理放射性测量理论,总结、固化、传播核工程实践相关经验和成果,培养核科技人才,为核科技工作者及其相关科技工作人员提供参考。

通常,放射性测量包括对元素特征 X 射线的测量。由于本编写组先前已编著《实用 X 射线光谱分析》(原子能出版社,2008 年)一书,对元素特征 X 射线的测量进行了十分详尽的介绍,所以在本书编写中未对元素特征 X 射线的测量另设章节,仅以附件列出了元素 K、L 壳层特征 X 射线能量及其相对强度的最新数据。

全书共分六章,其中:第 1 章和第 6 章由蒙大桥撰写;第 2 章由杨明太撰写;第 3 章由张连平撰写;第 4 章由赵德山、熊忠华和钟火平撰写;第 5 章由吴伦强撰写。在本书的编写过程中,承蒙彭先觉院士的大力支持,李炬、罗文华、杨江荣等研究员和周南华、白贵元及相关部门领导对本书进行了仔细审阅,陈竹、金丹、李洁和王华菊等对本书做了大量的编辑、校对和标准化工作。藉此,向为本书付出辛勤劳动的各位同仁和相关部门表示衷心感谢! 同时,向本书所引用的论著作者表示衷心感谢!

基于编著者的知识水平和实践的局限性,以及时间的仓促,书中错误、疏漏和不尽人意之处在所难免,诚恳欢迎广大读者和同行专家不吝赐教、予以斧正。

编著者
2016 年 6 月

目　　录

Contents

第1章 绪 论

1.1 X射线的发现

对放射性的认识、探测和利用,追根溯源于放射性的发现,而放射性的发现则是以发现X射线为起点。为此,X射线的发现具有十分重大的意义,它是19世纪末20世纪初发生的一系列重大物理学革命的开端,放射性的发现,引起了人类科学思想上的革命,对认识宇宙、促进人类知识的发展起着巨大的推动作用[1]。

1.1.1 阴极射线

1858年,德国物理学家普吕克尔(J. Plücker)在进行低压气体放电研究的过程中观察到:真空管中的阴极发出一种射线,当这种射线遇到玻璃管壁会产生荧光。此后,英国物理学家克鲁克斯(S. W. Crookes)在实验室进行闪电现象研究时,也发现了这种射线:当装有2个电极的玻璃管里的空气被抽到相当稀薄时,在2个电极间加上几千伏的电压,此时在阴极对面的玻璃壁上闪烁着绿色的辉光。随后,克鲁克斯为研究稀有气体的能量释放现象,

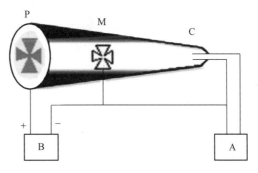

图1-1 克鲁克斯管示意图
A—低压电源;B—高压电源;
C—阴极;P—阳极(覆磷);M—吸收片。

制造了克鲁克斯管(图1-1)。克鲁克斯管是一种玻璃真空管,内有可以产生高电压的电极。克鲁克斯发现,将未曝光的照相底片靠近克鲁克斯管时,一些部分被感光了。但是,克鲁克斯未对这一现象进行继续研究,直到1876年这种射线被命名为"阴极射线"。

1887年4月,塞尔维亚裔美籍发明家、物理学家特斯拉(N. Tesla)开始使用自己设计的高电压真空管与克鲁克斯研究阴极射线。特斯拉发明了单电极阴极射线管,在其中电子穿过物质时,发生了现在称为韧致辐射的效应,生成一种高能射线。1892年特斯拉完成了这些实验,但是特斯拉并未使用"X光"这个名称,而只是笼统地称为"放射能"。特斯拉继续进行实验,并提醒科学界注意这种放射能对生物体的危害性,但没有公开他的实验成果。1892年,德国物理学家赫兹(H. R. Hertz)进行实验后得出:这种放射能可以穿透非常薄的金属箔。

1.1.2　伦琴射线

1895 年 11 月 8 日晚,德国物理学家伦琴(W. K. Rontgen)为了进一步研究"阴极射线"的性质,用黑色薄纸板把一个克鲁克斯管严密地套封起来,在完全暗的室内给克鲁克斯管上加上高压,研究高压放电现象。在接上高压电流进行实验中,伦琴意外地发现在放电管 1m 以外的一个荧光屏(涂有荧光物质铂氰化钡的纸屏)上发出亮的光辉。当切断电源时,光辉就立即消失。这个现象使他非常惊奇,于是全神贯注地重复实验,发现即使在离仪器 2m 处,屏上仍有荧光出现。伦琴确信,这个新奇现象不是阴极射线造成的,因为阴极射线只能在空气中行进几厘米,而且不能透过玻璃管。多次实验后,伦琴确信发现了一种过去未被人们所知的具有许多特性的新射线。为了表明这种本质一时还不清楚的新射线,伦琴采用表示未知数的 X 来命名。此后,很多科学家主张命名为伦琴射线,至今这一名称仍然有人使用。根据 X 射线产生的基本原理,成功研制了 X 射线管,其示意图见图 1-2。

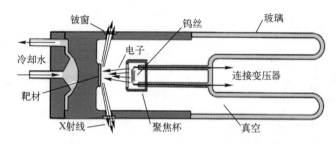

图 1-2　X 射线管示意图

1.1.3　X 射线特性

1895 年 12 月下旬,伦琴在论文中说明了初步发现的 X 射线的如下性质:

(1)阴极射线打在固体表面上便会产生 X 射线,固体元素越重,产生的 X 射线越强。

(2)X 射线是直线传播的,在通过棱镜时不发生反射和折射,不被透镜聚焦。

(3)X 射线与阴极射线不同,不能借助磁体(即使磁场很强)使 X 射线发生任何偏转。

(4)X 射线能使荧光物质发出荧光。

(5)X 射线能使照相底片感光,而且很敏感。

(6)X 射线具有很强的贯穿能力,其贯穿能力比阴极射线强得多。它可以穿透千页的书、2~3cm 厚的木板、几厘米厚的硬橡皮等;在 15mm 厚的铝板、不太厚的铜板、银板、金板、铂板和铅板的背后,都可以辨别 X 射线;只有铅等少数物质对 X 射线有较强的吸收作用,X 射线不能透过 1.5mm 厚的铅板。

伦琴在一次检验铅对 X 射线的吸收能力时,意外地看到了自己拿铅片的手的骨骼轮廓。于是请他的夫人把手放在用黑纸包严的照相底片上,用 X 射线照射,底片显影后,看到伦琴夫人的手的骨骼图像,手指上的结婚戒指也非常清晰(图 1-3),这成了一张有历史意义的第一张用 X 射线拍摄的照片。

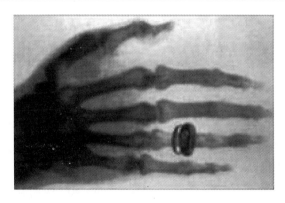

图 1-3　伦琴夫人手的 X 射线照片

1.1.4　重大意义

X 射线的发现具有十分重大的意义,它是 19 世纪末 20 世纪初发生的一系列重大物理学革命的开端。它的发现对于化学的发展也有重要意义,1913 年根据对各种元素的特征 X 射线光谱的研究发现的莫斯莱定律,确定了元素的原子序数等于核电荷数,这对元素周期律的发展和原子结构理论的建立起了重要作用。以 X 射线晶体衍射现象为基础建立起来的 X 射线晶体学,是现代结构化学的基石之一。特征 X 射线的发现还开创了 X 射线光谱分析这一新领域。

鉴于伦琴发现了 X 射线,他于 1901 年成为第一个诺贝尔物理学奖获得者。在当时,对于 X 射线的发现,许多科学家都对这类新的、具有巨大穿透能力的辐射产生了极大的研究兴趣。直到 1912 年德国物理学家劳厄(M. von Laue)和他的助手发现 X 射线通过晶体后产生衍射现象,才证明它是一种波长很短的电磁波。

1.2　放射性的发现

1896 年初,法国物理学家贝可勒尔(A. H. Becquerel)为验证 X 射线是荧光物质发射荧光时的伴随现象的推测,将几种矿物标本分别放置在用黑厚纸严密包裹的照相底板上,并在阳光下暴晒。可产生荧光的矿物经阳光暴晒后会发出荧光,如果发出荧光的同时有 X 射线发射,X 射线将穿透黑厚纸照相底板感光,而荧光将被黑厚纸吸收,不能使照相底板感光[2]。结果发现,只有硫酸铀酰钾复盐($K_2UO_2(SO_4)_2 \cdot 2H_2O$)使照相底板感光。贝可勒尔在进一步重复上述实验时,由于天阴将铀盐放在抽屉内一块黑厚纸严密包裹的照相底板上。两天之后,突然发现这块铀矿物使照相底板感光了,且感光强度比在阳光下暴晒几小时的还强。贝可勒尔认为他的发现"非常重要,而且超出了想象中各种现象的范围"。继续检验发现,其他铀化合物也能发出这种使照相底板感光的射线。1896 年 5 月,贝可勒尔又证明了纯金属铀发射射线的强度大于铀化合物。

历史表明,贝可勒尔的发现的确极其重要。放射性的发现,引起了人类科学思想上的革命,对认识宇宙、促进人类知识的发展起着巨大的推动作用。放射性、原子能和核技术的应用,广泛地影响着人类的生存与发展。由于贝可勒尔是发现放射性的第一人,因此,用 Bq(Becquerel 的缩写)作为放射性活度单位。

1.2.1 放射性元素的发现

1896 年贝可勒尔发现铀及铀化合物的放射现象后,1898 年波兰物理学家居里夫人(M. Curie)检验了许多元素及其化合物,发现除铀及铀的化合物外,钍及钍的化合物亦有贝可勒尔发现的现象。由此,居里夫人得出结论:放射现象是一种特有的原子现象,铀和钍发出射线只取决于原子的性质,而与其化合物的组成无关。

1898 年 6 月,居里夫妇从沥青铀矿中提取出很少量的辐射强度比铀强150 倍的黑色粉末,再经过进一步提炼又得到了辐射强度比铀强 400 倍的新元素。为纪念自己的祖国波兰,居里夫人将这种新元素命名为 Polonium(钋)。与此同时,德国的 W. Marckwald 也独立地发现了这一新元素,当时他称之为"射蹄"。

1898 年年底,居里夫妇在 G. Bemont 的协助下,在铅的沉淀中又发现了辐射强度更强的元素镭(意思是"射线"),并测出镭发出的射线有两种。至此,居里夫人将这一辐射现象称为放射性(radioactivity)。其实,早在 1789 年德国化学家 M. H. Klaproth 就发现了铀,1828 年瑞典化学家 J. J. Berzelius 发现了钍。只不过在当时未发现铀和钍具有放射性,仅将铀和钍作为一般的重金属元素看待。

发现镭元素之后,居里夫妇为了收集足够多的纯镭,又进行了四年的研究。1903 年,居里夫人就她所进行的研究撰写为博士论文。这也许是科学史上最出色的博士论文,它使她两次获得了诺贝尔奖(居里夫人和她的丈夫以及贝可勒尔因在放射性方面的研究而获得了 1903 年的诺贝尔物理学奖;1911 年,居里夫人因为在发现钋和镭方面立下的功绩而单独获得了诺贝尔化学奖)。

研究显示,钋和镭远不比铀和钍稳定,换句话说,前者的放射性远比后者显著,每秒钟有更多的原子发生衰变。它们的寿命非常短,因此,实际上宇宙中所有的钋和镭都应当在 100 万年左右的时间内全部消失。那么,为什么还能在这个已经有几十亿岁的地球上发现它们呢,这是因为在铀和钍衰变为铅的过程中会继续不断地形成镭和钋。凡是能找到铀和钍的地方,就一定能找到痕量的钋和镭。它们是铀和钍衰变为铅的中间产物,在铀和钍衰变为铅的过程中还形成多种不稳定元素,它们有的是通过对沥青铀矿的细致分析而被发现的,有的则是通过对放射性元素的深入研究而被发现的。

1.2.2 α粒子的发现

1898 年,在剑桥大学卡文迪许实验室工作的新西兰物理学家卢瑟福(E. Rutherford)开始投入放射性的研究工作。卢瑟福用强磁铁使铀发射的射线偏转,发现铀发射的射线分为方向相反的两类。这表明它至少包含两种不同的射线:一种非常容易被吸收,称为 α 射线;另一种具有较强的穿透力,称为 β 射线。1903 年,卢瑟福用强磁场使射线发生偏转,证明了 α 射线是带正电荷的粒子流,这种粒子又称为 α 粒子。同年,卢瑟福和 F. Soddy 根据实验事实,提出了著名的放射性理论。1906 年,卢瑟福测定了 α 粒子的荷质比,证明它的数量级与 He 或 He 离子相同,但当时的实验精度还不能分辨出它带一个还是两个电荷。

1. 汤姆逊原子模型

1897 年,法国物理学家汤姆逊(J. J. Thomson)测定了电子的荷质比。1903 年,汤姆逊提出了原子模型或称"葡萄干圆面包"模型(图 1-4)。汤姆逊认为原子中的正电荷和质量联系在一起均匀连续分布在整个原子空间,即在直径为 10^{-10} m 的区间,电子则嵌在布满正电荷的球内。电子处在平衡位置上做简谐振动,从而发出特定频率的电磁波。通过简单估算可给出辐射频率约在紫外和可见光区,因此能定性地解释原子的辐射特性,为建立现代原子核理论打下了基础。

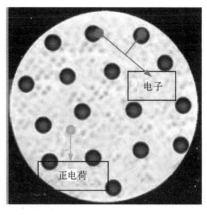

图 1-4 汤姆逊的
"葡萄干圆面包"原子模型

通常,直线运动的 α 和 β 粒子在碰到物质原子时,运动方向会发生偏转。β 粒子的散射数目要比 α 粒子更多,因为 β 粒子的动量和能量要小得多。一般假设,一束 α 或 β 粒子在通过薄片物质时的散射,是物质原子来回多次小散射的结果。然而,Geiger 和 Marsden 对 α 粒子散射的观察显示,某些 α 粒子在单次碰撞时,一定会发生大于正常角度的偏转。实验发现,在大约 20000 个 α 粒子中有 1 个在穿过厚度约为 0.4μm 的金箔时,平均偏转了 90°的角度,如此厚度的金箔阻止 α 粒子的能力相当于 1.6mm 厚度的空气。随后,Geiger 发现:一束 α 粒子穿过以上厚度金箔最可能偏转的角度是 0.87°。基于概率理论,粒子偏转 90°的机会是微乎其微的。此外,如果这种大角度偏转是由许多小的偏转组成,那么,这种大角度偏转的 α 粒子对各种角度的分布并不遵守预期的概率定律。大角度偏转是由于单次原子碰撞的设想似乎是有道理的,因为,第二次同样碰撞而产生大角度偏转的概率在大多数情况下是很小的。计算表明,原子必须具有强电场的核心,才能在单次碰撞中产生如此大的偏转。

对于上述实验现象,汤姆逊提出了一种理论来解释带电粒子在通过很薄的物质时产生的散射。汤姆逊假设:原子是由带 N 个负电荷的粒子构成,伴随着相同数量的正电荷,均匀地分布在整个球内。负电荷粒子(如 β 粒子)在穿过原子时的偏转归结为两个原因:①分布在原子内负电荷的斥力;②原子内正电荷的吸引力。粒子在经过原子时的偏转假设是很小的,尽管在与一个很大质量 m 碰撞后的平均角度为 mθ,其中 θ 是对于单个原子的平均偏转。这表明,原子内部的电子数 N 可以通过观察带电离子的散射推断出来。这个混合散射理论的精确性在后来 Crowther 的一篇论文中进行了实验检验。Crowther 的实验结果确认了汤姆逊理论的主要结论,而且 Crowther 基于正电荷的连续性假设推导出原子中的电子数大约是原子质量的 3 倍。汤姆逊理论是基于"单次原子碰撞产生的散射是很小的"假设,而且对原子特殊结构的假设也不允许 α 粒子在穿过单个原子时有很大的偏转,除非假设正电荷球的直径与原子球的直径相比是极小的。

由于 α 粒子和 β 粒子穿过了原子,通过对偏转本质的密切研究而形成关于原子结构的某些看法,从而产生观察到的效应,这是很有可能的。事实上,高速带电粒子被物质原子散射就是解决这个问题最有希望的方法之一。开发出为单个 α 粒子计数的闪烁法就提供了独特的研究优势,而 H. Geiger 正是通过这种方法的研究,增加了很多关于 α 粒子被物质散射的知识。

2. 卢瑟福核式结构模型

1903—1906 年,卢瑟福做了许多 α 粒子通过不同厚度的空气、云母片和金属箔的实验。1904 年和 1905 年,英国物理学家布拉格(W. H. Bragg)也做了同样的实验。布拉格发现,在此实验中,α 粒子速度减慢,而且径迹偏斜,即发生散射现象。通过云母的某些 α 粒子,从它们原来的途径约偏斜了 2°,发生了小角度散射。

1909 年,卢瑟福和他的助手德国实验物理学家汉斯·盖革(H. Geiger)及恩斯特·马斯登(E. Marsden)在一个铅盒里放入少量的放射性元素钋(Po),它发出的 α 粒子从铅盒的小孔射出,形成一束很细的射线射到金箔上。当 α 粒子穿过金箔后,射到荧光屏上产生一个个的闪光点,这些闪光点可用显微镜来观察。为了避免 α 粒子和空气中的原子碰撞而影响实验结果,整个装置放在一个抽成真空的容器内,带有荧光屏的显微镜能够围绕金箔在一个圆周上移动。

实验结果表明,绝大多数 α 粒子穿过金箔后仍沿原来的方向前进,但有少数 α 粒子的大角度偏转现象是出乎意料的,并有极少数 α 粒子的偏转超过 90°,有的甚至几乎达到 180°而被反弹回来,这就是 α 粒子的散射现象。根据汤姆逊模型计算表明,α 粒子穿过金箔后偏离原来方向的角度是很小的,因为电子的质量不到 α 粒子的 1/7400。α 粒子碰到它,就像飞行着的子弹碰到一粒尘埃一样,运动方向不会发生明显的改变。正电荷又是均匀分布的,α 粒子穿过原子时,它受到原子内部两侧正电荷的斥力大部分相互抵消,α 粒子偏转的力不会很大。然而事实却出现了极少数 α 粒子大角度偏转的现象:α 粒子和薄箔散射实验时观察到绝大部分 α 粒子几乎是直接穿过铂箔,但偶然有大约 1/800 α 粒子散射角大于 90°,其中有的甚至反弹回来。多年以后,卢瑟福在 1925 年的一次讲演中曾讲到 1909 年 3 月这次实验后的心情。他说:"如果将一张金页放在一束 α 射线的径迹上,某些射线进入金的原子并被散射,那只是所期望的。但是,一种明显而未料想到的观察是一些快速的 α 粒子的速度和能量之大,那是一个极其惊人的结果。正好像一个炮手将一颗炮弹射在一张纸上,而由于某种其他原因弹头再弹回来一样。"

上述实验结果根本无法解释当时被公认的汤姆逊原子模型。卢瑟福对实验结果进行了分析,认为只有原子的几乎全部质量和正电荷都集中在原子中心的一个很小的区域,才有可能出现 α 粒子的大角度散射。由此,1911 年卢瑟福提出了原子的核式结构模型(图 1-5)。卢瑟福认为,在原子的中心有一个很小的核,叫作原子核(nucleus),原子的全部正电荷和几乎全部质量都集中在原子核里,带负电的电子在核外空间里绕着核旋转。按照这一模型,α 粒子穿过原子时,电子对 α 粒子运动的影响很小,影响 α 粒子运动的主要是带正电的原子核。而绝大多数的 α 粒子穿过原子时离核较远,受到的库仑斥力很小,运动方向几乎没有改变。根据 α 粒子散射实验,可以估算出原子核的直径约为 $10^{-15} \sim 10^{-14}$ m,原子直径大约是 10^{-10} m。卢瑟福散射实验确立了原子的核式结构,为现代物理的发展奠定了基石,是近代物理科学发展史中最重要的实验之一。

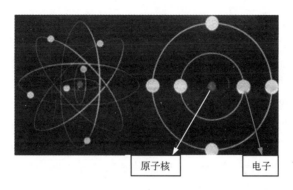

图 1-5　卢瑟福的原子核式结构模型

1.2.3　β 射线的发现

1898 年, 在剑桥大学卡文迪许实验室工作的新西兰物理学家卢瑟福开始投入放射性的研究工作。卢瑟福注意到了贝可勒尔发现铀辐射也会引起空气游离, 决定做些实验, 看看这两种情况有什么不同。于是, 卢瑟福也用一些玻璃、铝和石蜡之类材料做成的棱镜进行实验。卢瑟福从照相底片上没有看出铀辐射有任何偏折, 判定贝可勒尔的说法有误。继而, 卢瑟福想从贯穿能力上加以鉴别。用一系列极薄的铝箔放在铀盐上, 而铀盐则置于电容器两平行板之一的上面。加电压后从串接于电容器的静电计上读取游离电流值。从收集的数据中, 卢瑟福得出有两种不同的吸收变化率, 说明辐射具有两种不同的成分。卢瑟福在《铀辐射和它产生的电导》中写道:"这些实验表明铀辐射是复杂的, 至少有两种明显不同的辐射——一种非常容易被吸收, 为方便起见称之为 α 射线; 另一种具有更强的贯穿本领, 称之为 β 射线。"

1900 年, 贝可勒尔用大体上同法国物理学家汤姆逊 1897 年研究阴极射线相同的方法, 通过将 β 射线引入电场和磁场, 发现 β 射线在磁场中偏转的方向与阴级射线相同。贝可勒尔测算出了 β 射线的速率和荷质比, 此值与汤姆逊测得的电子值完全一致, 从而证实了 β 射线是高速电子流。

1901 年, 德国物理学家考夫里用镭放射出的 β 射线进行实验, 发现了 β 质量随速度变化而变化的事实: 当 β 粒子速度接近于光速时其质量急剧增加。这一实验意义重大: 在经典物理学和现代物理学之间, 它和其他一些重要的事件一样, 起着承上启下的历史作用。

1.2.4　γ 射线的发现

1900 年, 法国物理学家维拉德(Paul Ulrich Villard)像其他物理学家一样积极从事阴极射线和 X 射线的研究。当时他正研究阴极射线的反射、折射性质, 试图将含镭的氯化钡拿来比较, 看看它的射线有没有类似行为。维拉德把镭源放在铅管中, 铅管一侧开了一个 6mm 宽的长方口, 让一束辐射射出, 经过磁场后用照片记录其轨迹。照片包在几层黑纸里, 前面还有一张铝箔挡着, β 射线肯定已被偏折, 剩下的只是 α 射线, α 射线肯定不能穿透。可是照片记录下的轨迹, 除了在预期的偏角处有 β 射线的轨迹外, 在无偏角的方向上却仍然记录到了轨迹, 即使加 0.2mm 的铅箔仍能穿透, 显然, 这不是 α 射线。

1902 年 11 月初,卢瑟福第一次对镭辐射进行了全面的分类。卢瑟福认为镭辐射放出三种不同类型的辐射:①α 射线,很容易被薄层物质吸收;②β 射线,由高速的负电粒子组成,从所有方面看都很像真空管中的阴极射线;③第三种射线,在磁场中不会偏折,具有极强的贯穿力。当时对这第三种射线知之甚少,随后,卢瑟福就用希腊字母 γ 来命名此未知射线,称这种贯穿力非常强的辐射为 γ 射线。

当时,对于 γ 射线的本质的解释有粒子说和电磁波说两种。1914 年,卢瑟福和他的助手思特勒用晶体使 γ 射线发生了衍射,从而证明了电磁波说是正确的。实验证实,γ 射线是由原子核内部处于激发态的原子核向低激发态跃迁时所放出来的,是一种波长极短(小于 2×10^{-11}m)的电磁波。其特性与 X 射线极为相似,具有比 X 射线强得多的穿透能力。γ 射线是继 α 射线、β 射线后发现的第三种原子核射线。γ 射线的发现,使电磁波谱的"家族"中又增加了一个比 X 射线波长更短的新成员。

1.2.5 中子的发现

1920 年,当时物理学者公认的原子核模型是原子核由质子构成。但是,当时已经知道一种原子的原子核只带有大概其原子量一半的正电荷。对这个现象的解释是原子核中有一些电子,中和了质子的电荷。以 ^{14}N 核为例,当时认为此原子核由 14 个质子和 7 个核外电子构成。因此,它应该带 7 个正电荷,同时质量数为 14。随后兴起的量子力学指出,任何能量也无法把电子这样轻的粒子束缚在像原子核这样小的区域中。1930 年,苏联天文学家维克托·安巴楚勉和迪米特里·伊瓦年科发现原子核不可能由质子和电子组成,有某种中性的粒子存在于原子核中。

1931 年,德国物理学家瓦尔特·博特(Walther Wilhelm Georg Bothe)和他的学生赫伯特·贝克尔发现用钋的高能 α 粒子轰击铍、硼或锂这些较轻的元素,会产生一种贯穿力极强的辐射。开始他们认为这种辐射是 γ 射线。但是未知辐射比任何已知 γ 射线贯穿力都强,而且实验结果很难用 γ 射线来解释。1932 年,波兰物理学家居里夫妇发现,如果用这种未知辐射照射石蜡和其他富含氢的化合物,就会释放出高能质子。虽然这个结果同高能 γ 射线一致,但细致的数据分析表明未知辐射是 γ 射线的假说越来越牵强。

1932 年,英国物理学家詹姆斯·查德威克(J. Chadwich)在剑桥大学进行了一系列的实验,以 α 粒子轰击 ^{10}B 原子核得到 ^{13}N 原子核和一种新射线,证明 γ 射线假说完全站不住脚。詹姆斯·查德威克提出这种新辐射是一种质量近似于质子的中性粒子,并设计了实验证实了他的理论,他将这种中性粒子称作中子(neutron)。由于中子的发现,1935 年詹姆斯·查德威克获得诺贝尔物理学奖。

在原子物理学的发展中,中子的发现是又一件划时代的大事。中子的发现引起了一系列重大成果:①为核模型理论提供了重要依据,苏联物理学家伊万宁科(D. Ivanenko)据此首先提出原子核是由质子和中子组成的理论;②激发了一系列新课题的研究,引起一连串的新发现;③找到了核能实际应用的途径。用中子作为炮弹轰击原子核,比 α 粒子有大得多的威力。因此,可以说中子的发现打开了原子核的大门。

1938 年,实验发现用中子轰击铀原子核能够引起核的分裂,并释放出极其巨大的能量。这一发现揭示,中子在核能释放的过程中起着极其关键作用,从而开辟了一条利用原子能的道路。自此以后,对中子及其与物质相互作用的研究,大大促进了核科学和核技术的发展。经过近百年的历程,中子物理学成为核科学领域中一门独立学科。

1.2.6　中微子的发现

1930 年,为了"拯救"能量守恒和动量守恒这些自然科学最基本的定律,美籍奥地利科学家泡利(W. E. Pauli)提出了当时几乎完全不能被接受的"中微子"假说:在原子核中,可能存在中性的,自旋为 1/2,并且服从费米 – 狄拉克统计;但它与光子不同,因为它不以光速传播,它的质量最大的数量级与电子的质量相同,并且在任何情况下,都不大于质子质量的 0.01 倍。按这一假设,连续的 β 谱就可解释为:在 β 衰变中一个中微子和一个电子一起被辐射出来,在此过程中,中微子和电子的能量总和是守恒的。

1931 年 6 月,泡利首次提出关于 β 衰变中会出现一种新的穿透力很强的中性粒子的想法。泡利深知,无论中微子在理论上多么重要,如果这种粒子不能被实验检验,就没有物理意义。但是,由于中微子独特的性质,当时要验证它,连泡利自己也觉得"似乎不太可能"。泡利预言:从核里辐射的 β 粒子和穿透力极强的中微子的能量总和应该有一个明晰的上限。泡利认为如果 β 谱的上限是明晰的,那么关于中微子的设想就是正确的,而玻尔的观点是错误的。因为,玻尔认为 β 谱将有一个强度逐渐减弱的"长尾巴"。

1932 年 1 月,王淦昌在德国"物理学"期刊第 74 卷上发表题为"关于^{210}Bi 的连续 β射线谱的上限"的论文。在这篇文章中,王淦昌不仅介绍了用自制的计数管测量、研究^{210}Bi 辐射的 β 射线的能谱结果,并且由于精确地测定了 Cu 对^{210}Bi β 辐射的吸收曲线,从而准确地得出^{210}Bi 的 β 谱的上限。1933 年,英国剑桥大学卡文迪许实验室著名物理学家埃利斯(C. D. Ellis)和莫特(N. F. Mott)发表题为《β 射线类型的放射性衰变中能量关系》的论文,也用实验证实 β 连续谱确有一明晰上限,其能量等于 β 衰变前后原子核的能量差。1934 年,埃利斯的学生亨德森(W. J. Henderson)通过实验研究也证实 β 谱有一明晰上限。至此,泡利在 1931 年由中微子假说导出的 β 谱应有明晰上限的预言被实验完全证实。中微子是基本粒子家族中唯一的只有弱相互作用,而没有电磁相互作用和强相互作用的基本粒子。实验证明,中微子的平均自由程 $\lambda \approx 4.7 \times 10^{14}$km,换句话说,平均一个中微子要穿过 10^{11} 个地球才会与其内的一个原子核发生一次作用。这使人们觉得直接探测中微子是不可能的,因此有效探测中微子的实验方法就是探测辐射中微子的放射性衰变的反冲核。

王淦昌建议用 K 电子俘获的方法探测中微子。在后来的工作中,王淦昌还预言了用裂变来探测中微子的全新思路。王淦昌首先提出:某些能连续地释放很快的 β 射线的核裂变可能也是有用的。并指出:若有 10^8 个中微子穿过一个地球时就会发生一次核反应,当通过用极快的中微子束,使极多的中微子穿过探测器,就能在较短的探测器中发生核反应而探测出中微子。例如一个装满水的探测器的长度为 10cm,当有 5×10^{18} 个中微子通过该探测器时,就有一个中微子能够在探测器中产生核反应。可以通过核裂变的方法来产生如此强的中微子束,从而使直接探测中微子在理论上成为可能。

1953 年,美国洛斯·阿拉莫斯国家实验室的柯万和雷尼斯领导的物理学家小组利用南加州萨凡河上的一座核反应堆,通过核裂变产生的强中微子束来作为粒子源,把它吸收到靶上来验证中微子。1956 年测到最大反中微子的信号率为(2.88 ± 0.22)个反中微子/h,即俘获 3 个中微子/h。柯万和雷尼斯及其合作者测定出的截面为$(11 \pm 4) \times 10^{-44}$cm^2,

而理论预期的截面值约为 $10 \times 10^{-44} cm^2$，实验结果与理论符合得很好。经过实验物理学家长期艰苦、深入的一系列研究，最终确认了中微子的存在。

1.3 基 本 常 识

自 1895 年伦琴发现 X 射线以来，特别是放射性的发现极大地激发了科学界的浓厚兴趣。历经 100 多年坚持不懈的努力，已对放射性这一自然现象有较为透彻的认识，形成目前较为经典的基本常识。这些基本常识是从事核工程与核技术研究、放射性测量、放射性核素应用及其相关工作者必须了解、掌握的基本知识。

1.3.1 原子

原子是构成自然界各种元素的最基本单位，由原子核及核外轨道电子组成，如图 1-6 所示。

原子的体积很小，其直径只有 $10^{-10} m$ 左右；原子的质量也很小，例如氢原子质量为 $1.67356 \times 10^{-24} g$，铀原子的质量为 $3.951 \times 10^{-22} g$。原子的中心为原子核，它的直径比原子的直径小得多，原子核的直径为 $10^{-15} \sim 10^{-14} m$，但它集中了原子的绝大部分质量。例如氢原子由原子核和一个束缚电子组成，氢核的质量为 $1.67 \times 10^{-24} g$，而束缚电子的质量仅为 $9.1 \times 10^{-28} g$，两者的比值近似为

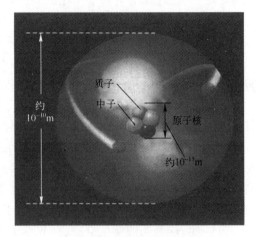

图 1-6 氢原子结构示意图

1840。对于原子序数较大的原子，这个比值更小些。例如，铀原子 92 个绕行电子的总质量和原子核质量之比为 1/4717。

原子核带正电荷，束缚电子带负电荷，两者所带的电荷量相等，符号相反，因此原子本身呈中性。当原子吸收外来的能量，使轨道上的电子脱离原子核的吸引而自由运动时，原子便失去电子而呈现电性，成为正离子。原子中束缚电子按一定的轨道绕原子核运动，相应的原子处于一定的能量状态。对一种原子来说，它的绕行电子的数目和运动轨道都是一定的，因此每一个原子只能处于一定的、不连续的一系列稳定状态中。这一系列稳定状态，可用相应的一组能量 W_i 表征，W 称为原子的能级。处于稳定状态的原子不放出能量。当原子由较高能级 W_1 跃迁到较低的能级 W_2 时，相应的能量变化 ΔW 即 $W_1 - W_2$，以发射光子的形式释放出来，此时光子的能量为

$$hv = W_1 - W_2 \tag{1.1}$$

式中　h——普朗克常量，$h = 4.13566743 \times 10^{-15} eV \cdot s$；

　　　v——光子的频率。

将原子发射的各种频率的光子按波长排列起来，便构成了该种原子的发射光谱，也就是原子的能谱。

1.3.2　原子核

原子核是由很小的粒子(中子和质子)组成,这两种粒子统称核子。原子核内中子和质子数之和称为核子数(又称质量数),以 A 表示。由于原子核内质子数与核外电子数相同,且等于原子序数 Z,所以核内中子数 N 等于核子数与原子序数之差,即 $N = A - Z$。

具有特定质量数、原子序数和核能态,而且其平均寿命长得足以被观察的一类原子称为核素。通常,核素的原子核用下面简单的符号表示:

$$_Z^A X \qquad\qquad (1.2)$$

式中　A——核子数;

　　　Z——原子序数;

　　　X——原子所属的化学元素符号。

在原子核内,质子和中子数的比值是有一定规律的。一般情况下,在原子序数小的稳定核素中,中子数与质子数相差不多或中子数略多一些。当原子序数很大时,中子数比质子数多 50% 左右。任何含有过多中子或质子的原子核,都是不稳定的。例如,自然界中 $Z > 82$ 的核素都是不稳定的,属于放射性核素。中子和质子在原子核内不停地运动着,运动状态不同,相应的能量状态也不同,原子核的不同能量状态组成原子核的能级。原子核的最低能量状态称为“基态”,在自然界中,所有稳定核素均处于基态。比基态高的能量状态称为“激发态”,激发态按能量的不同可分为第一激发态、第二激发态等。处于激发态的原子核是不稳定的,它往往通过放出光子的形式从激发态回到基态。因核能级变化而放出的光子称为 γ 光子。某种原子核发射的各种能量的 γ 光子的集合,即是该种原子核的 γ 能谱。

在原子核内,子核之间有着很大的结合能。对此可做简单比较:如从分子中取出一个原子,只需提供 10^0 eV 量级的激发能;如从原子中取出一个电子,则需提供 $10^1 \sim 10^5$ eV 量级的激发能;如从原子核中分离出一个质子或中子,则需提供 10^0 MeV 量级的激发能。

1.3.3　核衰变

1. α 衰变

不稳定核素的原子核自发地放出 α 粒子而蜕变成另一种核素的原子核的过程称为 α 衰变。实验证明,放射性核素衰变时所放射的 α 粒子是由两个质子和两个中子组成的带有两个正电荷的氦原子核(又称氦原子的裸核)。具有 α 放射性的核素一般为重核,质量数小于 140 的 α 放射性核素只有少数几种。到目前为止,共发现了 200 多种 α 放射性核素。α 衰变放射出的 α 粒子能量大多在 $4 \sim 9$ MeV 范围内。

2. β 衰变

放射性核素的原子核自发地放出 β 粒子或俘获一个轨道电子而变成另一个核素的原子核的过程称为 β 衰变。它是核电荷数 Z 改变而核子数 A 不变的自发衰变过程,即原子核内核子之间相互转化的过程。它的半衰期分布在 10^{-3} s $\sim 10^{24}$ a,发射 β 粒子的能量在几千电子伏至几兆电子伏范围内。β 衰变的核素几乎遍及整个元素周期表。β 衰变主要有 β^- 衰变、β^+ 衰变和轨道电子俘获(EC)三种方式。

(1) β^- 衰变:放射出 β^- 粒子(高速电子)的衰变。通常,中子相对丰富的放射性核

素常发生 β⁻衰变。这可看作是母核中的一个中子转变成一个质子的过程。

（2）β⁺衰变：放射出 β⁺粒子（正电子）的衰变。通常，中子相对缺乏的放射性核素常发生 β⁺衰变。这可看作是母核中的一个质子转变成一个中子的过程。

（3）轨道电子俘获：原子核俘获一个 K 层或 L 层电子而衰变成核电荷数减少 1、质量数不变的另一种原子核。由于 K 层最靠近核，所以 K 层俘获最易发生。在 K 层俘获发生时，必有外层电子去填补内层上的空位，并放射出具有子体特征的标识 X 射线。这一能量也可能传递给更外层电子，使它成为自由电子发射出去，该电子称作"俄歇电子"。

3. γ衰变和内变换

（1）γ衰变：处于激发态的原子核退激到基态或较低能态时发射的电磁波现象，又称同质异能跃迁。γ射线发射均是伴随 α 衰变或 β 衰变时发生的。γ射线的穿透力很强，γ射线在医学核物理技术等应用领域占有重要地位。

（2）内变换：有时处于激发态的核可以不辐射 γ 射线回到基态或较低能态，而是将能量直接传给一个核外电子（主要是 K 层电子），使该电子电离出去。这种现象称为内变换，所放出的电子称作"内变换电子"。

4. 中子衰变

在某些放射性衰变、核反应、核裂变和核聚变中，从原子核中释放出质量数为 1、不带电的中性粒子的过程称为中子衰变。也就是说，重核自发裂变（如²⁵²Cf）、反应堆、加速器、核裂变和核聚变都可产生中子。另外，宇宙射线爆发，高能宇宙射线轰击大气层的上层也会产生中子，可在地面上探测到。在火星表面大气浓厚到一定程度的地方，由宇宙射线产生的中子更多。这些中子不但在火星表面直接造成自上而下的辐射危害，还能够经地表反射后形成自下而上的辐射。这是火星载人航天计划不能不考虑的一个问题。用 α 衰变发射的 α 粒子轰击一些核素（主要是轻元素，比如铍和氚）引发的核裂变亦可产生中子。自由中子的半衰期约为 10.24min[3]。

1.3.4 放射性特性

放射性的本质是不稳定核素从一种结构或一种能量状态转变为另一种结构或另一种能量状态过程中所释放出来的微观粒子流。放射性是原子核发生核衰变或核反应从原子核内发射粒子、电磁辐射，或俘获核外电子，或自发裂变的现象。它具有独立性、不可控性和规律性。

1. 独立性

放射性核素衰变与原子的物理、化学性质无关，不受物质形态（固体、液体、气体等）和组分（单质、化合物、混合物）影响，其衰变是独立的。

2. 不可控性

除核反应外，采用高温、高压等物理或化学的方法不可能改变放射性的衰变特性，它们始终会自动循其自身规律发生核衰变，从原子核中放射出射线。

3. 规律性

一个放射性原子核发射什么种类的射线衰变，是由核内核子运动状况决定的。每一个原子核衰变完全是独立的，不与其他原子有任何关系，哪一个原子衰变是随机发生的。某个原子核什么时间衰变是不可预测的，即放射性原子核衰变是个随机过程。但可以测得某大量放射性核素在一段时间内有多少核子发生了衰变,而且这一衰变服从统计规律性。换句话说,一种放射性核素的原子核不是同时全部衰变,而是有先有后,按一定的统计规律衰变。通常,从统计观点来看,每个原子核在单位时间里衰变的概率就是衰变常数,用 λ 表示。

(1)半衰期。某一放射性核素的量衰变减少到原来 1/2 所需要的时间称为半衰期,用 $T_{1/2}$ 表示。不同的放射性元素的半衰期是不同的,但对于确定的放射性元素,其半衰期是确定的。在实际工作,一种放射性核素经过 10 个半衰期后,则认为该核素已衰变完了。

(2)衰变概率。在核衰变中,放射性核素发生衰变的概率(λ)与半衰期($T_{1/2}$)的关系为

$$T_{1/2} = \ln 2 / \lambda \tag{1.3}$$

式中 $T_{1/2}$——半衰期(a、d、h、min、s);

   λ——放射性核素衰变常数。

(3)衰变规律。经过大量的实验研究发现放射性核素的衰变具有规律性,无论是天然放射性核素还是人工放射性核素均服从指数衰变规律。在 $t \sim t + \mathrm{d}t$ 的时间间隔内,放射性原子的衰变数 $\mathrm{d}N$ 与存在的原子核总数 N_0 呈正比,其关系为

$$N_t = N_0 \mathrm{e}^{-\lambda t} \tag{1.4}$$

式中 t——衰变时间(a、d、h、min、s);

   N_t——t 时刻放射性核素的原子核总数;

   N_0——$t = 0$ 时刻放射性核素的原子核总数;

   λ——放射性核素衰变常数。

(4)递次衰变。在放射性核素衰变中,大多涉及两种或多种放射性核素递次衰变,即衰变后生成的子核仍是放射性核素,子核将发生再次衰变,直到生成稳定核素为止。

① 两个放射性核素递次衰变。图 1-7 列出了两个放射性核素 A(母核)衰变到放射性核素 B(子核)相继衰变的变化规律。图 1-7 中,N_{B1} 表示核素 A 按指数规律衰减,N_{B2} 表示核素 B 从核素 A 的衰变中得到积累,开始 N_{B2} 为 0,以后渐渐增至某一极大值,然后便逐渐减少。

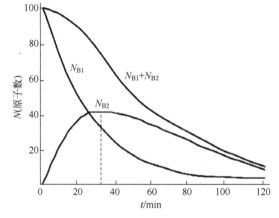

图 1-7   两个放射性核素递次衰变的变化规律

假定当 $t=0$ 时,$N_{0B}=0$,则 t 时刻子核 B 的原子核数为

$$N_B = \frac{\lambda_A N_{0A}}{\lambda_B - \lambda_A} e^{-\lambda_A t} \left[1 - e^{(-\lambda_B - \lambda_A)t} \right] \tag{1.5}$$

式中 t——衰变时间;

N_B——经历 t 时间,从母核素 A 衰变到子核素 B 的原子核数;

N_{0A}——零时刻母核素 A 的原子核数;

λ_A——母核素 A 的衰变概率;

λ_B——子核素 B 的衰变概率。

从式(1.5)可得出,两个核素 A、B 满足:当 $\lambda_A \ll \lambda_B$ 时,核素 A 的子体核素 B 的原子核数积累到极大值 1/2 所需的时间,即是该衰变子体 B 的半衰期,经过 10 倍核素 B 的半衰期后,核素 A 与其子体核素 B 达到放射性平衡,此时二者的衰变率(λN)相等;当 $\lambda_A < \lambda_B$ 且 t 足够长时($t > 10T_{1/2B}$)时,两个核素 A、B 的原子核数的比值保持不变,并且 N_B 的变化规律随核素 A 的衰变规律 $e^{-\lambda t}$ 而变化,A、B 两个核素处于放射性动平衡状态;当 $\lambda_A > \lambda_B$ 且 t 足够长($t \geq 10T_{1/2A}$)时,核素 A 已衰变完,N_B 便按照自己的衰变规律变化。

② 三个放射性核素递次衰变。图 1-8 显示 A、B、C 递次衰变核素 C 的变化规律。

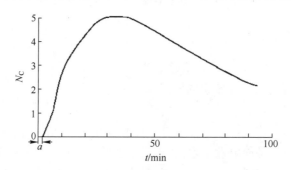

图 1-8   A、B、C 递次衰变核素 C 的变化规律

假定当 $t=0$ 时,$N_{0C}=0$,$N_{0B}=0$,即开始时不存在核素 B 与核素 C,则 t 时刻子核 C 的原子核数为

$$N_C = \lambda_A \lambda_B N_{0A} \left[\frac{e^{-\lambda_A t}}{(\lambda_C - \lambda_A)(\lambda_B - \lambda_A)} + \frac{e^{-\lambda_B t}}{(\lambda_A - \lambda_B)(\lambda_C - \lambda_B)} + \frac{e^{-\lambda_C t}}{(\lambda_A - \lambda_C)(\lambda_B - \lambda_C)} \right]$$

$$\tag{1.6}$$

式中 t——衰变时间;

N_C——经历 t 时间,从母核素 A 衰变到子核素 C 的原子核数;

N_{0A}——零时刻母核素 A 的原子核数;

λ_A——母核素 A 的衰变概率;

λ_B——子核素 B 的衰变概率;

λ_C——子核素 C 的衰变概率。

从式(1.6)可知,开始时 $N_C=0$,经 t 时间后,N_C 开始增长,当增长到某一极大值后又逐渐减少。N_C 的变化规律与 3 种核素的衰变常数($\lambda_A,\lambda_B,\lambda_C$)有关。

③ n 个核素递次衰变。第 n 个核素在时刻 t 的数目 N_n 为

$$N_n = \lambda_1 \lambda_2 \cdots \lambda_{n-1} N_{01} \cdot$$

$$\left[\frac{e^{-\lambda_1 t}}{(\lambda_2 - \lambda_1)(\lambda_3 - \lambda_1) \cdots (\lambda_n - \lambda_1)} + \frac{e^{-\lambda_2 t}}{(\lambda_1 - \lambda_2)(\lambda_3 - \lambda_2) \cdots (\lambda_n - \lambda_2)} + \cdots \right.$$

$$\left. + \frac{e^{-\lambda_n t}}{(\lambda_1 - \lambda_n)(\lambda_2 - \lambda_n) \cdots (\lambda_{n-1} - \lambda_n)} \right] \tag{1.7}$$

由式(1.7)可知,在核素衰变系中,其中一个核素在时刻 t 的衰变速率,不仅由它本身的衰变常数决定,而且与其母体的衰变常数有关。必须知道所有母体的衰变常数,才能计算该核素某一时刻 t 的原子核数或放射性活度。

1.3.5　放射性分类及来源

所谓放射性是指从原子核内发射出的各种粒子或射线。狭义上讲,通常是指从原子核内发射出的 α、β、γ 粒子和中子,放射性测量则是指对 α、β、γ 粒子和中子测量。

放射性主要分两类:① 带电粒子辐射,如快电子(β)和重带电粒子(α);②非带电辐射,如电磁辐射(γ,X)和中子。

放射性来源于三个方面:①核的变换,包括核裂变、核聚变和核衰变;②粒子加速器/轰击反应;③宇宙射线。

1.3.6　激发特征 X 射线

在射线与物质相互作用机制研究中,发现 α、β 和 γ 射线均可直接与物质元素发生电离、激发作用,使元素受激,发射特征 X 射线。这一发现很快被用于元素的定性、定量分析,成为 X 射线光谱分析的开端,开创了 X 射线光谱分析这一新领域。

放射源激发 X 射线光谱分析就是利用放射性物质自发衰变所释放的射线(α、β 或 γ)激发分析元素的特征 X 射线,通过测量分析元素的特征 X 射线,达到测定分析元素的目的[4]。用于激发样品中分析元素特征 X 射线的放射源的形状主要有三种:点状、圆片状和环状。常用的放射源有:①低能 γ 源,如 ^{55}Fe、^{241}Am、^{57}Co、^{109}Cd 和 ^{153}Gd;②β 源,如 $^3H - Ti$、$^3H - Zr$、$^{147}Pm - Al$ 和 $^{147}Pm - Si$;③α 源,如 ^{210}Po、^{238}Pu、^{241}Am、^{242}Cm 和 ^{244}Cm。各元素 K、L 壳层特征 X 射线能量及其相对强度列于附录5。

另外,放射性核素衰变所发射的射线不仅激发其他元素,同时也激发自身元素;而且,在发生 β 衰变时,原子核有可能俘获一个 K 层或 L 层电子而发生轨道电子俘获(EC),必有外层电子去填补内层上的空位,并放射出具有子体特征的标识 X 射线。因此在放射性测量中,测量自激发的特征 X 射线,亦可达到测定放射性核素的目的。

在放射源激发 X 射线光谱分析中,其分析原理与 X 射线管激发 X 射线光谱分析类似,但放射源激发 X 射线光谱分析无须 X 射线发生系统(包括 X 射线管和高压发生系统),其探测器可使用 Si(Li)半导体探测器,也可使用气体正比计数器。放射源激发 X 射线光谱仪具有体积小、重量轻、便于野外作业、价格低廉、运行费用低、操作简便等优点。但由于受放射性强度所限,放射源激发 X 射线光谱仪无波长色散型,可组装成能量色散型和非色散型。另外,由于放射源衰变的射线强度和能量的不可调节性,使得此类仪器

只能适用于分析元素比较单一、含量较高且分析精度和准确度要求不太高的样品。而且,由于放射性物质衰变的固有特性,用于放射性激发 X 射线分析的放射源不像管激发 X 射线荧光那样,当关闭 X 射线发生器高压电源 X 射线管就不会释放 X 射线;而用放射性作激发源时,无论是否开启仪器,其放射源仍将按其固有规律,以其相应的强度和能量向 4π 立体角释放射线。因此,必须注意防护和屏蔽。

1.4 现状与展望

以 1895 年伦琴发现 X 射线为开端,特别是放射性的发现,引起了人类科学思想上的革命,对认识宇宙、促进人类知识的发展起着巨大的推动作用。放射性、原子能和核技术的应用对人类的生存与发展产生了深远的影响。所有这一切,离不开放射性测量技术这一重要支撑技术。

1.4.1 放射性探测器

通常,放射性测量装置主要由放射性探测器和电子仪器所组成,放射性探测器是放射性测量的根本。从本质上讲,放射性探测器是一种能量转换仪器,它可将辐射(粒子束)的能量通过与工作介质的相互作用(如产生光子或电子等)转化为电信号,再由电子学仪器记录和分析[5]。将辐射能量转换成电能的常用放射性探测器主要有三大类:①气体探测器,利用射线或粒子束在气体介质中的电离效应探测辐射;②闪烁体探测器,利用射线或粒子束在闪烁体中的发光效应探测辐射;③半导体探测器,利用射线或粒子束在半导体介质中产生的电子空穴对在电场中的漂移来探测辐射。

常用放射性探测器的发展主要经历了以下四个阶段:

第一阶段为核技术发展的早期,气体探测器是主要的探测器。

第二阶段为 20 世纪 60 年代以后,气体探测器逐渐被闪烁探测器和半导体探测器取代,闪烁探测器和半导体探测器在高能物理实验中获得了广泛应用。但在某些领域,气体探测器因其独特的性能仍在使用和发展之中。

第三阶段为 20 世纪 70 年代以后,随着半导体工业的兴起,半导体探测器也迅速发展起来。由于其能量分辨本领好、线性范围宽、体积小、集成度高等优势,加上其成本不断降低,它的应用领域正在不断扩大。另外,针对中子辐射的特殊性,人们发展了专门的中子探测器。在大型粒子物理实验及地学、矿物学等研究中,核径迹探测器也发挥着重要的作用。

第四阶段为 20 世纪 90 年代以后,随着材料科学、计算机技术及成像技术的飞速发展,核探测技术也在迅猛发展之中。在以前用于带电粒子探测的半导体探测器中,其材料基本都是单晶 Si 和 Ge(Li)(包括高纯 Ge),目前 CdZnTe、GaAs 以及 α - Se 等材料不像 Ge 一样需要低温,因此发展势头非常好。在无机及有机闪烁体材料中,也不断有体积越来越大或厚度越来越薄的材料出现(目前有机薄膜闪烁体可以做到几微米厚),同时由于掺杂了一些高量子效率的元素,闪烁体的量子效率也在不断提高。

近年来,Si 微条探测器在高能物理、核医学、同步辐射和天体物理学研究等领域中的广泛应用与普通 Si 半导体探测器形成了有力竞争,微剥离气体室(MSGC)探测器及基于气体电子倍增管(GEM)的探测器和基于 GEM 的气体雪崩成像光电倍增管也开始出现,尤其是闪烁体探测器在核医学成像方面得到了广泛应用。

在放射性测量中,除常用的放射性探测器外,还有很多不需要将辐射能转换成电能的核辐射探测器,主要有径迹探测器、切伦科夫计数器、多丝正比室及热释光剂量探测元件。径迹探测器包括核乳胶、固体径迹探测器、云雾室、气泡室、火花室等(它们都是直接记录粒子走过的径迹图像的探测器;根据径迹的粗细、稀密、长度、径迹弯曲程度和径迹的数量分布等,获得粒子的各种信息)。这些特殊用途的探测器均为核发展的早期探测器,除多丝正比室及热释光剂量探测元件,其他的现在几乎不用。

1.4.2　核仪器

核仪器是利用放射性射线的某些特性进行放射性种类及组分测量的一种仪器,它是放射性测量的基本工具。核仪器的发展主要经历了以下四个阶段:

第一阶段为 20 世纪 60 年代以前,是核仪器发展的早期阶段,此阶段的核仪器主要由电子管元件组成。

第二阶段为自 20 世纪六七十年代,随着半导体材料的开发利用,晶体管电子元件成为核仪器部件的主角,NIM 机箱和各种 NIM 插件取代了笨重电子管组成的核仪器。

第三阶段为自 20 世纪八九十年代,随着集成电路的出现和计算机处理技术的广泛应用,核仪器走向更加小巧、轻便、性能稳定可靠的快速发展之路。

第四阶段为 2000 年以后,核仪器的发展出现以下几大趋势:

(1) 产品系列化。为满足不同用户的需求,产品呈现出不同量程、不同档次、不同外形。

(2) 整机小型化和一体化。在分析数据处理系统中,由大规模集成化元件取代了单一功能的分列电子元件,并出现一个元件就包含了一个较为复杂电路的功能化元件,使整个电路系统变得非常简单清晰;整个探测分析系统由复杂、笨重向小型、轻便、灵活过渡,不断向探测器与主机一体化发展,手持式、便携式不断推向市场。

(3) 操作数字化和智能化。在电子处理技术方面,采用嵌入式技术、微功耗技术、高新显示技术、掌上电脑等诸多数字化处理技术,将仪器的工作状态实时地显示得一清二楚,操作方式、测量结果的输出、显示以及数据转换日趋智能化。

(4) 数据处理网络化。网络化主要体现在不同类型的仪器都具有统一的网络接口,多个不同类型的仪器可以方便地组成同一个网络,由中心计算机统一进行数据获取、显示、处理、存储和传递。

1.4.3　放射性测量

放射性测量是核物理实验和核技术应用的重要技术手段之一[6,7]。核物理中任何新发现和物质内部运动规律的研究都是以准确、灵敏、可靠的放射性测量技术为基础。因此,放射性测量技术的不断完善和创新是核物理发展的重要原因之一。也就是说,放射性测量是紧紧伴随着放射性的发现和核技术发展而发展的。表 1-1 列出了早期核科学进程中的重要事件。

表 1-1　发现放射性以来的重要事件[2]

年　份	事　件	发现人或首次实现的国家
1896	放射性的发现	A. H. Becquerel
1898	钍盐放射性的发现	M. Curie, G. C. Schmidt
1898	钋的发现	M. Curie, W. Marckwald
1898	镭的发现	M. Curie, P. Curie, G. Bemont
1899	锕的发现	A. Debierne
1899	发现射气(emanation)现象	E. Rutherford, Owens
1900	实验表明, γ 射线具有电磁辐射性质	P. Villard
1900	氡的发现	F. Dorn, E. Rutherford
1903	β 射线被鉴定为电子	R. Strutt
1903	提出放射性衰变理论	E. Rutherford, F. Soddy
1903	α 射线被鉴定为氦离子	E. Rutherford
1905	获得放射性衰变律($N = N_0 e^{-\lambda t}$)	E. von Schweidler
1928	G－M 计数器研制成功	H. Geiger, W. Mueller
1929	第一台"粒子加速器"研制成功	J. D. Cockroft, E. T. S. Walton
1932	中子的发现	J. Chadwich
1932	重氢(氘)的发现	H. C. Urey
1932	正电子的发现	C. D. Anderson
1935	氚的发现(^{6}Li(n, α)^{3}H)	J. Chadwich, M. Goldhaber
1939	发现铀的裂变现象	O. Hahn, L. Meitner, F. Strassmann
1940	镎的发现	E. McMillan, P. H. Abelson
1940	钚的发现	G. T. Seaborg, J. W. Kennedy
1940	^{14}C 的发现	M. D. Kaman
1941	^{239}Pu 的发现	J. W. Kennedy, G. T. Seaborg, E. Segre
1942	^{233}U 的发现	G. T. Seaborg, J. W. Gofman
1945	第一颗原子弹爆炸	美国
1946	用^{14}C 法测定年代	W. F. Libby
1951	增殖反应堆建成, 并可发电	美国
1952	第一颗氢弹爆炸	美国
1954	第一艘核潜艇首航成功	美国
1954	第一座核电站建成	苏联

　　自贝可勒尔发现放射性以后, 放射性测量技术伴随着放射性核素的不断发现和核技术的广泛应用而快速发展。100 多年以来, 放射性测量技术伴随着核探测器、核仪器及核科学技术的进步而发展。它大致可分为以下三个阶段:

　　第一阶段为实验研究时期。20 世纪 50 年代以前为核技术发展早期, 主要用于实验室核物理测量和核技术研究。

　　第二阶段为军事工业时期。20 世纪五六十年代, 主要用于军事工业(反应堆监控、核武器的研制生产过程检测、核试验中放射性裂变子体产物判断和武器核爆当量检测等)和核工业(铀矿勘探、核电、核测控等)。

第三阶段为快速发展时期。20 世纪 70 年代以后,放射性测量技术的应用领域十分广泛,几乎涵盖国防军事、工业、农业、医疗卫生、地质矿山、环境保护、航天、教学、科研、海关等领域。

1.4.4　应用

目前,放射性测量技术应用最为广泛的领域有:

(1) 国防军事。包括核武器研制、核材料检测[8]、核爆炸效果及能量计算、核试验影响力检测、核材料物料衡算、核取证、反恐、军控核查、核实施退役及其核废物处置[9,10]等。

(2) 工业。包括核电站、核测控技术、核探伤、结构检测、石油测井、放射性加工、在线测量等。

(3) 医学。包括癌症诊断与治疗、γ 刀、人体检测、药材辐照、人工核素应用等。

(4) 农业。包括辐照育种、辐照育苗、病虫害防治、培育新型花草等。

(5) 地质环境。包括核环境监测、核辐射检测、地质勘探、地震监测等。

(6) 商检。包括海关检查、箱体物品检验等。

(7) 公共安全。包括火灾报警、交通安检、司法物证材料鉴定[11,12]等。

(8) 科学研究。包括核素研究、宇宙射线探测、微观世界研究等。

在核科学技术广泛应用的今天,放射性测量发挥了不可或缺的作用,也为其他基础学科提供了特有的研究方法和手段。展望未来,放射性测量技术的应用呈现以下发展趋势:基础研究与应用研究并重,使得核技术走向持续发展之路;随着新型探测器的不断开发和核仪器性能的进一步提升,核参数将更加精确可靠;放射性测量将高度智能化和数据处理、传输网络化;放射性测量技术与非核科学相结合,优势互补,使得核科学技术的应用更加广泛和普及。

参考文献

[1]　杨福家. 原子物理学[M]. 北京:高等教育出版社,2008.

[2]　王祥云,刘元方. 核化学与放射化学[M]. 北京:北京大学出版社,2007.

[3]　Tuli J K. Nuclear Wallet Cards[M]. New York:Brookhaven National Laboratory,2011.

[4]　杨明太,任大鹏. 实用 X 射线光谱分析[M]. 北京:原子能出版社,2008.

[5]　丁洪林. 放射性探测器[M]. 哈尔滨:哈尔滨工程大学出版社,2009.

[6]　郑成法. 核辐射测量[M]. 北京:原子能出版社,1983.

[7]　汤彬,葛良全,方方,等. 核辐射测量原理[M]. 哈尔滨:哈尔滨工程大学出版社,2011.

[8]　杨明太. 核材料的非破坏性分析[J]. 核电子学与探测技术,2001,21(6):501−504.

[9]　杨明太. 桶装核废物的非破坏性分析[J]. 核电子学与探测技术,2003,23(6):600−604.

[10]　杨明太. 放射性核素迁移研究的现状[J]. 核电子学与探测技术,2005,25(6):878−885.

[11]　杨明太. 放射性损伤的初步识别[J]. 中国人民公安大学学报(自然科学版),2003,34(2):42−44.

[12]　杨明太,王雯,戴长松,等. 微量物证检测方法[J]. 核电子学与探测技术,2012,32(3):256−259.

第 2 章 α 测 量

2.1 α射线简介

自 1898 年新西兰著名物理学家卢瑟福(E. Rutherford)发现 α 粒子以后,引起了物理科学界极大兴趣。大量实验表明,α 粒子是不稳定的重核(一般原子序数为 82 或以上)自发衰变时,从原子核内释放出来的 He 离子,亦即 α 射线是由 He 原子核组成的粒子流。

2.1.1 衰变表达式

放射性核素发生 α 衰变时,其衰变表达式如下:

$$_Z^A X \rightarrow _{Z-2}^{A-4} Y + \alpha + Q_\alpha \tag{2.1}$$

式中　$_Z^A X$——母核;

　　　$_{Z-2}^{A-4} Y$——子核;

　　　α——衰变时释放的 α 粒子;

　　　Q_α——衰变能。

2.1.2 基本特性

1. 重核衰变产物

α 粒子是重元素自发衰变时从原子核中放射出的不带电子的 He 原子核,在自然界内大部分的重元素都会在衰变时释放 α 粒子。

2. 质量与电荷

α 粒子由两粒带正电荷的质子和两粒中性的中子组成,即电荷数为 2、质量数为 4,其静止质量为 6.64×10^{-27}kg。

3. 能量

放射性核素衰变放射的三种射线中,α 射线所携带的能量最高,其能量范围约为 1.5 ～ 12.0MeV。放射性核素衰变放射 α 射线时,有的核素发射单一能量的 α 粒子,有的核素发射几种不同能量的 α 粒子(其能谱是单能的,不像 β 能谱那样是连续的)。进一步研究 α 能谱的精细结构发现,当母核直接跃迁至子核的基态时,发射能量最高的那一组 α 粒子;当母核跃迁至子核的各激发态时,发射能量较低的 α 粒子(组);处于激发态的子核跃迁至基态时发射 γ 射线,因此,发射复杂能谱的 α 衰变必然伴随有 γ 射线发射。

4. 核表征性

尽管核衰变发射的 α 粒子能量可能有一种或几种,但其能量大小和衰变概率却是一定的。这就意味着,对母核具有表征性。

综上所述,α 衰变就是放射性核素的原子核自发地放出 α 粒子而变成另一种核素的原子核的过程。从原子核中放射出的 α 粒子实际上就是高速运动着的 He 原子核(^{4}He),它由两个中子和两个质子组成,带两个正电荷。天然放射性核素放射出的 α 粒子的能量一般为 1.5 ~ 12.0MeV。放射性核素经 α 衰变后,它的质量数 A 降低 4 个单位,原子序数 Z 降低 2 个单位。

2.2　α 粒子与物质相互作用

对于各种射线的探测、认识和利用,均是通过射线与物质的相互作用来实现的。那么,了解、认识、掌握 α 粒子与物质的相互作用特性和规律,对 α 粒子的探测与防护、相关学科的科学研究和应用都具重要意义。主要体现在以下几个方面:①通过射线与物质的相互作用的实验观测,可认识物质微观结构。现代高能粒子物理的实验方法和设备日趋复杂,但其基础仍然是射线与物质的相互作用的规律。②只有清楚地了解、认识、掌握 α 粒子与物质的相互作用方式及在物质中能量损失的基本机制,才能准确地测量出所需求的物理量。③掌握 α 粒子与物质的相互作用规律,对研究 α 粒子辐照对材料的老化与损伤亦具重要意义。④工业、农业、国防、医学等诸多领域对 α 粒子测量与广泛应用,均以 α 粒子与物质的相互作用规律为基础。

2.2.1　相互作用方式

天然放射性元素进行 α 衰变时,所放出的 α 粒子是高速度的 He 原子核,初速度约在 $(1 \sim 2) \times 10^9 \mathrm{cm/s}$。因此,α 粒子与物质相互作用的主要形式是电离和激发。由于 α 粒子的质量大,它与物质的散射作用不明显。α 粒子在气体中的径迹是一条直线,这种现象在威尔逊云雾室中可以观察到。α 粒子与醋酸纤维胶片作用所留下的径迹,构成了当前 α 粒子径迹测量的依据。

α 粒子与物质的束缚电子(原子的外壳层电子)发生静电作用,使束缚电子获得能量而成为自由电子,形成自由电子与正离子组成的离子对,这一过程称为电离作用。如果束缚电子新获得的能量还不足以使它成为自由电子,而只能使其跃迁到更高的能级,则这一过程称为激发作用。此现象如发生在内层(K 层或 L 层)电子壳层,则当原子由激发态恢复到基态时,以发射荧光形式释放能量。这一现象是构成当前流行的 α 粒子荧光技术的依据。

还有一种次级电离作用。入射粒子在物质中由于直接碰撞打出能量较高的电子,这个电子再次与物质中束缚电子起作用而发生一次新的电离,形成离子对,这一过程称为次级电离。据统计,当 α 粒子通过气体时有 60% ~ 80% 的离子对是次级电离产生的。

2.2.2　相互作用机制

α 粒子进入靶物质后,与靶物质原子经过多次碰撞而不断损失能量,当速度减小到一定程度时,就会与靶物质发生电荷交换效应。原来高速运动的外层电子被全部剥离的 α 粒子随着速度的降低而会俘获靶物质中的电子,从而使自身所带的正电荷数逐渐减少。如靶物质足够厚,则 α 粒子经多次碰撞后,待其能量全部耗尽,并俘获电子成为中性原子,最终停止在靶物质中。

α 粒子与靶物质的相互作用,无非是 α 粒子与靶物质原子的原子核和核外电子的相

互作用,可能发生以下四种情形:

(1) α 粒子与靶原子的核外电子发生非弹性碰撞;

(2) α 粒子与靶原子的核外电子发生弹性碰撞;

(4) α 粒子与靶原子核发生非弹性碰撞;

(3) α 粒子与靶原子核发生弹性碰撞。

1. 与靶原子的核外电子发生非弹性碰撞

当放射性核素发生 α 衰变,放射的 α 粒子进入靶物质从靶原子附近掠过时,与靶原子的核外电子因库仑作用而受到吸引,α 粒子减速而损失一部分能量,核外电子获得能量。

(1) 如果核外电子获得的能量大于它在该电子轨道上的结合能时,就会脱离原子核的束缚而成为一个自由电子,发生靶原子的电离。原子的最外层电子受核的束缚最弱,最容易被电离。

(2) 如果核外电子获得的动能较小,不足以被电离,就有可能使核外电子从原来较低的能级跃迁到较高的能级,使原子处于激发态。处于激发态的原子是不稳定的,会通过跃迁返回到基态,同时释放出可见光或紫外光。

α 粒子与靶原子的核外电子发生非弹性碰撞,造成 α 粒子能量损失,是 α 粒子进入物质时损失能量的主要方式。由于该碰撞过程导致靶原子的电离或激发,所以这种能量损失又称为"电离损失"。

2. 与靶原子的核外电子发生弹性碰撞

在此种弹性碰撞过程中,碰撞前后体系的能量和动量守恒,α 粒子将很微小的一部分能量转移给靶原子的核外电子,但不足以改变核外电子能量状态。此种相互作用可看成 α 粒子与整个靶原子的相互作用,而 α 粒子发生此种相互作用的概率极低,几乎可忽略不计。

3. 与靶原子核发生非弹性碰撞

当放射性核素发生 α 衰变,放射的 α 粒子进入靶物质到达靶原子核库仑场时,受库仑场作用会使入射 α 粒子的速度和方向发生变化,从而造成入射 α 粒子的能量损失。通常,这种能量损失称为"辐射损失"。

由于 α 粒子与靶原子核的质量相近,与靶原子核发生非弹性碰撞后运动状态改变不大。因此,由放射性核素发生 α 衰变放射的 α 粒子发生辐射损失的能量很小,其发生概率也很小。

4. 与靶原子核发生弹性碰撞

在 α 粒子与靶原子核发生弹性碰撞过程中,α 粒子只改变其运动速度和方向,但不辐射光子,也不激发原子核,碰撞前后保持动能守恒和总能量守恒,α 粒子损失能量,同时反冲靶原子核获得相应能量。这种碰撞可以多次发生,如果靶原子核获得的能量较高,它有可能与其他原子核发生碰撞,造成靶物质的"辐射损失"。对于 α 粒子与靶原子核发生弹性碰撞,只有当 α 粒子能量很低时才有可能发生。

2.2.3 电离和激发

电离是指射线与物质相互作用中,轨道电子获得的动能足以克服原子核的束缚,逃出原子壳层而成为自由电子;激发则是在射线与物质相互作用中,轨道电子获得的动能不足以克服原子核的束缚,只是从低能级跃迁到高能级,使原子处于激发态。电离和激发是带电粒子与物质相互作用过程中能量损失的重要形式,α 粒子与物质的相互作用主要是以电离、激发的形式损失能量[1]。当 α 粒子入射到靶物质时,可发生两种情形:①穿过靶原子电子层时,与核外电子发生非弹性碰撞而损失能量;②与靶原子核发生弹性碰撞而损失能量。但在整个作用机制中,前一种能量损失是主要的,后者比前者小 3 个量级,一般可忽略不计,只有入射的 α 粒子能量很低时才需考虑核弹性碰撞对能量损失的贡献。

当 α 粒子入射到靶物质时,与核外电子发生非弹性碰撞,将一部分能量转移给电子,导致靶原子电离或激发。对几 MeV 的 α 粒子,单次碰撞转移给靶原子核外电子的能量在 1keV 以上,这一能量比大多数电子在原子中的结合能要大。因此,近似可忽略结合能。把核外电子看成是靶物质中一种"自由电子",把入射的 α 粒子与靶原子的束缚电子之间的非弹性碰撞作用,看成是入射的 α 粒子与"自由电子"之间的弹性碰撞作用。

如核外电子获得的动能不足以克服原子核的束缚,核外电子只是从低能级跃迁到高能级,使原子处于激发态。处于激发态的原子是不稳定的,跃迁到高能级的电子将自发地跃迁到低能级,并以放射特征 X 射线的形式使处于激发态的原子退激;处于激发态的原子退激时也可能不放射特征 X 射线,而是将激发能传递给核外电子,使核外电子获得足以脱离原子核束缚的动能而成为自由电子(俄歇电子),这一过程称为俄歇效应。

α 衰变发射的 α 粒子的核反应截面很小,因此,α 粒子与物质作用时发生核反应的概率很小;α 粒子与原子核之间虽然有可能产生卢瑟福散射,但概率也很小。α 粒子与物质的作用主要是与核外电子的电离作用,作用之后将使原子电离、激发而损失能量。由于 α 粒子的体积比较大,又带两个正电荷,很容易就可以电离其他物质。α 粒子的穿透能力在众多核辐射中是最弱的,在空气中只能前进几厘米,人体的皮肤就能隔阻 α 粒子。核衰变辐射的 α 粒子,其速度约为光速的 1/10。

2.2.4　射程

α 粒子射程是指 α 粒子在穿过物质某一距离后,α 粒子耗尽能量而完全停下来的距离。如果将一个薄的 α 射线源放在 α 探测器前面,改变 α 源与探测器之间的水平距离 R,记录相应距离上的计数率 n(单位时间内的计数),即可得到如图 2-1 所示的曲线。

图 2-1 中,A 为 α 粒子射程与其相对计数率的关系曲线;n/n_0 为相对计数率,n_0 为 $R=0$ 时的计数率;B 为曲线 A

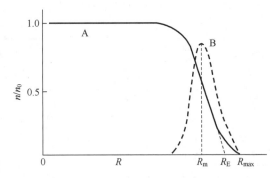

图 2-1　α 粒子射程与计数率的关系

的微分曲线;R_m 为平均射程;R_E 为外推射程;R_{max} 为最大射程。从曲线 A 可以看出,在探测器离开 α 源距离不大时,测得的计数率几乎不变,当距离继续增加到某一值时,α 粒子计数率迅速下降,这表明已经到了 α 粒子在空气中射程的末端。同一能量的 α 粒子,它们在空气中的射程大致相同,但有统计涨落,大多数分布在统计平均值附近。其统计平均值 R_m 称为平均射程。R_m 的求得,通常是对曲线 A 求微分,得到图 2-1 中的曲线 B,曲线 B 最大值所对应的 R 值即为 R_m。从曲线 A 末端的近似直线部分延长到和横坐标轴相交,交点的横坐标值称为外推射程,用 R_E 表示,而曲线 A 与横坐标轴的交点则称为 α 粒子的最大射程,用 R_{max} 表示。α 粒子是重粒子,因而它的射程涨落不大。对初始能量为 5MeV 的 α 粒子,射程涨落只有 1%。一般文献中列出的射程都是指平均射程。

在同一物质中,α 粒子射程与其初始能量有关,能量越大,α 粒子的射程越长。能量为 3~8MeV 的 α 粒子在空气中的射程可以用经验公式计算,即

$$R_0 = 0.318E^{3/2} \tag{2.2}$$

式中 R_0——α 粒子在空气中的射程(cm);

E——α 粒子能量(MeV)。

α 粒子在其他介质中的射程,可通过它在空气中的射程 R_0,用布拉克 – 克利曼(Bragg – Kleemm)经验公式计算,即

$$R = 3.2 \times 10^{-4} \cdot A^{1/2} \cdot R_0 \cdot \rho^{-1} \tag{2.3}$$

式中 ρ——介质密度(g/cm^3);

R——α 粒子在除空气外其他介质中的射程(cm);

A——介质原子核质量数,在化合物中 $A^{1/2} = n_1 A_1^{1/2} + n_2 A_2^{1/2} + n_3 A_3^{1/2} + \cdots + n_i A_i^{1/2}$,$i = 1,2,3,\cdots,n$;$n_i$ 为各元素在化合物中的相对原子百分含量。

从式(2.3)可知,由于固体介质密度比空气介质密度大得多,因此,粒子在固体介质中的射程是非常小的。α 粒子在固体介质中的射程常用质量厚度来表示,质量厚度是指介质层单位面积上所具有的质量,它的数值等于介质层线性厚度 d 与其密度 ρ 的乘积,即其质量厚度 $d_m = \rho \cdot d$,单位为 g/cm^2。

表 2-1 为天然放射性元素的 α 粒子在 15℃、101324.72Pa 情况下,在空气中的射程。表中所列天然放射性元素的 α 粒子,在空气中的射程最大为 8.62cm(^{212}Po)。同一起始能量的 α 粒子,在不同物质中的射程也不同。天然放射性元素的 α 粒子,在空气中的射程虽然有几厘米,但一张纸就可以将其挡住。从表 2-1 可知,^{214}Po 的 α 粒子在空气中的射程为 6.87cm,但在液体、固体中射程约为空气中射程的 0.1%。

表 2-1 天然放射性元素的 α 粒子在空气中的射程

辐射体	能量/MeV	射程/cm	总电离量/10^5对	辐射体	能量/MeV	射程/cm	总电离量/10^5对
^{238}U	4.169	2.60	1.20	^{220}Rn	6.282	4.99	1.80
^{234}U	4.756	3.24	1.37	^{212}Po	6.774	5.62	1.94
^{230}Th	4.660	3.15	1.34	^{216}Bi	6.051	4.71	1.74
^{226}Ra	4.761	3.29	1.37	^{212}Po	8.785	8.62	2.52
^{222}Ra	5.482	4.04	1.57	^{235}U	4.372	2.81	1.26
^{218}Po	6.002	4.64	1.72	^{231}Pa	4.964	3.55	1.43
^{214}Bi	5.508	5.48	1.58	^{227}Th	5.887	4.66	1.69
^{214}Po	7.687	6.87	2.20	^{224}Ra	5.651	4.31	1.63
^{210}Po	5.301	3.83	1.53	^{219}Rn	6.722	5.56	1.93
^{232}Th	3.933	2.50	1.15	^{215}Po	7.365	6.44	2.12
^{228}Th	5.412	3.96	1.55	^{211}Bi	6.562	5.42	1.89
^{234}Ra	5.677	4.26	1.63	^{211}Po	7.423	6.53	2.13

2.3　α 探 测 器

1896 年,放射性的发现大大激发了核科技工作者研制核辐射探测仪器和探测 α 粒子的兴趣。经过数十年的努力,先后成功研制了可用于 α 粒子探测的气体探测器、闪烁探测器和半导体探测器等多种类型探测器。进入 20 世纪 90 年代,随着电子技术和计算机技术的飞速发展,用于 α 粒子探测的核仪器性能也迅速提升,在国内外也形成了多家专业仪器生产厂家。由各种类型探测器组成的 α 探测仪自成体系,以小巧、轻便、性能稳定著称,成为核仪器家族不可或缺的主要成员。各种类型的 α 探测仪在核材料测量[2]、辐射防护[3]、环境保护[4]、医学、工业[5]、高能物理及其核能应用等诸多部门和领域发挥了极其重要的作用。

探测器是核仪器不可或缺的最基本的部件。α 探测器主要由灵敏介质和结构两部分构成,灵敏介质的作用是将进入灵敏体内的 α 粒子损失的能量转化为介质原子或分子的电离和激发效应,以及其他能被电子仪器记录的次级效应;结构部分则是用来固定灵敏介质,必要时通过其施加电场。各种可用于 α 粒子探测的探测器大致可分为气体探测器、闪烁探测器、半导体探测器和其他类型探测器。使用中,根据测量的具体要求和目的,可选用不同种类和性能的探测器。

2.3.1　气体探测器

气体探测器是早期应用最广的核辐射探测器,20 世纪 50 年代以后,逐渐被闪烁探测器和半导体探测器代替,但至今在高能物理、重离子物理、辐射剂量学等领域和工业上仍广泛应用。以气体为探测介质的探测器统称为气体探测器。属于此类型的探测器主要有电离室、正比计数器和 GM(盖革 – 弥勒)计数器,此三种探测器均可用于 α 粒子探测。它是以气体作为带电粒子电离或激发的介质,在气体电离空间置有两个电极,外加电场并保持一定的电位差,当带电粒子穿过气体时与气体分子轨道上的电子发生碰撞,使气体分子产生电离而形成离子对,在电场中电子向正极移动,正离子向负极移动,最后到达二极而被收集起来,使电子线路上引起瞬时电压变化(电压脉冲)而由后续的电子仪器记录。气体探测器主要优点在于制备简单、性能可靠、成本低廉、使用方便等。

通常,气体探测器由高压电极和收集电极组成,高压电极和收集电极为两个同轴的圆柱形电极,此两个电极由绝缘体隔开并密封于容器内,然后,在该容器内充以适当气体。当带电与不带电的粒子进入电极空间时,直接或间接地引起气体电离,生成大量的正负离子对(电子和正离子)。若电极间无电场,正负离子对经漂移而终致复合,电离电流为零。若在两极间加电压 V,则离子在极间电场作用下向两电极移动(正、负离子移动的方向相反),产生电离电流 I。气体探测器外加电压 V 与电离电流 I 的关系曲线示于图 2-2,图 2-2 中,图上方曲线为 α 粒子在气体探测器中产生电离,探测器外加电压 V 与电离电流 I 的关系曲线,图下方曲线为 β 粒子在气体探测器中产生电离,探测器外加电压 V 与电离电流 I 的关系曲线。

(1)V 较低时,场强较弱,离子速率小,一些离子在达到电极前复合,电极不能收集到全部电离电荷。

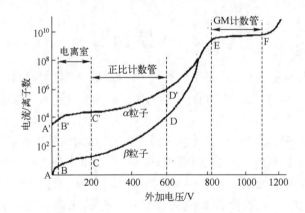

图2-2　外加电压 V 与电离电流 I 的关系曲线

（2）提高 V，场强增大，离子复合机会减小，将会有更多的离子到达电极。

（3）继续提高 V，当场强使离子速率高到正负离子很少复合时，则电离电荷几乎可全部被电极收集，这时探测器开始工作在饱和区（或称电离室区），相应的电压 V_0 称为饱和电压。

（4）当再提高 V 时，电子在阳极附近的强电场的加速下获得的动能足以引起容器内气体分子的电离（次级电离），新产生的次级电子被强电场加速，又可产生新的电离。如此继续下去，原来的一个电子可以繁殖出许多电子，此过程称为"电子雪崩"，这一现象称为气体放大。该气体的放大倍数只与电极间所加电压有关，它随电压增高而增大，当电压固定时其气体放大倍数恒定。因在该状态下的电流强度正比于原电离的电荷数，所以称该电压工作区为正比区（或称正比计数器区）。

（5）在正比区的基础上，继续增高电极间电压，由于气体放大倍数过大，电流猛增，形成自激放电。此时，电流强度不再与原电离的电荷数有关，原电离电荷对放电只起"点火"的作用。该电压工作区称为放电区，或称 GM 区（盖革－弥勒计数区）。

综上所述，电离室、正比计数器和 GM 计数器这三种气体探测器的基本结构和组成部分是相似的，只是工作条件不同、性能有所差别、适用场合不同而已。

1. 屏栅电离室

屏栅电离室是将工作电压运行在气体电离饱和区的气体探测器。它是平行板式脉冲电离室，具有结构简单、性能稳定可靠、成本低廉、使用方便等特点，主要用于记录 α 粒子的能量和强度，其能量分辨率可达 0.2%。屏栅电离室所能记录的带电粒子数目不能过大，否则脉冲将重叠，甚至无法分辨。

使用屏栅电离室时，应将电压选取在饱和区内。令 n 为每秒进入电离室的粒子数，产生的离子对数为 N，每个粒子消耗的平均能量为 E，产生一对离子所需能量为 ε，所形成的平均电离电流即饱和电流为

$$I_0 = Ne = n(Ee/\varepsilon) \tag{2.4}$$

式中　I_0——饱和电流；

　　　N——离子对数；

　　　e——电子电量；

　　　E——每个粒子消耗的平均能量；

ε——产生一对离子所需能量。

通常,饱和电流范围是很宽的,其大小由入射粒子流强度而定。例如,一个空气电离室,设入射 α 粒子能量为 5.3MeV,$n = 4 \times 3.7 \times 10^4 / s$,如果 α 粒子能量全部损失在电离室中,则电离电流为 3.5×10^{-9}A。

2. 正比计数器

20 世纪 70 年代,根据正比计数器原理研制出了多丝室[6]和漂移室。它既有计数功能,又可确定带电粒子经过的区域和发生的位置,用做位置灵敏探测器。多丝室有许多平行的电极丝,处于正比计数器的工作状态。每一根丝及其邻近空间相当于一个探测器,后面与一个记录仪器连接。因此只有当被探测的粒子进入该丝邻近的空间,与此相关的记录仪器才记录一次事件。为了减少电极丝的数目,可从测量离子漂移到丝的时间来确定离子产生的部位,这就要用另一探测器给出一个起始信号并大致规定了事件发生的部位,根据这种原理制成的计数装置称为漂移室,它具有更好的位置分辨率(50μm),但允许的计数率不如多丝室高。

正比计数器是将工作电压运行在气体电离正比放大区的气体探测器,其基本结构如图 2-3 所示。它主要用于 α、低能 β 电粒子、X 射线能谱测量和计数,其能量分辨率略低于脉冲电离室。

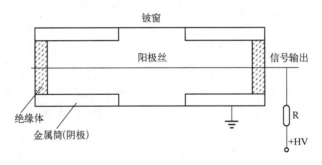

图 2-3　正比计数器基本结构示意图

正比计数器的主要特点在于结构简单、性能稳定可靠、成本低廉、使用方便;正比计数器的灵敏度较高、输出脉冲幅度较大、脉冲幅度几乎与原电离的地点无关;但脉冲幅度随工作电压变化较大,且容易受外来电磁干扰,因此,对电源的稳定度要求也较高(不大于 0.1%)。

3. GM 计数器

GM 计数器是将工作电压运行在气体电离放电区的气体探测器,其基本结构如图 2-4 所示。它是 1928 年因其发明者德国物理学家 H. W. Geiger 和 E. W. Muller而命名。在核物理发展的早期,GM 计数器曾是使用最广的射线探测器。至今,在放射性同位素应用和剂量监测工作中,GM 计数器仍是常用的探测器。

GM 计数器按所充气体的性质可分为两大类:一类是有机 GM 计数器(Ar + 酒精或乙醚),另一类是卤素 GM 计数器(Ar + Cl_2 或 Br_2)。总体来看,GM 计数器的基本结构与正比计数器类似,其外形一般设计为圆柱形玻璃外壁,内衬一个金属圆筒或涂一层导电物质(Hg 或 $ZnCl_2$)作为阴极。根据外形可以分为钟罩形[图 2-4(a)]和圆柱形计数管[图 2-4(b)]。

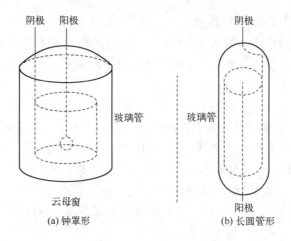

图 2-4　GM 计数器基本结构示意图

　　GM 计数器工作时,在计数管的正负极上施加稳定的高压电源,使两极间始终维持一稳定的电位差(200～1000V)。当射线进入计数管灵敏区时,引起管内惰性气体电离,形成正负离子对。在电场作用下,正离子向负极、负离子向正极移动。当负离子靠近阳极电场强度越大,受到作用也大,运动速率加快,又碰撞到阳极附近的惰性气体分子引起次级电离。多次新的次级电离,使得阳极附近在极短时间内,产生大量次级电子,这种现象称为雪崩。沿整个阳极金属线引起雪崩的结果大量的负离子聚积到阳极上,阳极产生放电,两极间电压发生瞬间降落,形成脉冲电压,将电压的微小变化输送到定标器上,经过电子学的成形、甄别、放大,被记录装置记录下来,即可测得射线的放射线活度。

　　GM 计数器的脉冲输出幅度大,输出脉冲幅可达几 V 至几十 V;它是探测各种射线高灵敏度的计数器,用于记录各种射线的数量;它的主要特点在于结构简单、性能稳定可靠、成本低廉、制作的工艺要求和仪器电路均较简单、使用方便;但不能鉴别射线类型和能量、分辨时间长(约 $10^2\mu$s)、不能进行快计数、正常工作的温度范围较小。

2.3.2　闪烁体探测器

　　闪烁体探测器是利用核辐射与某些透明物质相互作用,使其电离、激发而发射荧光的原理探测核辐射。它亦是较早的核辐射探测器,1911 年原子核的发现就有闪烁探测器的一份贡献。闪烁探测器(图 2-5)由闪烁体、光电倍增管和相应的电子仪器三个主要部分组成。闪烁计数器在核辐射探测中是应用较广泛的一种探测器。在核辐射探测中,它可用于能谱测量、强度测量、时间测量和剂量测量(其中,剂量测量是强度和能量测量的结合)。闪烁体探测器的灵敏度极高,它主要用于测量微弱 α 放射性,并成为生物化学和分子生物学研究的必备仪器之一。

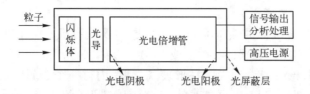

图 2-5　闪烁体探测器基本结构示意图

闪烁体探测器的工作可分为五个相互联系的过程:

(1) 射线进入闪烁体,与之发生相互作用,闪烁体吸收带电粒子能量而使原子、分子电离和激发。

(2) 受激原子、分子退激时发射荧光光子。

(3) 利用反射物和光导将闪烁光子尽可能多地收集到光电倍增管的光阴极上,由于光电效应,光子在光阴极上击出光电子。

(4) 光电子在光电倍增管中倍增,数量由一个增加到 $10^4 \sim 10^9$ 个,电子流在阳极负载上产生电信号。

(5) 产生的电信号由电子仪器记录和分析。

当核辐射的能量全部耗尽在闪烁体内时,探测器输出脉冲幅度与入射粒子能量成正比。因此,可以根据对脉冲幅度谱的分析来测定核粒子的能谱。目前,测量带电粒子(电子或重带电粒子)能谱大都应用半导体探测器以及磁谱仪。在 γ 能谱测量领域,Ge 半导体探测器虽有它突出的优点,正逐渐被普遍采用。不过在工业、医学等领域以及在某些核物理实验中,闪烁谱仪特别是 NaI(Tl) 单晶 γ 谱仪仍有相当广泛的用途。

可用于放射性测量的闪烁体种类较多,可用于 α 测量的有:由碘化铯(铊激活)[CsI(Tl)]或硫化锌(银激活)[ZnS(Ag)]闪烁体组成的探测器。这些闪烁探测器的特点在于性能稳定可靠、成本低廉、使用方便;但不能进行能谱测量,只能测量 α 强度。

1. 硫化锌(银)闪烁体

硫化锌(银)的化学式是 ZnS(Ag)。ZnS(Ag) 是一种多晶粉末,其透明度较差,用于探测 α 粒子时,一般做成质量厚度小于 $80mg/cm^2$ 的晶体,此时,对于自身所发出的闪烁光才是透明的。与其他闪烁体一样,ZnS(Ag) 是通过将入射射线能量转变成闪烁光光强来探测入射粒子能量和数量的。不过,由于其透明度较差,能量分辨率也差,因此,不适合于作为 α 粒子的能谱测量。

当 ZnS(Ag) 的原子与分子从入射 α 粒子获得部分能量后,将被激发,在其原子与分子退激的过程中,其从 α 粒子获得的能量将以一定波长的光的形式释放出来。这种光波长较长,处于可见光波长范围,称为闪烁光。入射的 α 粒子的能量越高,并将能量全部损耗在闪烁体内,则被激发的原子与分子越多,退激时发射的闪烁光光子越多,最终从光电倍增管输出的电荷越多,形成的电信号幅度将越大。

2. 碘化铯(铊)闪烁体

碘化铯(铊)的化学式是 CsI(Tl)。对 α 粒子 CsI(Tl) 的发光效率很高,在早期常作为 α 闪烁谱仪的闪烁晶体。它对于 ^{210}Po 的 5.3MeV 能量的 α 粒子,其能量分辨率可以优于 4%,最好的可以达到 1.8%。CsI(Tl) 发光的机理与 ZnS(Ag) 相同,故不赘述。

2.3.3　半导体探测器

以半导体作为探测介质,利用射线在半导体介质中产生电子 - 空穴对探测核辐射的探测器统称为半导体探测器。实质上,半导体探测器就是一种工作在反向偏压下的 P - N 结二极管,它是介质为半导体材料的电离室,其工作原理类似于气体电离室。当半导体探测器工作在反向偏压时,进入探测器灵敏层(耗尽层)的射线损失能量,产生大量的电子 - 空穴对,在电场的作用下,分别向两极漂移,引起两极上感应电荷的变化,在输出回路形成脉冲信号。在探测仪器系统上,输出脉冲信号的大小与进入探测器灵敏层射线损失的能量成正比,其强度则代表了射线的量。

自从 20 世纪 60 年代商用半导体探测器问世以来,半导体探测器得到了迅速发展。可用于 α 粒子探测的半导体探测器根据制造工艺的不同,可分为:①扩散结半导体探测器,在 P 型 Si 上扩散一层磷形成 P–N 结的探测器;②离子注入型半导体探测器;③面垒型半导体探测器,在 N 型 Si 上镀一层 Au 或在 P 型 Si 上镀一层 Al 膜形成 P–N 结的探测器。其中,金硅面垒探测器是用一片 N 型硅,蒸上一薄层金($1 \times 10^{-2} \sim 2 \times 10^{-2}$ μm),接近金膜的那一层硅具有 P 型硅的特性,这种方式形成的 P–N 结靠近表面层的结区即为探测粒子的灵敏区。

在这三种类型的半导体探测器中,Si(Au)面垒探测器对 α 粒子具有很好的探测功能,是 α 能谱测量中最常用的探测器。Si(Au)面垒探测器始于 20 世纪 60 年代,成熟于 20 世纪 70 年代。Si(Au)面垒探测器的能量分辨率高、设备简单、使用方便;它主要用于 α 粒子及重带电粒子能谱精确测量,是重带电粒子能谱测量的最主要工具;它的时间响应速度与闪烁探测器差不多,所以可作为定时探测器;它的本底很低,特别适于作低本底测量。目前,Si(Au)面垒探测器的灵敏体可达 $1200mm^2$,灵敏层厚度可达 1mm 左右。Si(Au)面垒探测器不仅能量分辨率好、探测效率高(对进入灵敏体的 α 粒子探测效率近似于 100%),而且性能稳定可靠、使用方便。但 Si(Au)面垒探测器的灵敏体积不能做得很大,因而限制了大面积放射源的使用;它的抗辐射本领差,存在温度效应;表面沾污,不易清洗、修复[7]。近年来,新开发的离子注入 Si 探测器已成为 α 能谱仪配置的新宠。该探测器对 ^{241}Am 5.486MeV 峰,其分辨率一般为 15keV,而且可水洗。

以半导体作为探测介质的 α 粒子探测器主要有以下优点:

(1)电离辐射在半导体介质中产生一对电子、空穴对平均所需能量大约为在气体中产生一对离子对所需能量的 1/10,即同样能量的带电粒子在半导体中产生的离子对数要比在气体中产生的约多一个量级,因而电荷数的相对统计涨落也就小得多,所以半导体探测器的能量分辨率很高。

(2)带电粒子在半导体中形成的电离密度要比在一个大气压的气体中形成的高得多,大约为 3 个量级。所以,当测高能电子或 γ 射线时半导体探测器的尺寸要比气体探测器小得多,因而可以制成高空间分辨和快时间响应的探测器。

(3)测量电离辐射的能量时,线性范围宽。

2.3.4 其他类型探测器

在核辐射探测器中,除上述可用于 α 粒子测量的最常用的探测器外,还有以下几种可用于 α 粒子测量的特定场合、特殊用途的探测器。

1. 核乳胶

1896 年初,法国物理学家贝可勒尔发现铀盐使底片感光变黑后,人们就利用照相底片探测射线的总强度。随着核物理研究发展的需要,经过多年的努力,出现了核乳胶。1949 年初,出现了第一批核乳胶商业产品。能记录单个带电粒子径迹的特制乳胶是由普通照相乳胶发展而来的,其主要成分是溴化银微晶体和明胶的混合物。

乳胶是固体,其限止本领比空气大千倍,高能粒子在核乳胶中只有几毫米,一个复杂的现象可以在一个小体积中显示出来。因此,核乳胶是研究高能粒子的有力工具,也是核物理、粒子物理和宇宙线研究中的重要工具,具有轻便、简单、经济等优点。

原子乳胶的工作原理:当有带电粒子穿入核乳胶时,就会引起"感光"而留下径迹,经过显影和定影,可用显微镜观察。根据测定粒子在核乳胶中的径迹长度、银粒密度和径迹曲折程度可判定粒子的种类,并测定它们的速度。带电粒子在乳胶中的作用可分为电子和离子两个阶段。在电子阶段,带电粒子穿过溴化银晶体,在晶体中产生一些自由电子,其中一部分落在乳胶的灵敏中心上;在离子阶段,俘获了电子而带负电的灵敏中心吸引间隙银离子,结合成银原子。上述二阶段多次重复,灵敏中心上积累银原子的量增大到一定程度后,就形成了乳胶的"潜影中心"。一个溴化银微晶体只有一个潜影中心,经过显影,就可以还原为银粒。加工处理后的乳胶中,用显微镜可以观察到在带电粒子的路径上所留下的一串断断续续的银粒,这就叫做径迹。径迹的长度称为射程。如果事先用一系列已知能量和类别的带电粒子入射到核乳胶上,测得射程 – 能量关系,则测量任一已知粒子径迹的射程,就可以定出该粒子的能量。

核乳胶中径迹单位长度上的银颗粒数目称为乳胶的颗粒密度,它同入射粒子的种类(质量、电荷)及速度有关。电荷多、速度慢的入射粒子电离本领强,形成的潜影大,可显概率高,颗粒密度大。粒子在核乳胶中运动,同原子碰撞而多次散射,改变运动方向,径迹常有折曲。因此,根据径迹颗粒密度的大小和折曲程度,可以判别粒子种类并测定它们的速度。

中性粒子不能直接形成径迹,但是它们可以产生次级带电粒子。通过对这些次级带电粒子径迹的测量,可以推算中性粒子的能量和数量。例如,快中子同核乳胶中的 H 核弹性散射产生反冲质子径迹;慢中子同核乳胶中的氮核引起 N(n,p)C 反应,或在核乳胶中混入硼盐,使慢中子同硼产生 B(n,α)Li 反应,通过记录相应的质子或 α 粒子来探测中子。

到目前为止,核乳胶仍是宇宙射线研究中的一种重要工具。

(1)在核物理方面,核乳胶用于中子能谱测量,原子核反应研究。

(2)在精细的核反应能谱学研究中作为磁谱仪的焦面探测器等,用核乳胶作探测器的磁谱仪,其能量分辨率可达万分之一。

(3)核乳胶有极佳的位置分辨本领(1μm),阻止本领大,功用连续而灵敏。它既适用于探测低能和高能范围的 α 粒子径迹与能量,又可用来研究 α 粒子与乳胶中的原子核的相互作用,适用于产生多个带电粒子的复杂反应研究及粒子衰变系列研究。

(4)由于放射性同位素示踪方法在生物学、医药学、冶金、农业等许多方面的应用,特别是电子显微镜放射自显影技术的发展,进入了分子生物学的研究。

(5)原子核乳胶还可以用于铀矿地质研究、中子照相、中子剂量测量等。

核乳胶作为探测器,具有灵敏度高、不破坏样品、位置分辨好等优点。其缺点是:需经显影定影,不能当时得到测量结果,靠人工测量,要用显微镜测量径迹参量,难于实现自动化;除了同磁谱仪配合使用外,一般乳胶工作由射程定能量,能量分辨率比电探测器差;乳胶中成分比较复杂,能进行研究的靶核的种类和数量有限。

2. 固体径迹探测器

固体径迹探测器是 20 世纪 60 年代初发展起来的带电粒子径迹探测器之一。该种探测器灵敏体可用固体绝缘材料(云母、石英及各种矿物晶体等)、非晶体(玻璃、陶瓷等)、聚合物塑料(聚碳酸酯、硝酸纤维、醋酸纤维、聚酯等)或固体半导体材料组成。这种探测技术主要用于高能物理、核化学、空间科学、地球科学、考古学等学科研究中质子、α粒子、重离子、裂变碎片和宇宙线中的原子核等带电粒子测量。

(1) 工作原理

当带电粒子通过固体径迹探测器时,在路径上使材料产生辐射损伤,形成一条连续的辐射损伤径迹,这种径迹可用电子显微镜观察到。当把带有辐射损伤径迹的材料放入强酸(如氢氟酸、硝酸和盐酸等)或强碱(如氢氧化钾或氢氧化钠溶液)等蚀刻剂中时,由于材料受到辐射损伤部分的化学活性强,能以较快速度从探测器表面开始与蚀刻剂反应,并溶入蚀刻剂,沿辐射损伤径迹出现一条细长的孔洞或蚀迹。与此同时,蚀刻剂也从各种表面腐蚀探测器材料,但速度要慢得多,于是孔洞直径不断扩大。以上过程称为蚀刻,孔洞即为蚀刻后的径迹。当径迹直径扩大到微米数量级时,就可用光学显微镜观察。

(2) 阈特性

固体径迹探测器具有明显的阈特性,只有当入射粒子在探测器中产生的辐射损伤密度(相应于沿粒子轨迹上单位长度被电离或激发的原子的个数)大于某一阈值时,才能蚀刻出径迹。这一阈值与探测器材料和蚀刻剂的性质有关,与入射粒子的种类无关,不同材料有不同阈值。无机固体具有较高阈值,只能记录较重的粒子。塑料具有较低阈值,可以记录较轻的重带电粒子。β、γ和X射线在各种固体径迹探测器中的辐射损伤密度都低于其阈值,不能产生径迹。利用这种阈特性,可以在同时有β、γ、X射线及较轻粒子的场合无干扰地记录所需要的重带电粒子。

(3) 分辨能力

固体径迹探测器具有分辨粒子的能力。同一径迹上不同位置的辐射损伤物质与蚀刻剂反应的速度不同,辐射损伤密度越大,沿径迹的蚀刻速度也越大。测量径迹上某点的蚀刻速度或单位时间产生的蚀锥长度,可以知道该点的辐射损伤密度。辐射损伤密度与入射粒子的电荷数及速度(或能量)有关,测量径迹上某点的蚀刻速度和剩余射程,就可以确定粒子的电荷数、质量数和能量。分辨粒子电荷数的另一种方法是测量最大可蚀刻射程,即在固体径迹探测器中辐射损伤密度大于阈值的一段的长度(即剩余射程)。对同一种探测器材料,同一种粒子的最大可蚀刻射程相同,不同种类粒子的最大可蚀刻射程不同。最大可蚀刻射程与粒子电荷数一一对应。在电荷分辨率方面,对轻原子核,固体径迹探测器不如核乳胶高;但对重原子核,固体径迹探测器比核乳胶要好。

(4) 温度影响

在常温下,固体径迹探测器中的径迹很稳定。比如,裂变碎片在白云母中的辐射损伤径迹,在145℃可保留45亿年以上。因此,组成地球、月岩和陨石的矿物中,保存着自它们生成以来直到目前所记录的各种重带电粒子的径迹,这些矿物,是数亿或数万年以前开始工作的固体径迹探测器,为现代人类积累了大量古代科学资料。在高温下,固体径迹探测器中的径迹发生衰退或消失(称为退化),由矿物中径迹的退火情况,可以推测地球或天体局部或整体的温度变化。

固体径迹探测器具有克服强本底干扰、测量粒子的电荷及其质量和能量、保存古代产生的重带电粒子径迹和位置灵敏等优点,已经得到广泛应用。在原子核物理和粒子物理研究中,利用它不怕强本底干扰的特性,已广泛用来在强入射束中测量裂变概率、裂变寿命、裂变碎片角分布,寻找裂变同质异能素,鉴定加速器合成的超钚元素和超重元素,测量核反应截面、分支比和角分布等,利用阻塞效应测量复合核寿命。利用其分辨电荷和记录古代径迹的能力,在自然界寻找超重核和磁单极子。利用其记录直接或次级重带电粒子径迹,进行地面和高空辐射剂量测量。在天体物理中,利用固体径迹探测器分辨粒子和记录古代径迹的能力,通过分析陨石、月岩和塑料中记录的古代和现代宇宙线中的原子核的成分和能谱、太阳粒子的成分和能谱,正在研究宇宙射线起源、恒星演化、太阳系元素合成和行星演化等方面的问题。在地质学和考古学中,利用地球矿物或物体中积累的 U 自发裂变径迹和陨石矿物中积累的 U 及已绝灭的 Pu 自发裂变径迹,可以测定地球物质或天体形成、冷却或受热的年代,以及测定考古年代。在分析化学、地球化学、冶金学、结晶学和生物医学中,可以测定 U、Th、Pu、B、Li、Pb 等多种元素的微小含量和微观分布。在铀矿普查勘探中,通过记录 U 子体 Rn 的 α 径迹,寻找地下铀矿。另外,利用蚀刻后径迹的微孔形状,可以制作电子工业、化学工业和医学上需要的微孔过滤器。此外,固体径迹探测器还可用作射线照相的底片。

3. 云室

云室早期的核辐射探测器,也是最早的带电粒子径迹探测器。1896 年由威尔逊(C. T. R. Wilson)发明,又称威尔逊云室。1895 年,威尔逊设计了一套设备,使水蒸气冷凝形成云雾。当时人们认为,要使水蒸气凝结,每颗雾珠必须有一个尘埃为核心。威尔逊仔细除去仪器中的尘埃后发现,无需尘埃,而用 X 射线照射云室时,云雾立即出现,这证明凝聚现象是以离子为中心出现的。经过四年研究,他总结出,当无尘空气的体积膨胀比为 1.25 时,负离子开始成为凝聚核心;当膨胀比为 1.28 时,负离子全部成为凝聚核心。对于正离子来说,膨胀比为 1.31 时开始成为凝聚核心,膨胀比为 1.35 时全部成为凝聚核心。另外,他还指出,离子的电荷对水蒸气分子产生作用力,有助于雾珠的扩大。1912 年,威尔逊为云室增设了拍摄带电粒子径迹的照相设备,使它成为研究射线的重要仪器,用这个云室拍摄了 α 粒子的图像。

云室中的气体大多是空气或氩气,蒸气大多是乙醇或甲醇。根据径迹上小液滴的密度或径迹的长度可测定粒子的速度;将云室和磁场联用,根据径迹的曲率和弯曲方向可测量粒子的动量和电性,从而可确定粒子的性质。在历史上,云室对粒子物理起过重大作用,曾用它发现了 e^+、μ^-、K^{+0} 等粒子。

云室工作原理:射入云室的高能粒子引起的离子在过饱和蒸气中可成为蒸气的凝结中心,围绕着离子将生成微小的液滴,于是粒子经过的路径上就出现一条白色的雾,在适当的照明下就能看到或拍摄到粒子运动的径迹,根据径迹的长短、浓淡以及在磁场中弯曲的情况,就可分辨粒子的种类和性质。云室的下底是可上下移动的活塞,上盖是透明的,一小块放射性物质(放射源)放在室内侧壁附近。实验时,在室内加适量酒精,使室内充满酒精的饱和蒸气。然后使活塞迅速下移,室内气体由于迅速膨胀而降低温度,于是饱和蒸气沿粒子经过的路径凝结,显示出粒子运动的径迹。

由于云室灵敏时间短、工作效率低等原因,在核物理实验中已很少应用。但在高能物理,特别是在宇宙射线研究中,膨胀云室仍不失为一种有用的探测工具。

4. 气泡室

气泡室是探测高能带电粒子径迹的一种有效的仪器,于 1952 年由美国人格拉泽

(D. A. Glaser)发明。它曾在20世纪50年代以后一度成了高能物理实验的最风行的探测设备,给高能物理实验带来许多重大的发现,如新粒子、共振态、弱中性流等。

气泡室是由一密闭容器组成,容器中盛有工作液体,液体在特定的温度和压力下进行绝热膨胀,由于在一定的时间间隔内(例如50ms)处于过热状态,液体不会马上沸腾,这时如果有高速带电粒子通过液体,在带电粒子所经轨迹上不断与液体原子发生碰撞而产生低能电子,因而形成离子对,这些离子在复合时会引起局部发热,从而以这些离子为核心形成胚胎气泡,经过很短的时间后,胚胎气泡逐渐长大,就沿粒子所经路径留下痕迹。如果这时对其进行拍照,就可以把一连串的气泡拍摄下来,从而得到记录有高能带电粒子轨迹的底片。照相结束后,在液体沸腾之前,立即压缩工作液体,气泡随之消失,整个系统就很快回到初始状态,准备作下一次探测。工作液可用液H或液^{2}H,需在甚低温下工作;也可用液态碳氢有机物,如丙烷、乙醚等,可在常温下工作。大型气泡室容积可达$20m^3$。

气泡室的原理和膨胀云室有些类似:密闭容器中的工作液体在特定的温度和压力下进行绝热膨胀时,可以在一定的时间间隔内(一般约50ms)处于过热的亚稳状态而不马上沸腾。此时如果有高能带电粒子通过,在粒子飞行路线上与液体中的原子碰撞而产生低能电子(δ射线)因而产生很多离子对,这些离子对在复合时引起局部发热,从而形成胚胎气泡。逐渐经过不短于0.3ms(一般为1ms)之后,气泡长大,就可以对它进行照相。这时把这一连串气泡拍摄下来,就得到了高能带电粒子的径迹底片。照相结束后,立即(在沸腾之前)再压缩工作液体,使粒子径迹气泡消失,从而使整个系统回到原先的状态,并进入下一个工作循环。

整个泡室装置包括室本体及真空系统、压缩-膨胀系统、安全系统、热交换恒温系统、照明及照相系统、控制系统。由于物理测量的要求,还需要有一个庞大的磁铁系统(一般的常规磁铁或超导磁体)。

(1)低温泡室

格拉泽早期的泡室是用有机液体作为工作物的小型泡室。后来由于物理实验的需要,在工作液体和规模等方面都有了很大的发展。因为基本粒子与质子(H核)的相互作用最简单,容易得到明确的物理结果,所以研制出了液H泡室,这在泡室技术和在物理上的应用都是极为关键的进步。^{2}H核含有一个质子和一个中子,为了研究粒子与中子的相互作用,还研制出了液^{2}H泡室。由于He原子核的自旋和同位旋都是零,这时研究与自旋及同位旋有关的过程相当重要,所以又研制成了液He泡室。H、^{2}H和He泡室的一个共同特点是:都需要很低的工作温度(H泡室的工作温度为25~29K,^{2}H泡室的工作温度比H泡室的约高5K,He泡室的工作温度最低,为3~4K),所以它们又称为低温泡室。这种泡室要求有低温系统,所以技术难度较大。

(2)重液泡室

有些物理实验要求有效地记录光子和尽可能增加靶物质的厚度(例如做中微子实验就需要尽量多的靶物质),所以研制了一种重液泡室。这种泡室的工作液体通常是氟利昂及其混合物。这种泡室的工作温度与室温相近,不需要低温系统。氢(H)泡室和重液泡室在物理实验上各有优缺点。氢(H)泡室有提供纯质子靶的优点,但是记录γ光子及其他次级作用的效率较低,而重液泡室则正好相反。因此,研制了把两者结合起来的具有称为径迹灵敏靶的泡室。它是将充有液氢(H)或液氘(^{2}H)的透明的塑料容器作为靶子放到一个充有液氖(Ne)和液氢(H)混合物的泡室里同时进行膨胀,使得靶子内外部能对径迹灵敏。

（3）全息照相泡室

为了测量极短的寿命(约 10s)的带电粒子,需要提高径迹室的空间分辨率。所以,又研制了全息照相泡室。全息照相可以直接给出三维的记录,它比普通照相有大得多的景深范围,而且空间分辨率高一个数量级。同时,它还可以使探测器系统小型化。

（4）混合泡室

为了提高对加速器粒子束流的利用率及提高事例的积累速度,还研制了一种 10/s 以上的快循环泡室。由于产生胚胎气泡的热针在不到 1μs 的时间内就扩散掉了,所以到目前为止,还不可能做到由计数器触发控制膨胀的泡室。但是,由于快电子学及在线计算器的快速发展,现在已经可能用闪烁计数器、切伦科夫计数器、多丝正比室、漂移室、光子探测器、量能器等电子学探测器组成的选择触发的逻辑系统对快循环泡室采用触发选择照相和协助记录,如此大大提高了有用照片的比率、可进一步分析的记录内容。这种以快循环泡室作为靶子及顶点探测器,在上、下游配有电子学探测器的系统,称为混合谱仪。

泡室本身的优点是直观、作用顶点可见、有很好的多重效率、有效空间大和测量精度高等。但泡室也有缺点,例如收集和分析数据较慢,特别是扫描、测量照片(虽然在利用自动化剂量装置的情况下)太费时间,体积不容易做得很大,因而不容易适应能量越来越高、要研究的作用截面越来越小、事例数要尽量多的实验的要求。目前正在发展全息泡室与电子学谱仪的结合。

5. 火花室

火花室是一种利用气体火花放电的粒子探测器。1959 年,由日本人福井崇时和宫本重德发明。其结构简单,使用灵活,空间分辨率为 0.3 ~ 2mm,分辨时间约 1μs。1959 年火花室开始用于高能物理实验。

在结构上,火花室可分为窄缝室和宽缝室两类。前者沿电场方向放电,后者则在较宽的范围内(约 50°)沿粒子径迹放电。γ 射线天文观测常用窄缝室。火花室根据数据显示方式不同,还有用微音器拾取火花声音到达时间进行定位的声室。有一种用摄像管代替照相的方法,将火花径迹以电荷形式存储在管子的光阴极上。电荷量与光强有关,用电子枪发出的电子束对电荷分布进行扫描,便可得到径迹数据,记录在磁带上。这种方法的灵敏度和分辨率比照相法低。将火花室置于强磁场中可构成磁谱仪,根据径迹的偏转曲率,可测量带电粒子的动量和所带电荷的符号。

火花室由若干金属板组成,室内充有一个大气压的 He - Ne 混合气体。当一个带电粒子入射后,沿粒子径迹的气体分子被电离。同时,粒子使计数器望远镜构成的触发系统动作,触发一个前沿陡峭的高压脉冲加到板上,使电子发生"雪崩",造成高度电离的导电通道,产生火花放电,最后用照相法录下火花。

作为高能粒子探测器,火花室有较好的空间分辨率,其定位精度稍低于气泡室。但它可触发动作,事例选择能力强。在 γ 射线天文观测中,它能适应 γ 射线点源流强低、探测环境电子本底高的特点。火花室的探测面积可以做得很大,借以提高灵敏度,并对点源精确定位,大大提高仪器的信噪比,从而减小本底干扰。所以,在卫星或气球上的 γ 射线探测系统中,火花室常作为中心探测器。

2.3.4.6 流光室

流光室(管)是利用射线引起流光放电原理制成的粒子探测器。它是继云室、核乳胶、气泡室和光学火花室之后,于1963年由苏联人 G. 奇科瓦尼等发明的。流光室一般由3个电极将一密闭室隔开成两个间隔,中间电极接高电势,两边电极接地,室内充以 Ne 或 He。带电粒子进入流光室,使室内工作气体电离,如果电极之间的电压很高,则被电离的电子就会产生雪崩式电离,并进一步发展成流光。如果所加的高压脉冲时间很短(3～20ns),则雪崩发展至流光阶段即停止,而不再继续发展成火花击穿,使带电粒子产生的电离只能引起火花放电前期的流光阶段,不能继续发展为火花击穿,这样带电粒子的径迹就由一串流光点显示出来。由于流光未发展成为火花击穿,消耗电场能量很小,使电场改变甚微,因此可以记录多粒子事例,还可测量电离度。流光室特别适合于多粒子复杂事例的研究。流光室可以与闪烁计数器、多丝正比室、漂移室等电子学探测器联合使用,组成流光室谱仪。

流光是气体放电的一种机制。入射粒子与气体原子发生电离碰撞,产生电子和正离子。在足够高的电场下,电子同气体原子作用形成级联倍增式碰撞,可使电子和正离子的数目按指数急剧增加,形成雪崩式放大。更高的外电场还可同时产生光子和光电离电子。这些电子和正离子在电场作用下反方向运动并形成偶极子集团。因为偶极子产生的内电场同外加电场方向相反,使偶极子集团内的总电场显著降低,致使电子和正离子复合放射出大量光子,光子的作用愈加重要。另外,偶极子集团头部外面的电场非常强又产生新的雪崩偶极子集团。若干个集团连接在一起就形成了可见的流光。流光的直径一般约为1mm,长度为3mm左右。若继续发展则可能形成贯穿阴阳极的火花放电。流光室和自猝灭流光管分别利用了限制高电场的持续时间和使用可吸收光子的猝灭气体两种方法,使形成的流光阶段得到限制而不致发展成火花放电。

流光室由三个电极隔成两个空间,间距为几厘米。中间电极接高电势,边上两个电极接地。两个空间内充工作气体(90%的 Ne + 10%的 He,或用纯 Ne 或纯 He)。当中间电极与两侧地电极之间加数十万伏的高电压脉冲(3～20ns)时,因所加的高压时间很短,发生的电离和雪崩只发展至流光阶段而不再继续发展成火花击穿。灵敏空间一般比较大,在空间内多个带电粒子的径迹周围所产生的明亮的流光点都可用快速拍照的方法一次记录下来 ,留待进一步分析。另外,可用闪烁计数器、望远镜等电子学探测器系统对事例进行挑选,从而对流光室高压脉冲进行选择触发。这样组成的流光室谱仪特别适用于测量高能重离子核反应产生的大量末态粒子的多径迹事例。20世纪70年代发展了高气压精密流光室,流光直径可小到150μm,另外还发展了全息充 H 的流光室等。在获取图像手段方面发展了像增强器、电荷耦合器件以及全息照相等。

利用流光放电原理可制成自猝灭流光管。管单元的截面形状和尺度为1cm左右的圆形或方形。管的中心是高压电极丝。中心丝一般是直径为50～100μm 的铍－铜丝或镀金钨丝,接正高电压。管壁为阴极,通常接地。管壁常用金属材料制成。20世纪80年代初由意大利的 E. 亚罗齐发明的自猝灭塑料流光管(PST),用聚氯乙烯塑料梳状型材的内壁涂石墨作为阴极,梳状型材构成8(或更多)个管单元。用聚氯乙烯作管壁。自猝灭流光管的工作条件最基本的要求是:①中心丝和管壁之间的电场强度足够强,且丝直径也足够大,形成较宽的高场区,使气体放电过程能够发展到形成流光的阶段;②管内充有高比例的猝灭性气体,强烈吸收雪崩集团中放射出来的光子,从而把这个过程限制在流光的阶段。这称为自猝灭流光工作方式。工作气体一般要用较大比例的能大量吸收光子的多原子分子气体,如异丁烷、二氧化碳等。输出脉冲信号的引出方式根据应用的要求而定。从中心高压丝引出可在 50Ω 电阻上得到高于 $70\mathrm{mV}$ 的快信号;在使用有电半透明性的石墨阴极的情况下,也可用安置在石墨阴极外侧的互相垂直的金属条引出感应正脉冲,其幅度可高于 $20\mathrm{mV}$,这样就同时得到了二维坐标信息。条宽及条间隙决定空间分辨率。这种粒子探测器有良好的时间分辨本领和坪特性(见正比计数器),探测效率高,输出信号大,易于读出二维信号。在加速器与对撞机的粒子物理实验以及粒子天体物理实验等领域的许多大型实验中已得到广泛应用。

由于用拍照的方法来记录事例,对物理实验的完成周期和质量都有很大的限制,已有人对多种无底片记录流光室事例的方法进行了研究,其中电荷耦合器件已经取得了很大的进展。电荷耦合器件对流光的灵敏度比目前最灵敏的底片还高,其空间分辨率已达 $120\mu\mathrm{m}$。电荷耦合器件的输出可以与计算机在线连接,能直接给出带电粒子的数据。全息流光室也已取得了进展。全息流光室除了可直接给出三维的记录之外,还可以提高空间分辨本领。因为用单色激光作为光源可在雪崩发展的初期进行照相,这样就改善了普通流光室要等待雪崩发展成流光才能照相所带来的使空间分辨率变差的情况。普通流光室照相的景深较小,而全息流光室可以在很大的景深范围内有同样高的空间分辨率。充氢(H)的流光室也已被研制出来。与氢(H)泡室的不同在于氢(H)流光室是能够触发控制的。它每秒可接受 10^6 个或更多的束流粒子,因此它既可作为纯质子靶,同时又可以作为探测器。由于氢气的密度小,所以可以观测很低能的反冲,例如 $20\mathrm{MeV}$ 的反冲质子的径迹长达 $1\mathrm{cm}$(这么低能的反冲质子在泡室中是不能测量甚至是看不见的),由于低的密度,因而库仑散射及次级核散射小,所以径迹的可测量部分大,因而可使动量测量误差减小。全息 H 流光室将是一个很有前途的探测器。它可在很大的束流能量范围(MeV ~ TeV)工作,可以利用较简单的各种不分离粒子束做出精度较高的工作。

从探测原理上讲,火花室和流光室都可用于 α 粒子的测量,但在实际应用中需有多种其他探测器配合使用,组成较为复杂的分析测试系统。故它们仅在高端的高能物理、宇宙射线研究和加速器实验室使用。

2.4 α 测量仪器

α 测量仪器是利用 α 粒子与探测器介质相互作用特性对 α 粒子进行测量的核仪器,它可分为 α 强度测量仪和 α 能谱测量仪。α 强度测量仪(如表面 α 剂量仪、低本底 α 计数器等)是指用于测量 α 粒子强度的核仪器,主要用于记录单位时间内被探测到的 α 粒子个数,其结构较为简单;α 能谱测量仪简称 α 谱仪,是将被探测到的 α 粒子按其能量的大小进行分类记录,形成 α 粒子强度—能量谱图。α 谱仪较 α 强度测量仪更为复杂、贵重。

在 α 粒子探测装置中,各种探测仪都由 α 粒子探测器和信号处理系统两大部分组成,即根据不同的测量对象和需求,配置不同的 α 探测器和与其相适应的信号处理系统,构成完整的 α 测量仪器。

2.4.1 α 强度测量仪

1. 闪烁计数器

闪烁计数器(Scintillation Counter)是指利用射线或粒子引起闪烁体发光并通过光电器件记录射线强度和能量的探测装置(图 2-6)。它是 20 世纪 50 年代发展起来的核辐射测量仪器,并在 20 世纪 70 年代实现自动控制测量、多用途、多功能的超微量放射性核辐射测量仪器。1911 年,卢瑟福借助显微镜观察到单个 α 粒子在硫化锌上引起发光。并于 1919 年用荧光屏探测器首次观察到 α 粒子轰击氮产生氧和质子,这是闪烁计数器的雏形。正式的闪烁计数器是 1947 年科尔特曼和卡尔曼发明的。闪烁计数器由闪烁体、光收集系统和光电器件三部分组成。由光电器件输出的电脉冲经过前级电子学系统(放大、成形、甄别等)进入粒子数据获取系统,并进行数据处理和分析。

闪烁计数器工作原理:射线同闪烁体相互作用,使闪烁体的原子、分子电离或激发,被激发的原子、分子退激时发射光子。利用反射物质和光导把光子尽可能多地收集到光电倍增管的光阴极上,由于光电效应,光子在光阴极上打出光电子。光电子在光电倍增管中倍增,经过倍增的电子流在阳极负载上产生电信号,并由电子学仪器放大、分析和记录。

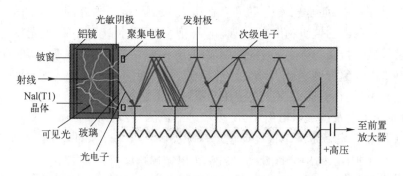

图 2-6 闪烁计数器工作原理示意图

闪烁计数器分两种类型:①用无机闪烁体 NaI(Ti)、CsI(Ti)和 ZnS(Ag)等(Ti、Ag 为激活剂,可提高发光效率)做成固体闪烁探测器,用它组成的测量装置称为固体闪烁计数器;②用有机闪烁体(如 PPO 或 PBD)溶解于二甲苯或甲苯等溶剂中,组成液体闪烁体,再用其组成的测量装置称为液体闪烁计数器。液体闪烁计数器的灵敏度极高,主要用于微弱 α 放射性计数。该仪器的性能稳定可靠、成本低廉、使用方便。

2. α 活度测量仪

α 活度测量仪主要用于核工程、辐射防护、核物理实验微居量级 α 放射性样品测量。根据不同的测量对象,α 活度测量仪可配以闪烁体或面垒型探测器或薄窗正比计数管,同时配置真空系统和标准源。

用于 α 活度测量仪的样品源必须制备得薄而均匀,以减小自吸收的影响,样品源活性区大小应与标准源保持一致。另外,α 活度测量仪只适用于微居量级 α 放射性活度的测量。

3. α 表面污染检测仪

α 表面污染检测仪是用于放射性表面污染检测的一类仪器。根据不同的测量对象和场所,α 表面污染检测仪的品种繁多、形状各异、体积差异甚大。α 表面污染检测仪主要用于核电站污染测量、核设施退役、放射性实验室测量、环境监测、核医学以及放射性场所的表面污染检测。它可同时对 α、β、γ 粒子进行总计数、计数率、已知核素活度和浓度的测量。

目前,除特定场所而外,新型的 α 表面污染检测仪几乎都按便携式设计,并实现了探测器和主机一体化,具有重量轻、便于携带、操作方便等特点。

4. 低本底 α 测量仪

低本底 α 测量仪是一种测量低水平 α 放射性活度的高精密度仪器。该仪器主要用于辐射防护、环境样品、商品检测、食品卫生、农业科学、地质勘探、考古等领域进行低水平 α 放射性活度测量。它可以测量比活度极低的 α 放射性样品,其 α 计数率与 α 本底计数可以处于同一数量级。新型仪器对 ^{239}Puα 标准源 2π 探测效率好于 85%,其 α 本底计数优于 $0.02 \mathrm{cm}^{-2} \cdot \mathrm{h}^{-1}$。

通常,该仪器的电子学部分采用低噪声的电子元器件和稳定的高压电源,必要时将探头和前置放大器置于低温中,并屏蔽外来电磁波干扰和机械扰动。新型的低本底 α 测量仪基本上都实现了探测器和主机一体化,具有操作简便、性能稳定等特点。

2.4.2　α 能谱仪

1. 电离室型

电离型 α 谱仪是由电离室作为探测器的 α 放射性能量测量装置。该仪器可用于大面积 α 样品源的测量,可测量比活度低到 $10^{-5} \mathrm{Bq} \cdot \mathrm{s}^{-1} \cdot \mathrm{g}^{-1}$ 或半衰期长达约 10^{15}a 的 α 样品。用屏栅电离室组成的 α 能谱仪的能量分辨率一般在 0.6% 左右。

2. 正比型

正比型 α 谱仪是由正比计数器组成的 α 放射性能量测量装置。该谱仪易受正比计数器制造精度、所充气体的纯度和气体放大倍数波动等因素的影响,其能量分辨率不如屏栅电离室。测量 α 能谱时,其能量分辨率可达 1%。

3. 闪烁型

闪烁型 α 谱仪是由闪烁探测器组成的 α 放射性能量测量的装置(图 2-7)。

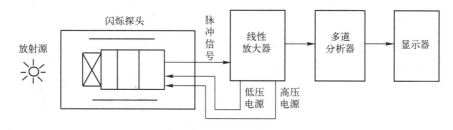

图 2-7　闪烁型测量系统结构示意图

对于 α 粒子能谱的测量,从发光效率方面的考虑,其探测器一般不采用有机晶体,而采用 NaI(Tl)、CsI(Tl) 等无机晶体。CsI(Tl) 的发光效率最高,由它组成的 α 闪烁谱仪

对 ^{210}Po 的 5.3MeV α 粒子的能量分辨率一般在 4% 左右,最好的则可达 1.8%。它的分辨时间短(约 10^{-8}s),对快计数及符合测量有利。它的灵敏度极高,主要用于微弱 α 放射性计数。该仪器的性能稳定可靠、成本低廉、使用方便。

4. 半导体型

半导体型 α 谱仪是由半导体探测器组成的 α 放射性测量装置,广泛用于 α 放射性样品定性或定量分析。通常,该谱仪采用低噪声的电子元器件和高稳定的高压电源,必须屏蔽外来电磁波干扰和机械扰动,如将探头和前置放大器置于低温中,还可获得更好的仪器性能。该类能谱仪可测 α 粒子能量上限约为 40MeV,可测样品最大直经 50mm。半导体型 α 能谱仪的能量分辨率可达 0.2%,其能量分辨率仅次于磁谱仪、远好于电离室和闪烁谱仪;它还具有能量线性范围宽、脉冲上升时间快、体积小和价格便宜等优点,在 α 粒子及其他重带电粒子能谱测量中有着广泛的应用。图 2-8 为配以半导体探测器的 α 能谱仪基本结构示意图。该谱仪主要由半导体探测器、电荷灵敏前置放大器、主放大器、配置放大器、多道分析器等组成。

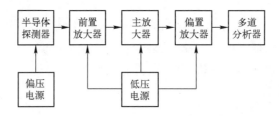

图 2-8　半导体型 α 能谱仪系统结构示意图

(1) 工作原理

当 α 粒子进入探测器灵敏层(耗尽层)时,损失能量,产生大量的电子 – 空穴对,在半导体探测器反向偏压电场的作用下,分别向两极漂移,引起两极上感应电荷的变化,在输出回路形成脉冲信号。输出脉冲信号的大小与进入探测器灵敏层射线损失的能量成正比,其强度则代表了射线的量。损失能量转变为与其能量成正比的电脉冲信号,经放大并由多道分析器测出幅度的分布,从而形成 α 能谱。在 α 能谱仪系统中,偏置放大器的作用是当多道分析器的道数不够用时,利用它切割、展宽脉冲幅度,以利于脉冲幅度的精确分析。另外,用 α 能谱仪进行测量时,探测器所在样品室必须处于真空状态。

(2) 探测器偏压的确定

由探测器偏压的微小变化所造成的结电容变化将影响输出脉冲的幅度。事实上,电源电压的变化就可以产生偏压的这种微小变化。此外,根据被测 α 粒子的射程调节探测器的灵敏区厚度时,也往往需要改变探测器的偏压。要减少这些变化对输出脉冲幅度的影响,前置放大器对半导体探测器系统的性能起着重要的作用。为了得到最佳能量分辨率,探测器的偏压应选择最佳范围。实验上最佳能量分辨率可通过测量不同偏压下的 α 谱线求得,如图 2-9 所示。并由此实验数据,分别作出一组峰位和能量分辨率对应不同偏压的曲线,如图 2-10、图 2-11 所示。分析图 2-10 和图 2-11 结果,即可确定出探测器最佳偏压值。

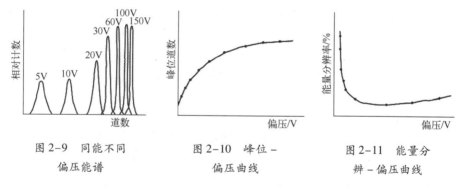

图 2-9　同能不同　　　　图 2-10　峰位 -　　　　图 2-11　能量分
　　偏压能谱　　　　　　　偏压曲线　　　　　　辨 - 偏压曲线

5. α 磁谱仪

α 磁谱仪是利用 α 粒子在磁场中偏转的大小与其动量有关的原理测量 α 粒子能量的仪器。α 磁谱仪与 β 磁谱仪一样具有较为悠久的历史,它是精确测量 α 粒子能量和对原子核能级进行研究的极为重要的核仪器。由于 α 粒子的质量远大于电子质量,所以 α 磁谱仪所需的磁场较强。α 磁谱仪的能量分辨率远优于由金硅面垒探测器组成的 α 能谱仪,其能量分辨率可达 10^{-4} 量级。该仪器由于比较复杂、贵重,很少用于普通测量,主要用于分辨率要求特别高或对能量进行精密测量等高、精、尖研究。

20 世纪 50 年代,法国奥萨(Orsay)公司曾建造一台高精度的 α 磁谱仪。该谱仪属均匀磁场半圆聚集型,磁铁采用永久磁铁。该谱仪测定 α 粒子能量的误差为 0.6 keV,其能量准确度可达 1.0×10^{-4}。在当时,其测量值被公认为标准值。综上所述,将几种类型的 α 能谱仪的比较列于表 2-2。

表 2-2　几种类型 α 能谱仪的比较

能谱仪类型	能量分辨率/%	立体角/4π	主要特点
电离型	0.6	0.5 ~ 1	源的面积可以较大,最大可达上万平方厘米,有利于低比放射性的测量,换源较费事
正比计数型	1	0.5 ~ 1	源的面积可以较大,最大可达上万平方厘米,能量分辨率较差
闪烁计数型	1.8	0.5 ~ 1	分辨时间小,适合于符合测量。灵敏面积可做得较大,可达 $100cm^2$,但能量分辨率较差
半导体型	0.2	0.5 ~ 1	能量分辨较好,小巧,使用方便,线性响应好,分辨时间短,使用范围较广。但灵敏面积小,温度效应和辐射损伤效应较大
α 磁谱仪	0.01	$10^{-3} \sim 10^{-4}$	能量分辨和精度最高。但仪器装置庞大、复杂,造价昂贵,能采用的源面积很小(一般小于 $1cm^2$),一次测量不能测出全谱

2.4.3　α 能谱仪主要性能测试

在 α 能谱分析中,α 谱仪性能的好坏将直接影响分析结果。通常,α 能谱仪的主要性能用能量非线性、能量分辨率、重复性和不稳定性等四项指标表示。性能测试中,一般使用强度为 $10^4 \cdot s^{-1} \cdot 2\pi$ 量级的 ^{241}Am α 标准源和 ^{239}Pu α 标准源即可。

1. 能量刻度

谱仪的能量刻度就是确定 α 粒子能量与脉冲幅度之间对应关系。脉冲幅度大小以谱线峰位在多道分析器中的道址表示。α 谱仪系统的能量刻度有两种方法：①用一个^{239}Pu、^{241}Am、^{244}Cm 混合的 α 刻度源，已知各核素 α 粒子的能量，测出该能量在多道分析器上所对应的道址，作能量对应道址的刻度曲线；②用一个已知能量的单能 α 源，配合线性良好的精密脉冲发生器进行能量刻度。这是在 α 源种类较少的实验条件下常用的方法。一般谱仪的能量刻度线性可达 0.1% 左右。

2. 能量非线性

能量非线性是指在一定能量范围内，实测能量相对于标称能量的偏离程度，用百分数（%）表示。一般可采用如下测试方法：

（1）测量^{239}Pu 标准源 α 能谱 1000 s；

（2）选取能谱中^{239}Pu 5.155 MeV 能峰和^{238}Pu 5.4992 MeV 能峰刻度能量曲线；

（3）测量^{241}Am α 标准源能谱 1000 s，读取^{241}Am α 能谱 5.486 MeV 峰的实测能量值 E_1；

（4）用下式求解能量线性偏差 ED：

$$ED = [(|E_0 - E_1|) \times 100\%]/E_0 \tag{2.5}$$

式中　ED——能量非线性（%）；

E_0——标称能量值（keV）；

E_1——实测由刻度曲线给出的能量值（keV）。

3. 能量分辨能力

能量分辨能力是指谱仪区分相近能量的能力，用特定核素 α 能峰的峰值1/2 处曲线上两点的横坐标间的距离 FWHM（俗称半高宽）表示，单位为 keV。α 谱仪的能量分辨率则用能峰展宽的相对百分比表示。一般可采用如下测试方法：

（1）测量^{241}Am α 标准源能谱 5 次，每次测量时间约 800 s；

（2）分别读取 5 次测量^{241}Am α 标准源 5.486 MeV 能峰的前半峰处的能量（E_2）和后半峰处的能量 E_3；

（3）用下式求解能峰半高宽 FWHM：

$$FWHM = E_2 - E_3 \tag{2.6}$$

式中　FWHM——能峰半高宽（keV）；

E_2——前半峰处能量（keV）；

E_3——后半峰处能量（keV）。

4. 重复性

重复性是指在同样的测量条件下，对同一被测物理量连续测量结果的一致程度，用相对标准偏差（RSD）表示。一般可采用如下测试方法：

（1）连续测量^{241}Am α 标准源 10 次，每次测量时间为 500 s；

（2）分别求解每次测量的^{241}Am α 能峰面积；

（3）由下式计算仪器重复测量的相对标准偏差 RSD：

$$RSD = S \cdot N^{-1} \times 100\% \tag{2.7}$$

$$S = \sqrt{\frac{\sum_{i=1}^{n}(N_i - N)^2}{n-1}} \tag{2.8}$$

式中　RSD——相对标准偏差；

S——n 次测量的标准偏差；

N——n 次测量的平均峰面积；

n——测量次数；

N_i——第 i 次测量的峰面积。

5. 不稳定性

不稳定性是指在相同测量条件下,对同一测量对象进行多次测量,其测量结果随时间的变化程度。一般可采用如下测试方法:

（1）在测量功率下,测量 ^{241}Am α 标准源 α 能谱 500s;

（2）每 20min 重复测量 ^{241}Am α 标准源 α 能谱一次,共进行 20 次测量;

（3）分别读取 20 次测量的 5.486MeV 峰值能量;

（4）由下式计算谱仪的稳定性 RR:

$$RR = \left[(E_{max} - E_{min}) \times 100\% \right] / E \tag{2.9}$$

式中　E_{max}—— 20 次实测的最大值(keV);

E_{min}—— 20 次实测的最小值(keV);

E——标称能量(keV)。

2.5　试 样 制 备

在 α 放射性测量中,通常样品是不能直接用于测量的,必须经过前处理、化学分离和测量源制备等一系列处理,制成待测样品(试样),才能提供给由各种类型的探测器和相应的核电子学部件组成的 α 粒子测量系统测量,实现对具有 α 放射性样品的 α 强度测量或 α 能谱测量,达到对样品定性、定量分析的目的。

而今,随着电子时代的来临,核电子学元件和部件的性能已臻于完备。可以说,对 α 粒子探测成败的关键在于试样制备。

2.5.1　样品前处理

由于 α 粒子极易与物质的核外电子发生作用,在物质中射程很短(在空气中射程只有几厘米),因此,用于 α 测量的样品都应进行一定的试样制备。通常,需将用于 α 测量的样品进行预先处理(如浓缩、分离、纯化、富集等),然后再将其制成薄而均匀的测量源,供相关 α 测量仪进行测量分析。

1. 灰化法

灰化法主要是针对需要测定有机物、生物体和环境样品中 α 放射性而建立的制样方法。灰化法能对被测元素进行高度浓缩,将大量的有机体灰化掉。由于发生 α 衰变的核素均为重元素,因此灰化过程中一般不会丢失放射 α 粒子的核素,几乎所有的有机物、生物体和环境样品都可以进行灰化处理。但该制样方法只是样品的初次处理,样品被灰化后,还需进行更进一步的处理(如分离、纯化、富集等)。对此类样品初次处理有三种不同的灰化方法。

（1）燃烧法

这种方法只适用于能够直接燃烧的样品，尤其适用于碳氢化合物样品。该方法是把样品燃烧成含碳残留物，把灰分收集起来或把灰分放在马弗炉里在400℃高温下进一步灼烧成纯灰，再进行后续处理。

（2）湿灰化法

这种方法是不断往样品中加入浓硫酸或浓硝酸，并进行加热，直到样品脱水，酸全部蒸发只剩下纯灰为止。

（3）脱水－灼烧法

该方法是将样品和脱水酸（通常使用硫酸）放在一起加热，使样品还原成含碳残留物，再把残留物放入马弗炉，进一步灼烧成纯灰。

2. 化学富集

化学富集的制样方法就是利用化学的原理和方法，将样品中微量或痕量的待测 α 放射性元素富集起来，使之在接下来的测量源制备中变得简单、方便。经化学富集后，测量的下限可降低 10^3 级或更高。

化学富集法是 α 放射性测量中常采用的制样方法。通常，用于 α 放射性测量的样品中的非 α 放射性元素含量相当高，若不去除这些非 α 放射性元素，则很难制备出薄而均匀的试样来。所以，必须对被测 α 放射性元素"纯化"富集。

目前，化学富集法主要有沉淀－共沉淀法、电沉积法、离子交换法、液－液萃取法、螯合－固定法和色层法等。但最常用的有离子交换法、沉淀法和溶剂萃取法。

（1）离子交换法

离子交换，是指在基本不改变树脂结构的前提下，液体和树脂之间的可逆离子交换。该方法所用树脂的物理形态可以是颗粒状、液态、膜、片或是浸渍的滤纸。在化学上，树脂可分为阳离子交换（酸性）树脂或阴离子交换（碱性）树脂。对 α 能谱分析样品的富集，通常采用阴离子树脂交换。其离子交换柱一般为内径 5mm、长为 100mm 的玻璃管，内填树脂高 70mm。

离子交换法富集溶液中的痕量 α 放射性元素，通常可以用下列步骤进行：

① 调整好样品溶液的 pH 值，加入络合剂或掩蔽剂，或继续进行其他化学处理；

② 将颗粒状的离子交换树脂填充于玻璃圆管中，加入调整好 pH 值的样品溶液，摇动（或放置）一定时间，使离子交换达到平衡；

③ 以缓慢的流速放掉样品溶液，再用酸性淋洗液收集待测元素；

④ 将淋洗收集的样品溶液制成 α 能谱测量源，即可进行 α 能谱测量。

这种方法比较简便，但一定要控制好待测元素的吸附与解析，以防待测元素的丢失。对于固体样品中的痕量 α 放射性元素，还可以将样品与硼酸盐一起熔融，生成熔融物。然后将熔融物粉碎，并加入到强酸性阴离子交换树脂中，待离子交换达到平衡后，用酸将痕量的 α 放射性元素从树脂上淋洗下来，再制成 α 能谱测量源。

（2）沉淀法

沉淀法就是使用适当的沉淀剂，利用沉淀或共沉淀作用，将 α 放射性元素富集于沉淀物中，使样品中的共沉元素与其他元素分离。然后将收集的沉淀物制成 α 能谱测量源，即可进行 α 能谱测量。

（3）萃取法

萃取法就是用有机溶剂将溶液中的 α 放射性元素萃取到有机溶液中，收集萃取后的有机溶液，制成 α 能谱测量源，进行 α 能谱测量。萃取法只适用于溶液试样，该方法简单易行，可操作性强。

2.5.2　测量源制备

目前，用于 α 能谱测量的测量源（试样）的制备已有多种方法。在这些制备方法中，必须满足如下基本要求：源的承载片应具有洁净而光滑的表面；在源的制备过程中，其表面应保持物理和化学惰性；在源的制备加温过程中，承载片应不被熔化、变形；承载片应耐酸碱，不被试剂及其分解产物和大气腐蚀。

1. 电沉积法

电沉积法亦称电镀法。该方法是将待测样品制备成适合于电沉积的电沉积液，用电沉积的方法将待测样品中的 α 放射性元素沉积在平整光洁的金属片上，制备成供 α 能谱仪测试的测量源。该方法制得的 α 能谱测量源均匀性好而且薄，是常用的试样制备方法。但该方法的电沉积液必须严格调制，测量时必须考虑不同元素的电沉积效率。

图 2-12 所示为可卸式电沉积槽装置。电沉积阴极是一直径 20mm、厚度为 0.5mm 的不锈钢盘（或铂盘）。盘面必须磨光并清洗干净，阳极用直径为 1mm 的铂丝制成，丝的一端制成直径为 8mm 圆环状。

电沉积法制备测量源操作步骤如下：

（1）将经分离纯化的样品溶液蒸至近干；

（2）用5mL 的电解液溶解样品残渣，加热；

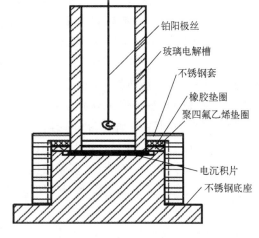

（3）转移样品溶液至电沉积槽内，然后用 5～10mL 电解液洗烧杯，将洗液一并转入到电沉积槽内；

图 2-12　电沉积装置图

铂阳极丝
玻璃电解槽
不锈钢套
橡胶垫圈
聚四氟乙烯垫圈
电沉积片
不锈钢底座

（4）加 3～4 滴百里酚蓝指示剂，然后用 1.8mol 的硫酸或浓氢氧化铵（或两者）调节样品溶液的 pH 值，直到溶液变为粉红色为止；

（5）放置铂阳极到电沉积槽内，阳极距阴极的距离为 1cm；

（6）连接电极至电源，打开电源，调节电流为 1.2A，电沉积 1h；

（7）1h 后，加 1mL 浓氢氧化铵至电沉积槽内，再继续电沉积 1min；

（8）取出阳极，关掉电源，弃去电解液，然后用 0.15mol 氢氧化铵洗电沉积槽 3 次；

（9）拆开电沉积装置，取出电沉积源，用酒精冲洗，吸去过剩酒精，烤干，待测。

2. 液体滴加法

该方法简单易行，是最常用的制样方法之一，特别适用于高纯度核材料 α 样品源的制备。采用该方法制备测量源，必须严格控制样品厚度（量）。对于制备良好的测量源，在基片上肉眼几乎见不到明显的痕迹。通常，采用的制备方法如下：

（1）将用于 α 测量的样品进行预先处理（如浓缩、分离、纯化、富集等），制成试液；

（2）选择平整光洁的不锈钢片或玻璃片作测量源基片，用阿匹松胶—苯溶液在基片中心画一不大于探测器直径的憎水性圆圈；

（3）用移液器移取一定量的试液，直接滴加在基片的憎水性圆圈内，并滴加 1 ~ 2 滴甘露醇溶液，缓慢蒸发结晶，使被测样品均匀分布在憎水性圆圈内；

（4）在高温（高于 550℃）下灼烧 2 ~ 3h，挥发掉有机物，制成测量源，待测。

2005 年，国际标准化组织（ISO）在《核燃料技术—α 光谱测定法测定 $^{238}Pu/^{239}Pu$ 同位素比及钚源的制备》中推荐了三种衬底材料（不锈钢、陶瓷和质谱样带）源的制备方法[8]：

不锈钢盘源制备：①采用耐热不锈钢，电化学抛光，不锈钢成分应满足要求 Cr 17% ~ 20%；Ni 8% ~ 15%；Mo 2.5% ~ 4%；C≤0.12%；Si≤1.0%；Mn≤2.0%；S 0.030% ~ 0.045%；P 0.045%；②用乙醇或丙酮清洗源盘；③用硝基清漆或等效清漆在已抛光的源盘表面画一定直径的环形边线；④分取 10μL 四甘醇，滴于环形边线内，再分取 10μL 样品液滴于环形边线内；⑤加热源盘，使样品与四甘醇充分混合，溶液应缓慢蒸发，不能沸腾；⑥待源盘环形边线内溶液干燥后，加热烧掉清漆边缘；⑦将源盘放入气体加热器火焰的外焰区，将源盘烧成暗红色，并保持 30s；⑧将源盘冷却至室温，待用。

瓷盘源制备：①釉面瓷盘，直径约 30mm，厚约 5mm，瓷盘中心有一直径约 9mm、深 1mm 的圆形凹槽；在 1000℃ 下，釉面应不熔化；②用乙醇或丙酮清洗瓷盘表面；③分取 10μL 四甘醇，滴于圆形凹槽内，再分取 10μL 样品液滴于圆形凹槽内，并用取样头使两种溶液充分混合；④在加热板上（温度设置在 100℃）加热 1h，再升温至 150℃加热 1h；⑤将瓷盘放入马弗炉的石英管或石英舟里，在 850℃ 下灼烧 20min，冷却至室温，待用。

质谱样带源制备：①样带和样带组件与质谱仪所用相同；②在约 2000℃ 下的真空室中脱气 1 ~ 30min，纯化样带；③用微量移液器移取 1μL 样品液（含钚约 0.05 ~ 0.5μg），精准地涂载于样带中心；④缓慢加热样带（蒸发溶剂，驱除硝酸盐，并将钚氧化物固定在样带上），直至温度不高于 600℃，保持 20min，冷却至室温，待用。

3. 真空蒸发法

将待测样品在真空中蒸发到空白基片（如不锈钢片或石英玻璃片）上。这种方法制得的 α 能谱测量源均匀性好，但设备和操作比较复杂。它已成为常用的制源方式之一，其设备结构如图 2-13 所示。

真空蒸发法制备测量源的操作方法和过程如下：

（1）将待测样品置于坩埚内或挂在热丝上作为蒸发源，将样品源基片置于坩埚前方；

（2）待系统抽至高真空后，加热坩埚使其中的待测样品蒸发；

（3）蒸发样品的原子或分子以冷凝方式沉积在基片表面，样品源制备完毕；

（4）取下样品源，送交 α 能谱测试。

4. 喷涂法

对于液体或胶体悬浮液样品，可将其装于压力喷雾器中（压力喷雾器装置如图 2-14 所示）进行制样。

在压力的作用下，将样品以高速喷射于不锈钢片或玻璃片衬底上。使用压力喷雾器时,将压缩空气(最好是惰性气体)压入容器内,把样品高速喷射到旋转的不锈钢片或玻璃片衬底上,得到样品片。通常,样品悬浮液中微粒的大小以 1 ~ 10μm 为宜。这样制得的样品比较均匀,其厚度取决于粒子的粗细和喷射的层数。用该方法制得的样品片,还必须将其在高温下灼烧,挥发掉有机物,最终获得待测的测量源。

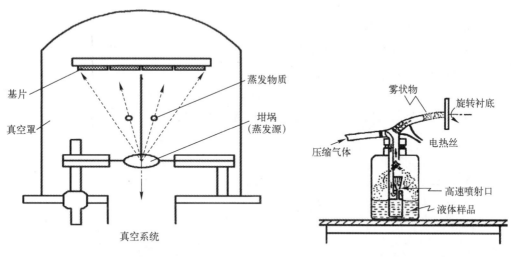

图 2-13 蒸发镀膜系统示意图　　　　图 2-14 液体或悬浮液喷涂装置

综上所述,无论采用哪种方法制备 α 源,都应满足以下要求:①衬底材料表面应光洁、平整、无划痕;②试样区直径不大于探测器有效面直径;③高质量的 α 测量源应均匀,而且很薄,目测无明显痕迹。

2.5.3 试样量计算

1. 最少样品量

一次分析所需最少样品量按下式计算:

$$Q_{min} = LLD/(C_i \cdot Y) \tag{2.10}$$

式中　Q_{min}——一次分析需要的最少样品量(g 或 L);

　　　LLD——α 能谱仪的探测下限(Bq);

　　　C_i——预计样品中被测核素的浓度(Bq/g 或 Bq/L);

　　　Y——被测核素的化学回收率。

2. 最多样品量

一次分析所需最多样品量按下式计算:

$$Q_{max} = S_i \cdot f \cdot m/(C_i \cdot Y) \tag{2.11}$$

式中　Q_{max}——一次分析所取样品量的上限值(g 或 L);

　　　S_i——被测核素的比活度(Bq/μg);

　　　f——待测样品的有效面积(cm^2);

　　　m——被测核素的最大允许质量厚度($10μg/cm^2$);

　　　C_i——预计样品中被测核素的浓度(Bq/g 或 Bq/L);

　　　Y——被测核素的化学回收率。

3. 探测下限

（1）能谱分析的探测下限可近似地用下式计算：

$$LLD \approx (K_f + K_y) S_0 \qquad (2.12)$$

式中　K_f——与预选的错误判断放射性存在的风险概率(f)相应的标准正态变量的上限百分位数值；

　　　K_y——与探测放射性存在的预选置信度($1-y$)相应的值；

　　　S_0——样品净放射性的标准偏差。

（2）如果f和y在同一水平上，则$K_f = K_y = K_0$。

$$LLD \approx 2KS_0 \qquad (2.13)$$

（3）如果总样品放射性与本底接近，则可进一步简化：

$$LLD = 2\sqrt{2} KS_b = [2.83K \sqrt{N_b}]/T_b \qquad (2.14)$$

式中　T_b——本底谱测量时间(s)；

　　　N_b——本底谱中相应于某一核素能区范围内的本底积分计数；

　　　S_b——本底计数率的标准偏差。

不同f值和K值对应关系见表2-3。

表2-3　不同的f值、K值表

风险概率(f)	预选置信度($1-y$)	探测下限系数(K)	$2\sqrt{2}K$
0.01	0.99	2.327	6.59
0.02	0.98	2.054	5.81
0.05	0.95	1.645	4.66
0.10	0.90	1.282	3.63
0.20	0.80	0.842	2.38
0.50	0.50	0	0

（4）探测下限以浓度表示，则有

$$LLD = 2KS_0/(E_\alpha \cdot Y \cdot Q) \qquad (2.15)$$

式中　S_0——样品净放射性的标准偏差；

　　　E_α——α能谱仪的探测效率；

　　　Y——被测核素的化学回收率；

　　　Q——样品用量(g 或 L)。

2.6　α能谱数据处理

对α粒子的测量与研究，实际上是通过测量α粒子强度与α能量分布来实现的。α粒子强度测量主要是用闪烁计数器、α活度测量仪、α表面污染仪、低本底α测量仪等核仪器记录单位时间内进入灵敏体α粒子总数。此类测量相对而言比较简单，不再赘述。而对于α能谱的测量则是用各种能量探测组成的α能谱仪来完成的。此类测量与数据处理较为复杂，需进一步论述。

2.6.1　能谱光滑

在进行 α 能谱测量时,其峰位值可判断发射 α 射线核素的种类;其峰面积是 α 脉冲计数的总和,与 α 射线的强度成正比,从而可反推出核素的含量。因此,α 能谱分析的关键是找到峰位值并精确计算峰面积。但对于弱 α 放射性测量(如环境样品),由于系统固有的统计涨落、电子学系统的噪声、宇宙射线等影响,所测得的 α 能谱都带有统计涨落。为减少能谱的统计涨落,同时保留能谱峰的全部特征,需采取一定的数学方法进行平滑处理。

1. 重心法

重心法[9]就是光滑后的数据是原来数据的重心,若用两个点,则第 i 道和第 $i+1$ 道计数的重心用数学表达式可表示为

$$\bar{y}_{i+0.5} = \frac{1}{2}(y_i + y_{i+1}) \tag{2.16}$$

$$\bar{y}_{i-0.5} = \frac{1}{2}(y_{i-1} + y_i) \tag{2.17}$$

由于道数都是整数,没有半道的情况存在,则由式(2.16)和式(2.17)两式相加得

$$\bar{y}_i = \frac{1}{2}(\bar{y}_{i+0.5} + \bar{y}_{i-0.5}) = \frac{1}{4}(y_{i-1} + 2y_i + y_{i+1}) \tag{2.18}$$

式(2.18)就是重心法的三点光滑公式。按此方法即可得到 5 点平滑公式如下:

$$\bar{y}_i = \frac{1}{16}(y_{i-2} + 4y_{i-1} + 6y_i + 4y_{i+1} + y_{i+2}) \tag{2.19}$$

2. 多项式最小二乘拟合法

通过取点左右 m 个的点 x_i 拟合一个 n 次多项式,多项式在 x_i 的值,就是该点的光滑数值 g_i,当 x_i 沿谱数据移动时,可得到平滑后的整个谱数据,从而达到平滑的目的[9]。

假定测得样品的 α 谱中第 i 道计数为 y_i,用 n 次多项式对谱线分段做最小二乘法拟合,逐段进行数据光滑和微分,Savitzky – Golay 给出的一般公式为

$$\overline{y_{nsm(i)}} = \frac{1}{N_{sm}} \sum_{K=-m}^{m} C_{Ksm} y(i+k) \tag{2.20}$$

式中　$\overline{y_{nsm(i)}}$——用 n 次多项式拟合第 i 道的第 S 阶微分;

C_{Ksm} 和 N_{sm}——拟合常数。

$m = (m'+1) \times 1/2$,m' 为光滑时每段曲线所取的数据点数。当 $m'=5$,$n=3$,$S=0$ 时,即取 5 个数据点,三次曲线拟合,不进行微分的光滑谱。此便是五点三次多项式最小二乘拟合,其光滑公式为

$$\bar{y}_i = \frac{1}{35}\left[-3(y_{i+2} + y_{i-2}) + 12(y_{i+1} + y_{i-1}) + 17y_i\right] \tag{2.21}$$

3. EMD 算法

经验模式分解方法(Empirical Mode Decomposition,EMD)是 Norden E. Huang[10,11]提出的一种自适应信号处理方法,该方法是对以傅里叶变换为基础的线性和稳态频谱分析的一个重大突破,具有自适应的信号分解和降噪能力。该方法已广泛应用于地球物理学、生物医学、故障诊断等领域的研究[12]。EMD 方法本质上对信号进行平稳化处理,即

将信号中真实存在的不同尺度波动或趋势逐级分解出来,产生系列具有不同特征尺度的数据序列,每个序列称为一个本征模函数(Intrinsic Mode Function,IMF)分量,每个 IMF 是信号的一个单分量信号,具有很好的 Hilbert 变换特性。若将得到的高频 IMF 分量剔除,将剩余的 IMF 分量进行重构,便得到去噪的信号,从而达到去除叠加波和优化数据波形的目的。

4. EMD – DISPO 算法

虽然 EMD 算法广泛应用于低空尺度,去噪效果较好,但是该算法还存在着两个缺陷。一方面,用低通尺度滤波的方法,直接去掉某几个高频的 IMF 分量属于强制性平滑,存在信息损失的风险,使信号产生变形;另一方面,应该去除几个高频分量,没有完整的理论或数学公式证明,取值依靠经验和多次实验,缺乏对数据的适应性。

EMD – DISPO 算法[13,14]就是将 Savitzky – Golay 滤波器(又称数字平滑滤波器,DIS-PO)与 EMD 算法相结合,而 DISPO 能有效去除噪声同时保留信号的高阶矩,这个作用的主要效果就是产生较少的失真。EMD – DISPO 算法将 Savitzky – Golay 滤波器用于高频 IMF 分量的处理上,既解决了剔除高频分量个数问题,又解决了强制去噪带来信号损失的问题。其方法步骤如下:

(1)找出能谱数据 $S(E)$ 所有的极大值点和极小值点,用三次样条函数拟合原始能谱数据的上下包络线;

(2)计算上下包络线的均值为 $m_1(E)$;那么,原始能谱数据的第一个 IMF 为

$$h_1(E) = S(E) - m_1(E) \tag{2.22}$$

(3)理论上 $h_1(E)$ 是第一个 IMF,但是一般 $h_1(E)$ 不满足 IMF 分量的条件,则需重复进行上述过程 k 次,直到 $h_1(E)$ 符合 IMF 的定义要求,最终得到 $S(E)$ 的高频分量 $C_1(E)$:

$$h_{1(k-1)}(E) - m_{1k}(E) = h_{1k}(E) \tag{2.23}$$

$$c_1(E) = h_{1k}(E) C_1(E) = h_{1k}(E) \tag{2.24}$$

(4)从 $S(E)$ 中去掉高频分量 $C_1(E)$ 得到一个新的能谱数据 $r_1(E)$,将 $r_1(E)$ 作为新的原始能谱数据,重复步骤(1)~(3),即可得到第 2 个 IMF 分量 $C_2(E)$,依此类推,即可得到 n 个 IMF 分量,则有

$$\begin{cases} r_1(E) - c_2(E) = r_2(E) \\ \quad\vdots \\ r_{n-1}(E) - c_n(E) = r_n(E) \end{cases} \tag{2.25}$$

当 $C_n(E)$ 或 $r_n(E)$ 满足给定的终值条件时,循环结束:

$$s(E) = \sum_{j=1}^{n} c_j(E) + r_n(E) \tag{2.26}$$

式中　$C_j(E)$ —第 j 个 IMF 分量,其尺度依次由小到大;

$r_n(E)$ —残余函数,代表能谱数据的平均趋势。

图 2-15 为使用静电收集—能谱法测 Rn 系统测得的 α 能谱原始数据。

用重心法五点一次、三次平滑和多项式最小二乘五点一次、五次平滑方法进行平滑。用重心法和多项式平滑效果分别见图 2-16 和图 2-17。

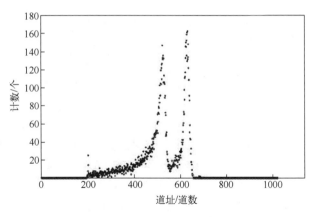

图 2-15　原始 α 能谱

由图 2-16、图 2-17 可知：①当使用重心法五点平滑时，对于低计数率部分的统计涨落较为严重；随着平滑次数的增加，其平滑效果逐渐变好；对于高计数率部分，由于其计数率较高，峰型较尖，若增大平滑次数，使能谱峰型发生变形，峰高被削减。②当使用多项式最小二乘五点平滑时，对于低计数率部分，随着平滑次数的增加，其平滑效果逐渐变好；对于高计数率部分，其峰值明显降低；但是随平滑次数增加，峰值降低程度变化不大。

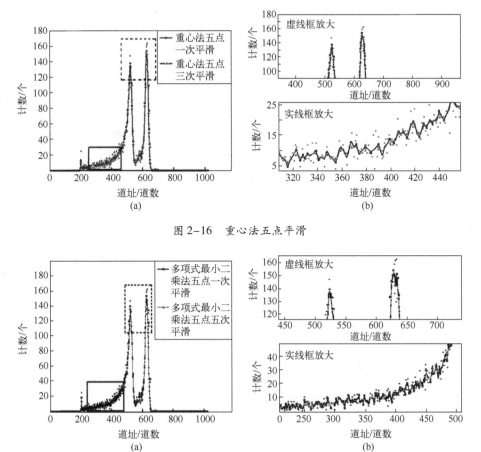

图 2-16　重心法五点平滑

图 2-17　多项式最小二乘五点平滑

　　一般来说,对于重心法和多项式最小二乘平滑滤波方法,平滑次数越多,统计涨落越受抑制,平滑曲线越光滑,但随着平滑次数增加,对于高计数率部分被削减程度越大。这将使计算得到的峰值及峰面积偏小,影响 α 能谱的精确测量。

　　若采用传统 EMD 方法,可能出现能谱峰形被当作统计涨落而被强制性去除,如图 2-18 所示。

　　图 2-18 所示是原始 α 能谱经 EMD 方法分解后的 IMF 分量图,由图可以看出,经 EMD 方法分解后,共得到 8 个 IMF 分量和 1 个余项,在 IMF1、IMF2、IMF3 中便存在低能频率与高能频率混合,这说明采用 EMD 方法获得的 IMF 中的确存在能谱峰型与统计涨落混合的分离结果。若剔除 IMF1、IMF2、IMF3 等分量,将剩余 IMF 分量进行重构,则会强制性删除能谱峰形部分,使谱形失真,所以使用 EMD 方法不能够得到平滑后的能谱谱型。而 EMD - DISPO 方法具有自适应性,该方法不受计数率高低和 IMF 分量的限制,具有较好的平滑效果。图 2-19 为运用 EMD - DISPO 方法对 α 能谱的平滑效果。

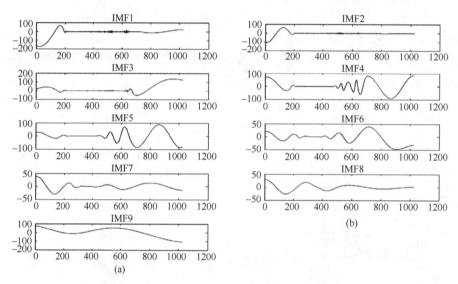

图 2-18　α 能谱得到的各阶 IMF 分量

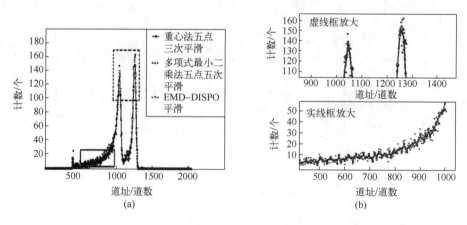

图 2-19　EMD - DISPO 平滑

由图 2-19 可知:与重心法五点平滑、多项式最小二乘五点平滑方法相比,EMD-DISPO 平滑效果更佳。EMD-DISPO 平滑方法既能抑制低计数率部分的统计涨落,又能够与高计数率部分峰值有较好的符合效果,保证的能谱参数的真实性,为后续 α 能谱峰值寻找、峰面积计算奠定了基础。

2.6.2 能峰面积计算

由于 α 粒子的特殊性,它极易与物质发生相互作用,从而损失能量。能谱测量中,所形成的 α 能峰很难用特定的模式表示,即使是电沉积法也很难保证各测量源的一致性。因此,至今尚未有像 γ 能谱数据处理那样有众多、适用范围广的谱数据处理软件。通常,处理 α 能峰数据主要有直接积分法、几何级数(GP)法、指数递减(ED)法和群分析程序解谱法。

1. 直接积分法

直接积分法就是直接累积能峰计数。该方法最为简便、易行。但该方法应用范围十分有限,它仅适用于无其他能峰交叉、重叠的单能峰。

2. 几何级数法

GP 法是一种简便的不依赖于复杂计算机程序计算 α 放射性比值的方法,主要适用于能谱的拖尾计数成几何级数衰减的两能峰交叉面积的数据处理。以计算^{238}Pu/(^{239}Pu+^{240}Pu)α 放射性比(R)数据处理为例:

应用 GP 法应满足两个假设:①^{238}Pu、^{239}Pu、^{240}Pu 的 α 粒子之间的自吸收差异可以忽略不计;②谱的拖尾成几何级数衰减。以计算^{238}Pu/(^{239}Pu+^{240}Pu)α 放射性比 R 数据处理为例,如图 2-20 所示。

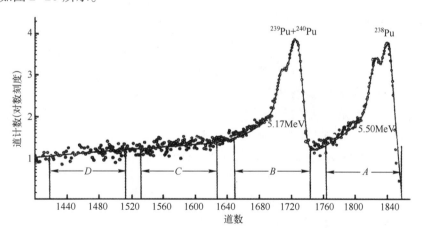

图 2-20 GP 法^{238}Pu/(^{239}Pu+^{240}Pu)α 能谱段区间的选取

如图 2-20 所示,将 α 能谱分成 A、B、C、D 四个区间,每个区间道数均等。A 区高能边界选为 α 谱的高能端,B 区的低能边界固定在 4.95MeV,将^{241}Pu 和^{242}Pu 微弱的 α 计数排除在 B 区之外。B 区的高能边界由 A 区高能边界减去峰^{238}Pu 与(^{239}Pu+^{240}Pu)峰峰顶相隔的道数得到。A 区低能边界自动固定,因为道数保持与 B 区相同,C 区和 D 区以同样的方法确定。

计算^{238}Pu/(^{239}Pu+^{240}Pu)α 放射性比 R 时,采用下式:

$$R = A/[B - AC/(B + AD/C)] \tag{2.27}$$

用 GP 法处理 α 能谱数据,当 ^{238}Pu$/(^{239}$Pu$+^{240}$Pu)α 的计数比在 0.01 ~ 10 时,其测量准确度可达 ±0.5%,精密度可达 ±0.2%(1σ)。GP 法对两个能量差较大的分立的 α 能峰的数据处理十分有用,但 α 样品源必须达到薄而均匀的程度,否则,当拖尾很严重时,测量结果的误差较大。

3. 指数递减法

指数递减法简称 ED 法,或称相似三角形法[15-17]。该方法主要用于两个能峰交叉面积不大于 2% 的 α 能峰数据处理。ED 法与 GP 法十分类似,其差别在于 GP 法将 α 能谱分成 A、B、C、D 四个计数区,而 ED 法则是将 α 能谱分成 A、B、C 三个计数区。以计算 ^{238}Pu$/(^{239}$Pu$+^{240}$Pu)α 放射性比(R)数据处理为例:

如图 2-20 所示,将 α 能谱分成 A、B、C 三个区间,每个区间道数均等。A 区高能边界选为 α 谱的高能端,B 区的低能边界固定在 4.95MeV,以将 ^{241}Pu 和 ^{242}Pu 微弱的 α 计数排除在 B 区之外。B 区的高能边界由 A 区高能边界减去 ^{238}Pu 峰与(^{239}Pu$+^{240}$Pu)峰顶相隔的道数得到。A 区低能边界自动固定,因为道数保持与 B 区相同,C 区以同样的方法确定。计算 ^{238}Pu$/(^{239}$Pu$+^{240}$Pu)α 放射性比 R 时,采用下式:

$$R = A/[B - AC/B] \tag{2.28}$$

4. 群分析程序解谱法

群分析程序解谱法就是利用 GRPANL(群分析)程序[18],由计算机解析重叠的 α 能谱,获得各个 α 能峰面积,计算求得 α 放射性核素的量。

2.6.3　活度计算

1. A 状况

当加入示踪剂是 α 辐射体(如 ^{229}Th, ^{232}U, ^{242}Pu, ^{241}Am 等)时,其活度计算式如下:

$$A_i = A_t(N_i/T_i - N_{bi}/T_b)/(N_t/T_i - N_{bt}/T_b) \tag{2.29}$$

式中　A_i——被测核素的活度(Bq);

A_t——加入的示踪剂的活度(Bq);

N_i——被测核素所在能区的积分计数;

N_{bi}——上述能区内仪器本底加试剂空白样品的积分计数;

N_t——示踪剂所在能区的积分计数;

N_{bt}——示踪剂所在能区的仪器本底加试剂空白样品的积分计数;

T_i——样品的计数时间(s);

T_b——本底计数时间(s)。

2. B 状况

当加入示踪剂不是 α 辐射体(如 ^{234}Th)时,其活度计算式如下:

$$A_i = (N_i/T_i - N_{bi}/T_b)/(E_\alpha \cdot Y) \tag{2.30}$$

式中　E_α——α 谱仪的探测效率;

Y——示踪剂的化学回收率;

A_i, N_i, N_{bi}, T_i, T_b 的意义同上式。

3. 示踪剂化学回收率

$$Y = N_t / (A_t \cdot E_\beta \cdot T) \tag{2.31}$$

式中　Y——示踪剂的化学回收率；

N_t——示踪剂的净计数；

A_t——加入示踪剂的活度（Bq）；

E_β——仪器的探测效率；

T——计数时间（s）。

4. 被测核素浓度

$$C_i = A_i / Q \tag{2.32}$$

式中　C_i——被测核素的浓度（Bq/g 或 Bq/L）；

Q——被测样品的用量（g 或 L）；

A_i——被测核素的活度（Bq）。

5. 试样计数标准差

$$S_0 = \left[(N_i / T_i^2) + (N_b / T_b^2) \right]^{1/2} \tag{2.33}$$

式中　N_i——被测核素所在能区的积分计数；

N_b——相应能区内的仪器本底和试剂空白样品的积分计数；

T_i——样品计数时间（s），

T_b——试剂空白样品计数时间（s）。

2.6.4　测量不确定度评定

在 α 能谱定量分析中，还需对测量结果进行不确定度的评定。通常，对 α 谱测量不确定度来源主要考虑测量的重复性、能峰漂移不确定性、能峰面积统计不确定度和标准样品的扩展不确定度。其评定方法如下：

1. 重复测量不确定度

在相同条件下重复测量试样 α 能峰面积 6 次，测量的不确定度 $u(x)_1$ 由下式给出：

$$u(x)_1 = \frac{S}{N} \times 100\% \tag{2.34}$$

$$S = \sqrt{\frac{\sum_{i=1}^{n} (N_i - N)^2}{n-1}} \tag{2.35}$$

式中　S——n 次测量的标准偏差；

N——n 次测量的平均峰面积；

n——测量次数；

N_i——第 i 次测量的峰面积。

2. 能峰漂移不确定度

由于仪器的不稳定造成计数道的漂移，因而形成能峰漂移，其不确定度 $u(\chi)_2$ 由下式给出：

$$u(\chi)_2 = \left[(E_{max} - E_{min}) \times 100\% \right] / E \tag{2.36}$$

式中　E_{max}——10 次实测能量约最大值（keV）；

$E_{\min}$——10 次实测能量约最小值(keV);

E——标称能量(keV)。

3. 能峰面积统计不确定度

能峰面积统计不确定度 $u(\chi)_3$ 由下式给出:

$$u(\chi)_3 = \frac{1}{\sqrt{N}} \qquad (2.37)$$

式中 N—被测能峰净面积。

4. 标准样品不确定度

根据标准样品的扩展不确定度,设定测量的可能值区间的半宽度为正态分布,查正态分布的置信因子 k_1 与概率 p 的关系表,当正态分布概率 $p = 0.99$ 时,置信因子 $k_1 = 2.58$,标准样品引入测量的不确定度 $u(\chi)_4$ 由下式给出:

$$u(\chi)_4 = a_1 / k_1 \qquad (2.38)$$

式中 a_1——标准样品的扩展不确定度;

k_1——置信因子,$k_1 = 2.58$。

5. 合成标准不确定度

由于各标准不确定度分量之间相互不相关,校准结果的合成标准不确定度由下式给出:

$$u(x)_c = \sqrt{(u(x)_1)^2 + (u(x)_2)^2 + (u(x)_3)^2 + (u(x)_4)^2} \qquad (2.39)$$

6. 扩展不确定度

校准结果的扩展不确定度 U_x 由下式给出:

$$U_x = k \cdot u(x)_c \qquad (2.40)$$

式中 k——扩展因子,k 的取值根据需要而定,如 $k = 2$,则置信水平为 0.95。

7. 测量结果表述

$X \times (1 \pm U_x)$,其中,X 为测量值。

2.7 应用实例

1898 年,新西兰著名物理学家卢瑟福(E. Rutherford)发现 α 粒子。1909 年,卢瑟福和他的助手汉斯·盖革(H. Geiger)及恩斯特·马斯登(E. Marsden)通过著名的 α 粒子散射实验,确立了原子的核式结构模型,为现代物理的发展奠定了基石。1932 年,英国物理学家詹姆斯·查德威克(J. Chadwich)用 α 粒子轰击原子核,发现了中子。自此以后,α 探测技术在国防军事、辐射防护、环境保护、核医学、高能物理及核能应用等诸多领域和部门发挥了极其重要的作用,α 测量已成为最经典而准确的核测量技术之一。

2.7.1 核材料检测

1. 钚材料中^{238}Pu 和^{241}Am 的测定

迄今为止,用 α 谱法测定钚材料中^{238}Pu 和^{241}Am 的含量仍是最为准确的经典分析方法。在钚材料中,钚同位素主要为^{238}Pu、^{239}Pu、^{240}Pu 和^{241}Pu;^{241}Pu($T_{1/2} = 14.34$a)主要以 β⁻

衰变的方式衰变生成 ^{241}Am($T_{1/2}=433$a),钚材料中 ^{241}Am 的量随钚材料存放时间不断增加。由于 ^{241}Am 的 α 能量为 5.486 MeV,^{238}Pu 的 α 能量为 5.499 MeV,二者能量差仅为 13 keV,因此在 α 能谱仪上是不能将 ^{241}Am 与 ^{238}Pu 分辨的。一种最简便而有效的方法就是利用 α 能谱仪直接测量原始样,获得(^{238}Pu + ^{241}Am)/(^{239}Pu + ^{240}Pu)的 α 计数比;再用 α 能谱仪测量分离 ^{241}Am 的纯化样,获得 ^{238}Pu/(^{239}Pu + ^{240}Pu)的 α 计数比;通过数理计算,分别求得样品中 ^{238}Pu、^{241}Am 相对于 ^{239}Pu 的原子比。其分析测试过程如下:

(1)试样制备

首先,用硝酸将样品溶解成溶液,将其分成两份(Y_1 样和 Y_2 样);然后,取 Y_1 样,制成 α 谱分析试样(Y_1 试样);最后,取 Y_2 样,用阴离子树脂交换法进行 Am – Pu 分离,制成 α 谱分析试样(Y_2 试样)。

(2)测量

用 α 能谱仪分别测量 Y_1 试样和 Y_2 试样,分别获得(^{239}Pu + ^{240}Pu)、(^{238}Pu + ^{241}Am)和 ^{238}Pu 的 α 能峰面积,通过公式计算,求出 ^{238}Pu、^{241}Am 相对于 ^{239}Pu 的比值。

(3)ED 法修正峰面积

$$r_1 = A_1 \times B_1 / (B_1^2 - A_1 \times C_1) \tag{2.41}$$
$$r_2 = A_2 \times B_2 / (B_2^2 - A_2 \times C_2) \tag{2.42}$$

式中 r_1——未纯化样(Y_1 试样)的(^{238}Pu + ^{241}Am)α 总计数/(^{239}Pu + ^{240}Pu)α 总计数;

r_2——纯化样(Y_2 试样)的 ^{238}Pu α 总计数/(^{239}Pu + ^{240}Pu)α 总计数;

A_1、B_1、C_1——未纯化样测得的 A、B、C 区积分面积;

A_2、B_2、C_2——纯化样测得的 A、B、C 区积分面积。

(4)计算原子比

$$R_{89} = [(r_2 - r_3) \times (1 + d) \times {}^8 T_{1/2}] {}^9 T_{1/2} \tag{2.43}$$
$$R'_{19} = [(r_1 - r_2 + r_3) \times (1 + d) \times {}^1 T'_{1/2}] {}^9 T_{1/2} \tag{2.44}$$
$$r_3 = R_{19} \times {}^9 T_{1/2} \times (1 - e^{-s}) / [(1 + R_{09} \times {}^9 T_{1/2} / {}^0 T_{1/2}) \times {}^1 T'_{1/2}] \tag{2.45}$$
$$s = \ln2 \times t / 365.25 \times {}^1 T'_{1/2} \tag{2.46}$$
$$d = R_{09} \times {}^9 T_{1/2} / {}^0 T_{1/2} \tag{2.47}$$

式中 R_{89}——^{238}Pu 相对于 ^{239}Pu 的原子比;

R'_{19}——^{241}Am 相对于 ^{239}Pu 的原子比;

r_3——纯化样放置 t(矢)时间后 ^{241}Pu β 衰变生成的 ^{241}Am 相对于(^{239}Pu + ^{240}Pu)α 计数比;

R_{09}——质谱法测得的 ^{240}Pu 相对于 ^{239}Pu 的丰度比值;

R_{19}——质谱法测得的 ^{241}Pu 相对于 ^{239}Pu 的丰度比值;

${}^8 T_{1/2}$——^{238}Pu 的半衰期(a);

${}^9 T_{1/2}$——^{239}Pu 的半衰期(a);

${}^0 T_{1/2}$——^{240}Pu 的半衰期(a);

${}^1 T_{1/2}$——^{241}Pu 的半衰期(a);

${}^1 T'_{1/2}$——^{241}Am 的半衰期(a)。

2. 钚材料中钚含量测定

J. L. Parus,W. Raab 等人[19]用 α 谱法(AS)和高分辨 γ 谱法(HRGS)联合测定了多种含钚材料中的钚含量。加入标准和未加标准的样品用于 AS 的^{238}Pu/(^{239}Pu + ^{240}Pu)α 活度比的测量,未加标准的样品用于 HRGS 测量钚同位素组分。用同位素稀释公式计算钚含量并与同位素稀释质谱法(IDMS)的测量结果进行比较,两方法测量结果的相对偏差在 ±1% 内。其分析测试过程如下:

(1)试样制备

用于实验分析的材料种类、样品数、样品大致尺寸和样品化学形态等列于表 2-4。

表 2-4 用于分析的材料特性

材 料	样品数(一式两份)	样品总量/Pu 量	分析之前形态
乏燃料	15	1mg/10μg	硝酸盐,浓缩液
Pu 物料	7	4mg/4mg	硝酸盐,浓缩液
U/Pu 物料混合样	8	50mg ~ 20g 10mg ~ 1g	硝酸盐或氧化物 (压片或粉末)

将用于实验的乏燃料和 Pu 产品样分成一式三份,其中一份未加标准的样品仅供质谱(MS)结合 α 谱(AS)做同位素分析之用。乏燃料样品在工厂取样时加入标准样品,Pu 产品样加入标准是分析之前在实验室完成的。U/Pu 物料的混合样为含铀钚二元素的硝酸盐浓缩液,其 Pu 含量不大于 4mg。样品制备步骤与 Pu 物料的生产工序相同。U/Pu 样品为片状或粉末,其 Pu 的总量控制在 100 ~ 1000mg 范围。所有样品用 6mol/L HNO$_3$ 溶解,加入 Pu 或 U – Pu 标准样品,所加入的 Pu 约 4mg。然后,浓缩至近干,再加 3mol/L HNO$_3$ 溶解。取含 Pu 约 100μg 溶液用于 Pu 的分离。Pu 与其他组分(U、^{241}Am 和其他裂变产物)采用 TOPO 涂层二氧化硅色层柱分离技术提纯进行分离。在本实验中,所加入标准中 Pu 同位素组分与被测样品有较大差异,通常,加入标准的^{239}Pu 丰度为 97% ~ 98%。

取酸度为 3mol/L HNO$_3$ 的含 Pu 溶液,制成 α 源。其方法是:吸取 Pu 溶液 10μL(含 Pu 量 0.07 ~ 1μg)滴于釉瓷圆片上,再滴加相同体积的四乙烯(Lelraethylene)—甘醇(Glycol),然后缓慢蒸发于近干,置于马弗炉内在 850 ℃下灼烧。

从每个溶液样中分取一份用于质谱测量,并将试液涂滴加于铼带上(每个铼带上滴加约 1μg 溶液,含 Pu 10 ~ 100ng),加热蒸干。

(2)测量

1)α 能谱测量:使用配以硅离子注入(PIPS)探测器的 α 能谱仪测量试样 α 能谱。对较弱的两个能峰(^{238}Pu 和^{241}Am α 能峰)总计数控制在 0.5 × 10^6。每次测量能峰完成之后,能谱被自动发送到主计算机进行数据处理。

2)γ 谱仪:使用配以 HPGe 探测器的 γ 谱仪测量试样 γ 能谱。用于 γ 谱仪测量的样品不经任何化学处理,从转运容器中取出,直接进行 γ 谱仪测量。样品的测量是在容器(铅罐、锥形烧瓶、铜罐)中进行的,实验收到的样品容器用双层塑料薄膜密封。

测量时,探测器用钨合金圆柱体包裹,以避免样品更换器中其他样品对被测样品的干扰。探测器前端放置一片 0.5 ~ 1.5mm 镉滤光片,用以减弱 59keV 峰强度,将 59keV 峰强度控制在与 100keV 能区的能峰近似相同的峰高。^{239}Pu 的 129keV 峰总计数控制在 10^5 个,当

129 keV 峰计数达到 10^5 时,计数停止,能谱将被自动发送到主计算机进行数据处理。

3)质谱:用热电离多接收质谱计(Finnign MAT – 261)测量未加内标样品的 ^{240}Pu/^{239}Pu、^{241}Pu/^{239}Pu 和 ^{242}Pu/^{239}Pu 同位素比。由于 Pu 溶液中带有 ^{238}U 的可能污染,所以, ^{238}Pu/^{239}Pu 的比是用 α 能谱仪测量的。加入内标的样品仅测量 ^{240}Pu/^{239}Pu 比,在这种情况下,无须进行 ^{241}Am 和 U 的分离。

(3)α 谱解析

实验采用了两种方法解析 α 谱。

第一种方法为指数递减法(ED):该方法是在两个能区(^{238}Pu 和 ^{239}Pu + ^{240}Pu α 能区)都取相同的道数,直接累加 ^{238}Pu 能峰面积和 ^{239}Pu + ^{240}Pu 能峰面积,再累加 ^{239}Pu + ^{240}Pu 能峰前 24 道的总计数,求得 ^{239}Pu + ^{240}Pu 能峰面积与该 24 道的总计数比值。根据此比值,从 ^{239}Pu + ^{240}Pu 能峰面积中扣除 ^{238}Pu 能峰交叉部分。通常,该方法需要从 ^{239}Pu + ^{240}Pu 能峰面积中扣除的数为 ^{238}Pu 能峰面积的 0.02% ~ 1.8%。

第二种方法为群分析程序解谱:主要用于解析峰重叠的 α 能谱,它使用的是 GRPANL(群分析)程序,由计算机程序解谱获得单个峰面积,计算求得 α 放射性活度比。

(4)结果

1)乏燃料样品:从样品中分离 U、^{241}Am 和其他裂变产物后,仅有约 10μg 的 Pu。由于 γ 射线强度太弱,因此,该样品不能进行 γ 谱测量。测量结果表明,在大多数情况下,IDAS 与 IDMS 在 ±1% 的范围内吻合。在 30 个测量结果中,IDAS 比 IDMS 平均偏高 0.34%,IDAS 的相对标准偏差(RSD)为 ±0.5%。

2)Pu 物料:实验对 7 个硝酸钚平行样进行了测试,其中,IDAS 值是用 MS/AS 测定 ^{238}Pu 含量求得的,IDAS – GS(同位素稀释 α 谱 – γ 谱法)是 AS/GS 联合测定的结果。将两组值进行比较,可以看出,IDAS – GS 平均值与 IDAS 平均值相差小于 0.1%。IDAS 与 IDMS 比较,其相差为 0.47%;它们的 RSD 分别为 ±0.67% 和 ±0.43%。

3)U – Pu 混合物:实验对 8 个 U – Pu 混合料平行样进行了测量。对于含 Pu 约 4mg 的样品,参考分析方法为 IDMS;对于 Pu 含量为 100 ~ 1000mg 的样品,参考分析方法为滴定法。α 活度比是用两种解谱方法求得,即使用 ED 法进行拖尾处理和用 GRPANL 程序进行峰拟合。IDAS 和 IDAS – GS 结果清楚地表明,它们的分析结果一般比用 GRPANL 计算的 α 活度比高 1.8%。用 ED 法计算 α 活度比时,IDAS – GS 平均值与 IDMS 值在 0.1% 范围内吻合。IDAS 的偏差为 0.48%,IDAS/IDMS 比和 IDAS – GS/IDMS 比的 RSD 分别为 ±0.45 和 ±0.70%。

置信水平为 95% 时,所有测量结果的 IDMS 结果的不确定度为 ±0.2%。α 谱测量时,使用了 3 种不同的 PIPS 探测器在不同时间内进行。在化学纯化过程中,由于分离工艺细微的差异,影响了分离 Pu 溶液的纯度,使 α 源的质量也受到影响。因此,在 α 谱中 ^{238}Pu 峰拖尾的变化从可以忽略不计(低于 0.1%)到 3.5%(极端情况)。一般情况下, ^{238}Pu 峰的拖尾在 0.1% ~ 0.5%,FWHM 与探测器和样品源品质密切相关,FWHM 通常在 12 ~ 25keV 范围内。

α 谱结合 γ 谱测量 Pu 时,α 谱和 γ 谱的测量值将影响 IDAS – GS 法测定 Pu 的最终结果。这些受影响的值是加入标准和不加标准样品的 ^{238}Pu/(^{239}Pu + ^{240}Pu)α 活度比,以及 HRGS 法测量不加标准样品的 ^{238}Pu 的丰度测量结果。为了更好地区分 α 谱和 γ 谱这两个值在计算 Pu 浓度时对总不确定度的贡献,首先用 MS/AS 计算[238]Pu 丰度(IDAS 值),然后利用[238]Pu 值结合 HRGS(IDAS – GS)测量结果确定 Pu 量。实验表明用 HRGS 测量[238]Pu 是不可行的,因为乏燃料样中未含有足够量的 Pu。IDAS 的结果为考察不同因素对最终分析结果的影响提供了一个很好的机会。在这些样品中,[238]Pu 丰度为 0.5% ~ 1.5%。未加标准和加入标准样品的 α 活度比的变化为 2.1% ~ 2.5%。实验表明,α 峰拖尾与 FWHM 相关性不大,实验中也未检测到这两参数(α 峰拖尾和 FWHM)差异对 IDAS 和 IDMS 测量结果的明显影响。尽管 α 源中 Pu 量相差 20 多倍,但似乎对 Pu 浓度的测量结果无影响。

将 IDAS 法和 IDMS 法联合测量结果的平均值与 IDAS – GS 法和 IDMS 法联合测量结果的平均值进行比较,两平均值相差约 0.4%。该结果正好与 MS/AS – HRGS 联合测定平均值的误差相一致。对标准材料进行较长时间质量控制测量发现,对[238]Pu/([239]Pu + [240]Pu)α 活度比的测量值与由 MS 测量修正的同位素含量计算值偏低约 0.2%,MS 的测量不确定度好于 ±0.1%。

对于所有被测材料,IDAS/IDMS 测定中 Pu 含量的平均比 RSD 约为 ±0.4%,未加标准和加入标准样品的 RSD 主要由计数统计误差构成。由 α 计数比和计数区间引起的误差估计在 0.2% ~ 0.3%,由峰拖尾修正带来的偏差约为 ±0.1%。IDAS – GS/IDMS 平均比的 RSD 约为 ±0.7%,其 RSD 的增加主要来源于 HRGS 的测量。应该提及的是,HRGS 的系统误差为 0.2% ~ 0.3%,随机不确定度约为 ±1%。

3. [238]Pu/([239]Pu + [240]Pu)α 放射性比的精密度和准确度评估

S. K. Aggarwal 等人[20]对 α 谱法测定[238]Pu/([239]Pu + [240]Pu)α 放射性比的精密度和准确度进行了评估。该评估是通过实测[238]Pu 与[239]Pu 的 α 放射性比在 0.01 ~ 10 范围内的合成混合样求得的。所用样品源是在 HNO_3 介质水溶液中电沉积制备,α 谱用硅面垒型探测器配以 4096 多道脉冲幅度分析仪获取。研究证明了建立在能谱拖尾成几何级数递减(GP)基础上的简单估测方法的正确性,并得出在[238]Pu/([239]Pu + [240]Pu)α 放射性比为 0.01 ~ 10 范围内的测量中,其准确度为 0.5%、精密度(1σ)为 ±0.2%。

1. 实验样品

在该项研究中,所用钚样品的[238]Pu 和[239]Pu 同位素组分的测定是由质谱法和 α 谱法完成的。实验使用了两组不同[239]Pu 丰度值的钚样品(文中称为[239]Pu – N 和[239]Pu – H),其 Pu 同位素丰度值列于表 2-5。

表 2-5　用于实验样品的 Pu 同位素组分及其测试结果

质量数	[238]Pu 样		[239]Pu – N 样		[239]Pu – H 样	
	原子比/%	α 放射性比[a]/%	原子比/%	α 放射性比/%	原子比/%	α 放射性比/%
238	93.882	99.9736	0.00350	0.918 ± 0.059[b]	0.00137	0.365 ± 0.005[b]
239	5.8398	0.023	97.3720	99.082 ± 0.059[b,c]	99.0295	99.635 ± 0.005[b,c]
240	0.2546	0.0036	2.5657	——	0.9645	——
241	0.0172	——	0.0564		0.00453	
242	——		0.00272			

注:a—由质量比与最新半衰期值计算;b—α 谱测量结果;c—([238]Pu + [239]Pu)混合放射性

2. 样品纯化

用阴离子交换法洗提[238]Pu 和[239]Pu 硝酸液中的[241]Am 和裂变产物。将新制备的类铁铵硫酸盐和亚硝酸钠溶液分别作为还原剂和氧化剂,使钚溶液作一次氧化还原循环。用浸在 7mol/L HNO₃ 中的 200 ~ 400 目的 Dowex 1 × 8 树脂进行提纯。操作时,柱外保持 60 ℃,Am 用 3mol/L HNO₃ 提洗,Pu 用 0.35mol/L HNO₃ 洗脱。提纯的钚溶液的放化纯度用 α 谱和 γ 谱检验。用本征锗探测器获取的 γ 谱(60 keV 峰)证实了 α 能量与[238]Pu 相近的[241]Am 已被完全除尽,将提纯的钚溶液转移到清洁干燥的烧瓶内,加 1mol/L HNO₃ 充分混合。

3. α 放射性测定

提纯后钚溶液的 α 放射性值用液体闪烁计数获得。两种独立的稀释液(A 和 B)是由[238]Pu、[239]Pu – N 和[239]Pu – H 这三种母液配制而成,进行二重稀释是为了检验在稀释或称重时引起的误差。借助聚乙烯滴定管将准确知道的等分的稀释液滴定到装有二氧已环基闪烁液的液体闪烁瓶内。每种稀释液制备 5 个样品,样品计数时间满足累计大于 10^5 个计数。每个样品计数率约 2×10^4/min,所以,停滞时间校正可以忽略不计。表 2-6 给出了母液钚同位素的 α 放射性值。

4. 混合物的制备

将准确称取的[238]Pu 溶液与[239]Pu 溶液进行混合,制备了 13 种[238]Pu /([239]Pu + [240]Pu) α 放射性比在 0.01 ~ 10 范围内的混合样(称作 SM – 89)。这些混合样 α 放射性比是根据母液的 α 放射性与等分重量计算的,这些计算的 α 放射性在本书中称为真值。α 放射性比为 0.01 ~ 0.1 的混合样是用浓缩[239]Pu – H 制备的,其余混合样则是用[239]Pu – N 制备的。

表 2-6　用液体闪烁计数测定 α 放射性结果

同位素	稀释号	母溶液强度/($min^{-1} \cdot g^{-1}$)	平均值/($min^{-1} \cdot g^{-1}$)
[238]Pu	A	$(6.2502 \pm 0.0073^a) \times 10^6$	$(6.2512 \pm 0.0073^b) \times 10^6$
	B	$(6.2522 \pm 0.0098) \times 10^6$	
[239]Pu – N	A	$(2.2166 \pm 0.0020) \times 10^6$	$(2.2180 \pm 0.0014) \times 10^6$
	B	$(2.2193 \pm 0.0018) \times 10^6$	
[239]Pu – H	A	$(5.7189 \pm 0.0097) \times 10^6$	$(5.7201 \pm 0.0012) \times 10^6$
	B	$(5.7213 \pm 0.0143) \times 10^6$	
注:a—样品数(n)为 5 时的标准偏差;b—样品数(n)为 2 时的标准偏差			

5. α 测量源制备

混合样用 H_2O_2 作氧化还原处理,然后蒸发至干,加入约 1mL 的浓 HNO₃ 分解聚合物(此聚合物即使有也很少),这一步反复两次。溶液蒸发至近干,加入约 500μL 的 3mol/L HNO₃,用 H_2O_2 进行再一次氧化还原循环。蒸发至近干后,在玻璃瓶中将大约 100μL 的 3mol/L HNO₃ 加入至近干的溶液内,在红外灯下加热搅拌溶液,直到钚溶解后加入约 5mL 的 HNO₃。

α 谱源是在 HNO₃(pH≈2)水溶液介质中通过电沉积法制备的。其阴极使用电抛光不锈钢片,铂金搅棒为阳极。电镀槽内充注 5mL 的 0.01mol/L HNO₃ 电镀液,把大约

500μL 含有 $3 \times 10^6 \text{min}^{-1}$ 的钚溶液加入到电镀液内。使用的电流密度约 200mA/cm^2,电压为 $8 \sim 10\text{V}$,电镀时间约为 1h。停止电镀之前,在电镀槽溶液中加入几滴稀铵溶液,电镀源用水、丙酮冲洗,放在红外灯下加热烘干。每个混合样制备三个源,为了消除畸变和堆积效应,每个源的放射性约 $2 \times 10^6 \text{min}^{-1}$。

6. α 能谱测量

样品源的 α 谱是用装在真空室内(压力 <1Pa)50mm^2 的硅面垒探测器配以 4096 多道脉冲幅度分析仪(T N – 1700)记录的。该系统对 5.5MeV 分辨率为 20keV(FWHM),探测器对样品源 $4\pi\alpha$ 粒子发射的几何效率为 3%。每个样品源的谱测量三次,计数时间满足两个峰的各自的总计数大于 10^5 个计数。用本征锗探测器测得的 γ 谱证实样品源内基本上不存在 ^{241}Am,由此得出 ^{241}Am 对 ^{238}Pu α 放射性的影响小于 0.01%。α 谱的 $^{238}\text{Pu}/(^{239}\text{Pu} + ^{240}\text{Pu})$ α 放射性比利用能谱拖尾成几何级数(GP)衰减的方法计算。该方法早已用于测定天然铀样品 $^{234}\text{U}/^{238}\text{U}$ α 放射性比,首次用于 $^{238}\text{Pu}/(^{239}\text{Pu} + ^{240}\text{Pu})$ α 放射性比为 0.01 ~ 10 范围内的混合样测定,实验表明 GP 方法是行之有效的。

这种方法包括两个假定:① ^{238}Pu、^{239}Pu 和 ^{240}Pu 的 α 粒子之间的自吸收差异可以忽略不计;②谱的拖尾计数成几何级数衰减。在这种方法中,α 能谱被分成 A、B、C、D 四个区间,每个区间道数均等。A 区高能边界选为 α 谱的高能端,B 区的低能边界固定在 4.95MeV,以将微弱的 ^{241}Pu 和 ^{242}Pu 的 α 放射性排除在 B 区之外。B 区的高能边界由 A 区高能边界减去峰 ^{238}Pu 与 $(^{239}\text{Pu} + ^{240}\text{Pu})$ 峰峰顶相隔的道数得到。A 区低能边界自动固定,因为道数保持与 B 区相同,C 区和 D 区以同样的方法确定。计算 $^{238}\text{Pu}/(^{239}\text{Pu} + ^{240}\text{Pu})$ α 放射性比 R 时,采用下式:

$$R = A/[B - AC/(B + AD/C)] \tag{2.48}$$

在多道分析仪上,按以上方法选取各自的感兴趣区间(ROI),获取区间 A、B、C 和 D 的累计计数。值得注意的是,在测定 Pu 样中 ^{238}Pu 时,C 区包含少量 ^{241}Pu($T_{1/2}(\alpha) = 6.0 \times 10^5 \text{a}$)和 ^{241}Pu($T_{1/2} = 3.75 \times 10^5 \text{a}$)的 α 放射性计数,这一很小量的贡献可以通过已知的 B 区计数和质谱测定的同位素比与半衰期的数值计算出 $(^{241}\text{Pu} + ^{242}\text{Pu})/(^{239}\text{Pu} + ^{240}\text{Pu})$ α 放射性比而加以扣除。表 2-7 显示了测定 $^{238}\text{Pu}/(^{239}\text{Pu} + ^{240}\text{Pu})$ α 放射性比在 0.01 ~ 10 时得出的全部精密度和准确度。

实验结果表明,测定 $^{238}\text{Pu}/(^{239}\text{Pu} + ^{240}\text{Pu})$ α 放射性比在 0.01 ~ 10 范围内时,其准确度可达到 0.5%、精密度(1σ)为 ±0.2%(见表 2-7)。本实验开发的同位素稀释 α 能谱法(IDAS)亦可用于辐照燃料溶液中钚浓度的测量,这将为同位素稀释质谱提供又一种可供选择的方法。

表 2-7　$^{238}\text{Pu}/(^{239}\text{Pu} + ^{240}\text{Pu})$ α 放射性比测量的精确度和准确度

样　号	源/计数	精确度	准确度
1	单源单次计数	—	1%
2	单源三次计数	0.50%	0.50%
4	三个源、每个源三次计数	0.20%	好于 0.50%

2.7.1.4　钚年龄测定

杨明太等人[21]探讨出用质谱法与 α 谱法相结合测定钚材料年龄的方法。该方法利用质谱计测得试样中²³⁹Pu 相对于²⁴¹Pu 比、用 α 能谱仪测得试样中²³⁹Pu 相对于²⁴¹Am 比，利用²⁴¹Pu 和²⁴¹Am 核素级联衰变关系及其参数进行数学运算，求得钚材料的年龄。该方法测定钚年龄较为准确、可靠，其误差主要取决于 α 谱法的测量误差和引用参数误差，测定钚年龄(20a 内)的相对标准偏差不大于 3%；所需样品量小(微克级)，对于钚材料生产(处理)日期的认定、使用意图和钚部件属性的推定具有非常重要的意义。

1. 方法原理

在钚材料的生产、纯化完成时刻，钚材料中钚同位素主要为²³⁸Pu、²³⁹Pu、²⁴⁰Pu 和²⁴¹Pu，而²⁴¹Am 的含量则极少。在钚材料的放置过程中，随着时间的推移，钚材料中的²⁴¹Pu 主要以 β⁻ 衰变的方式衰变生成²⁴¹Am，其衰变模式如图 2-21 所示。

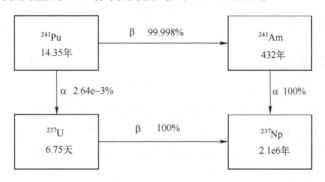

图 2-21　²⁴¹Pu 的衰变模式

由于²⁴¹Am 的半衰期远大于²⁴¹Pu 的半衰期，钚材料生产、纯化后，其²⁴¹Pu 在不断减少，²⁴¹Am 则在不断累积。那么，根据放射性衰变级联衰变关系，通过测定²⁴¹Pu、²⁴¹Am 的量，利用衰变关系式，即可求得钚材料的存在时间 t；另外，由于²⁴¹Am 的半衰期相对较长，在不太长的时间内，²⁴¹Am 的衰变量可忽略不计，因此，零时刻²⁴¹Pu 的量可近似地为 t 时刻²⁴¹Am 与²⁴¹Pu 之和。

$$N_B = N_{A0} \frac{\lambda_A}{\lambda_B - \lambda_A} (e^{-\lambda_A t} - e^{-\lambda_B t}) \qquad (2.49)$$

式中　N_B——子体核素数；

$\quad\quad N_{A0}$——零时刻母体核素数；

$\quad\quad \lambda_A$——母体核素衰变常数；

$\quad\quad \lambda_B$——子体核素衰变常数；

$\quad\quad t$——衰变时间(零时刻至测量时刻的时间间隔)。

2. 试样制备

首先，用硝酸溶解样品(钚切屑或钚溶液)，并将其分成两份(Y₁样和 Y₂样)；然后，取 Y₂样，用离子交换法进行 Am-Pu 分离，并分制成质谱分析试样与 α 谱分析试样，分别进行质谱分析和 α 谱分析；最后，取 Y₁样，制成 α 谱分析试样，进行 α 谱分析。

3. 测量

用质谱计测量试样中²⁴¹Pu 相对于²³⁹Pu 原子比 R_1 ($R_1 = $²⁴¹Pu/²³⁹Pu)；用 α 能谱仪测

量试样中^{241}Am相对于^{239}Pu原子比R_2($R_2 = {}^{241}$Am$/^{239}$Pu)。

4. 计算

设定零时刻^{241}Pu与^{239}Pu原子比为R_0,$R_0 = R_1 + R_2$。将式(2.49)变形为

$$R_2 = R_0 \frac{\lambda_A}{\lambda_B - \lambda_A}(e^{-\lambda_A t} - e^{-\lambda_B t}) \qquad (2.50)$$

式中 R_2——t时刻^{241}Am相对于^{239}Pu原子比;

R_0——零时刻^{241}Pu相对于^{239}Pu原子比,$R_0 = R_1 + R_2$;

λ_A——^{241}Pu衰变常数;

λ_B——^{241}Am衰变常数;

t——钚材料放置时间(钚年龄)。

将质谱测量值R_1、α能谱测量值R_2及其有关参数代入式(2.50)。用近似逼近法编程计算式(2.50)的数值解,求得钚年龄。

2.7.2 辐射防护监测

1. 表面α放射性污染监测

通常,中重放射性核素都具有α放射性。因此,对于从事核科学技术、核工程及其核设施环境的人体、物体和地面,用经济、小巧的手持式α表面污染仪对其表面进行α放射性污染检测,是最为简便、快速、灵敏而普遍采用的放射性检测手段。

2. 尿中^{241}Am检测

邱咏梅等人[22]以^{241}Am为指示剂,采用共沉淀的浓集方法浓集尿中的镅,经阴离子交换法分离纯化,然后电沉积制源,用低本底α测量仪和α能谱仪对尿中的^{241}Am进行测量。在加入10^{-3} Bq的^{241}Am指示剂的情况下,回收率可达到60%以上。结果表明,用这种方法可以对尿中10^{-3} Bq的^{241}Am进行定量分析,结果的不确定度小于40%。

2.7.3 自然环境监测

2.7.3.1 放射性核素测量

在天然放射性核素中,绝大多数核素具有α放射性。这些放射性核素发生α衰变时会产生α射线,它是具有很强电离能力的带电的重微粒,当其照射人体组织黏膜时,其对人体危害极大。因此,在水、汽、油、矿等资源开发利用时,必须对天然放射性核素进行检测。

由于不同核素衰变产生的α射线的能量是不同的,进行α能谱测量,即可实现对某一核素的测量。目前,对天然放射性核素衰变产生的α射线的测量主要应用于Rn气和钍气的测量。α能谱测量技术广泛应用于环境评价、资源勘查及地质构造勘查等领域。

2.7.3.2 放射性气溶胶检测

放射性气溶胶定义:悬浮在空气或其他气体中含有放射性核素的固体或液体微粒。在伴生性铀镭矿山、井下、同位素厂房、放射性实验室及其核设施中某些放射性核素一旦泄漏出来,就会以气溶胶的形式飘浮于环境空气中。这些放射性核素绝大部分是长寿命的α放射性气溶胶,它是构成核辐射对人体内照射危害的主要因素,因此检测核环境空

气中长寿命 α 放射性气溶胶浓度是一项很重要的工作。对空气中长寿命 α 放射性气溶胶的检测,主要是通过测量采集的样品中 α 粒子的能量和强度来实现的。

1. 取样检测

取样检测是最早也是常用的放射性气溶胶检测方法。该方法是通过抽气过滤,将放射性物质浓缩于滤纸上,然后送交放化实验室,用配置半导体探测器的 α 能谱仪测量"过滤收集"的滤膜样中 α 粒子的能量和强度,获得 α 放射性气溶胶核素及其浓度。

此法较为简单,被测环境气体通过过滤器,使气溶胶被过滤器阻挡、沉积在滤膜上(过滤效率可达99%以上)而达到取样的目的。由于滤膜表面光洁,气溶胶均被吸附在滤膜表层上。滤膜对 α 离子的吸收很小,这就为测量提供了便利条件。该方法灵敏度高,检测结果准确可靠,特别适用于核设施退役、核电站、放射源生产、核工业设施、放射性研究领域等大区域环境大气中放射性气溶胶的检测。不足之处在于比较费时,检测周期比较长。

2. 现场检测

近年来,出现了一种检测放射性气溶胶的现场测量仪。它是将抽气过滤系统和测量数据处理系统组合在一起,用于现场取样,及时快速得出现场 α 气溶胶浓度的仪器。测量范围:$0.05 \sim 1 \times 10^6 \, \text{Bq/m}^3$,对 ^{239}Pu α 气溶胶可达 $0.1 \, \text{Bq/m}^3$。该仪器适用于各类核设施场所的放射性气溶胶的监测,主要是核设施场所、烟窗排放的连续在线式监测。

2.7.4 涉核环境监测

2.7.4.1 环境土壤中 Pu 的测定

吴伦强等人[23]探讨了用同位素稀释 – α 谱法测量退役核设施环境土壤中 ^{239}Pu 和 ^{240}Pu 的分析方法。该方法以 ^{242}Pu 作稀释剂,用三正辛基氧膦(TOPO)/甲苯溶液萃取,草酸反萃,水相制备 α 源,用低本底 α 谱仪测量钚同位素的 α 能谱,经数据处理得出 ^{239}Pu 和 ^{240}Pu 的含量。

1. 方法原理

将已知量的 ^{242}Pu 稀释剂加入到待测样品中,使示踪同位素与样品中被测组分处于同一种化学形态后,将被测元素分离,进行 α 能谱分析,通过加入示踪元素的量和示踪元素及待测元素的 α 活度,计算样品中待测元素的含量。以 ^{242}Pu 为稀释剂,计算待测样品中 ^{239}Pu 量的公式为

$$m(^{239}\text{Pu}) = 0.063 \times m(^{242}\text{Pu})_0 \times (A_m - A_t) \times (1 - A_m/A_s)^{-1} \times 239/242 \quad (2.51)$$

式中　$m(^{239}\text{Pu})$——样品中 ^{239}Pu 的质量(g);

$m(^{242}\text{Pu})_0$——稀释剂 ^{242}Pu 加入质量(g);

A_m——样品和稀释剂的混合物中 ^{239}Pu 与 ^{242}Pu 的 α 活度比;

A_t——稀释剂中 ^{239}Pu 与 ^{242}Pu 的 α 活度比;

A_s——样品中 ^{239}Pu 与 ^{242}Pu 的 α 活度比;

0.063——^{239}Pu 与 ^{242}Pu α 衰变的半衰期比。

在环境样品中,^{242}Pu 的丰度远小于 ^{239}Pu 的丰度,可得 $A_s \gg A_m$,因此,A_m/A_s 可近似为 0,则式(2.51)可变换为

$$m(^{239}\text{Pu}) = 0.063 \times m(^{242}\text{Pu})_0 \times (A_m - A_t) \times 239/242 \qquad (2.52)$$

从式(2.51)、式(2.52)可以看出,在用同位素稀释法进行钚量分析时,只要准确知道^{242}Pu稀释剂的加入量,通过α谱法分析确定待测样品中钚的同位素丰度值和稀释剂加入后混合试样中^{239}Pu与^{242}Pu的活度比值,就可以求出待测样品中^{239}Pu的量。而目前的α能谱仪不足以将^{239}Pu与^{240}Pu分开,实际测量的是^{239}Pu和^{240}Pu,可根据实际样品进行修正。在环境样中,^{240}Pu丰度远小于^{239}Pu丰度,因此,对于环境样品不进行修正,其误差也不大。

2. 方法步骤

(1)称取50g土壤试样于100mL聚四氟乙烯杯($\phi60 \times 120$)中,定量加入^{242}Pu稀释剂。

(2)依次用50mL,30mL,20mL 7.5mol/L HNO$_3$,加热煮沸1h,冷却,离心分离,用20mL水洗涤沉淀,合并清液,加热蒸发至50mL后调价。

(3)将调价后的溶液转入分液漏斗中,以TOPO/甲苯溶液振荡萃取5min,取有机相,用10mL 2mol/L HNO$_3$和10mL水各洗涤一次,弃去水相。

(4)用草酸溶液反萃,取水相于不锈钢测量盘中,在红外灯下烘干后,于电炉上灼烧。

(5)用α能谱仪测量试样的α谱,按式(2.52)计算测量结果。

2.7.4.2 石墨废物中^{239}Pu的测定

杨明太等人[24]探讨出一种用α谱法测定涉核石墨废物中痕量^{239}Pu的分析方法。该方法是在石墨废物样品中加入^{233}U作内标,用硝酸浸取样品中的Pu,移取上层清液制成α测量源。用α谱仪测定^{233}U与^{239}Pu的α计数比,通过^{233}U的已知加入量和^{233}U、^{239}Pu的相关参数,求得^{239}Pu的绝对量。该分析方法可测^{239}Pu的含量为$0.1 \sim 10\mu\text{g/g}$,测量精密度($n=6$)优于2%。

1. 样品制备

(1)被Pu沾污的石墨废物中Pu的分布是不均匀的。为使测量结果具有代表性,在手套箱内用电钻对被测物多点钻孔取样,收集石墨粉作为分析试样。每个试样约$1\sim5\text{g}$。

(2)将取得的石墨粉末准确称重,放入烧杯,加入10mL,8mol/L HNO$_3$,再加入5mL ^{233}U标准溶液,在电热板上缓慢加热煮沸1h,静放冷却4h,待用。

(3)用移液管移取经化学处理冷却样品液的上清液数滴,滴于特制的玻璃片憎水圈($\phi20\text{mm}$)内,加1滴2%甘露醇,让其缓慢蒸干、结晶,放入马弗炉于550℃下灼烧1h,制成α源。

2. 测量

测量装置示意图示于图2-22。测量使用的金硅面垒探测器有效面积为50mm^2,真空室真空度为1.5Pa。

图2-22 α谱仪测量装置示意图

测量中,累计 α 能峰计数时间为 2×10^3 s,分别求得 ^{233}U 和(^{240}Pu + ^{239}Pu) α 峰面积。^{233}U 峰面积能区为 $4.599 \sim 4.879$ MeV, ^{240}Pu + ^{239}Pu 峰面积能区为 $4.930 \sim 5.210$ MeV。

3. 计算公式

石墨物品中残留 ^{239}Pu 含量 C 的计算公式如下:

$$C = S_9 m_3 \cdot T_{239} \cdot A_{239} / (S_3 T_{239} \cdot A_{233} \cdot M) \tag{2.53}$$

$$S_9 = S[1 - R_{0/9} \cdot T_{239}/T_{240}/(1 + R_{0/9} \cdot T_{239}/T_{240})] \tag{2.54}$$

式中　C——石墨物品中 ^{239}Pu 的含量(μg/g);

$\quad\quad M$——被测样品质量(g);

$\quad\quad m_3$——加入样品中的 ^{233}U 的质量(μg);

$\quad\quad T_{239}$—— ^{239}Pu 的半衰期(h);

$\quad\quad T_{233}$—— ^{233}U 的半衰期(h);

$\quad\quad T_{240}$—— ^{240}Pu 半衰期(h);

$\quad\quad S$—— ^{240}Pu + ^{239}Pu 的 α 峰面积;

$\quad\quad S_9$—— ^{239}Pu 的 α 峰面积;

$\quad\quad S_3$—— ^{233}U 的 α 峰面积;

$\quad\quad A_{239}$—— ^{239}Pu 相对原子质量;

$\quad\quad A_{233}$—— ^{233}U 相对原子质量;

$\quad\quad R_{0/9}$——由质谱法测定的 ^{240}Pu 与 ^{239}Pu 的原子比。

2.7.5　地质应用

中放射性核素 ^{238}U、^{232}Th、^{40}K 的空间分布变化,造成活动带表土 ^{222}Rn 浓度的变化。因此,放射性核素(含 Rn)成为地质运动的示踪核素。探测 U、Th、K 含量的分布规律,或测量 Rn 浓度的空间分布,可以为判断地质构造存在与否提供重要信息。尤其是在覆盖层广泛发育地区,采用 Rn 气测量勘查地质构造更有效。岩石、土壤中 U、Th、K 含量及 Rn 浓度的确定借助于核辐射测量。核辐射测量的对象是原子核的衰变产物 γ 射线或 α 射线。每 1mol 物质中的原子核数目高达 6.02×10^{23},所以核辐射测量的灵敏度和精确度在当今仍然居一切物理测量之冠,而电、磁及电磁波参数测定的灵敏度和精确度与之相比远为逊色。核辐射测量的另一个优势是不受环境电磁场的干扰。地质勘探中最常用的有土壤 Rn 测量方法、径迹蚀刻测量法和 α 聚集器测量法。目前,利用这些测量方法已成为寻找铀矿、地下水及解决工程地质和其他地质问题最常用的行之有效的地质勘探手段。

2.7.5.1　地质勘探

1. 土壤 Rn 气测量

土壤 Rn 测量法主要是用于测量土壤空气中放射性气体的浓度,用于寻找浮土覆盖下的铀矿床,寻找与放射性元素或断裂构造有内在联系的金属和非金属矿床,寻找地下水资源;圈定构造破碎带,进行地质场图、预报地震以及研究火山过程和现代地球动力学运动等问题。该测量方法又分浅孔 Rn 气测量(面积测量或剖面测量,孔深一般在 80cm 左右)、深孔 Rn 气测量或 Rn 气测井(孔深一般在数米到数十米)、山地工程中的 Rn 气测量和水样中 Rn 气测量等。

方法步骤:当工作地区浮土厚度不超过 5m 时,采用面积的或路线(即剖面)的浅孔 Rn 气测量;当浮土厚度超过 5～7m 或更大时,需进行深孔 Rn 气测量,使取气样深度达到 2m 左右或更深(可达数十米),这时一般借助于各种轻便机械(如麻花钻)打孔,一般打孔深度可达 10m 以上。为了正确反映覆盖层中 Rn 的分布,要求必须在同一深度上采取气体样品。为了获得可靠结果,必须根据具体取样条件,在未堵塞炮眼前选择最合适的抽气次数,因为在此情况下,土壤层中空气有可能被大气稀释。取样后,应立即进行测量。在具有混合射气场的地段,要进行 Rn、Th 射气测量。为了确定 Rn、Th 射气的浓度,需要对同一气样进行两次测量,其时间间隔大约为 5min。抽取气样并将其引入测量室后,立即进行第一次测量,给出由 Rn、Th 气引起的总效应。第二次测量给出的只是由 Rn 引起的效应,因为经过这段时间 Th 射气实际上已全部衰变掉了。Rn、Th 射气测量可进行 4 次测定,即将气样引入测量室之后立即进行一次(瞬时测量),经过 1min、2min 和 3min 分别进行一次测量,然后按下式计算:

$$\begin{cases} C_{Rn} = 1.5(N_1 - 0.5N_0)K \\ C_{Rn} = (N_2 - 0.2N_0)K \\ C_{Rn} = 0.8(N_3 - 0.1N_0)K \\ C_{Th} = N_0K - C_{Rn} \end{cases} \quad (2.55)$$

式中 N_0、N_1、N_2、N_3——瞬时,以及 1min、2min 和 3min 的读数;

  C_{Rn}——Rn 放射性气体浓度;

  C_{Th}——Th 放射性气体浓度;

  K——仪器标定系数。

2. 径迹蚀刻测量

为探测覆盖层下铀矿放出的 α 粒子,20 世纪 70 年代发展了 α 径迹(蚀刻)测量技术。α 径迹测量实际是固体核径迹探测器(SSNTD)技术在 Rn 气测量上的应用。α 径迹测量记录的是 Rn 放出的 α 粒子,实质上它是一种长时间的射气测量。因此,凡是射气测量能解决的地质问题,α 径迹测量也能解决,且后者的勘探深度要大得多。这是因为,虽然 Rn 可以扩散到百米以上,但射气仪是瞬时取样测量,灵敏度有限,不可能把不够一定浓度的 Rn 探测出来。α 径迹测量采用长期积累测量方式,使得深达 200m 的铀矿体所含的 Rn 都可以扩散到探测器薄膜上,故灵敏度大大提高。

方法原理:具有一定动能的质子、α 粒子、重离子、宇宙射线等重带电粒子以及裂变碎片射入绝缘固体物质中时,在它们经过的路径上会造成物质的辐射损伤,留下微弱的痕迹(称为潜迹)。潜迹只有在电子显微镜下才能观察到。如果把这种受到辐射损伤的材料浸泡在某些特定的化学溶液中,由于受损伤的部位比未受损伤的部位化学活动性强,则受伤的部分能较快地发生化学反应而溶解到溶液中去,使潜迹扩大成一个小坑(称为蚀坑),这种化学处理过程称为蚀刻。随着蚀刻时间的增长,蚀坑不断扩大。当其直径达到微米量级时,便可在光学显微镜下观察到这些经过化学腐蚀的潜迹,它们就是粒子射入物质中形成的径迹。能产生径迹的绝缘固体材料称为固体径迹探测器。α 径迹测量就是利用固体径迹探测器对 α 粒子的径迹进行探测的一种核方法。

测量 α 径迹时,要将探测器置于探杯内,并埋入地表土壤层中。铀矿体或其原生晕和次生晕放出的 Rn,通过扩散、对流、抽吸以及地下水掺滤等复杂作用趋于地表,并进入探杯,就会在探测器上留下 Rn 及其各代子体发射的 α 粒子形成的潜迹。此外,探杯所接触的土壤层的本底 U 含量、以及钚铀系和钍系的 α 辐射体产生的 α 粒子也可被探测器接收。如果忽略地表土壤的本底 U 含量的影响,在相同条件下测量的 α 径迹密度(探测器单位面积上的径迹数)将正比于探测点的 Rn 浓塑料胶片度。由此,可以发现 Rn 浓度的异常地带。可用作固体径迹探测器的材料较多,但不同材料能记录的重带电粒子的范围不同,且要选用各自适应的蚀刻剂。地质工作中要记录的是 α 粒子的潜迹,常用的探测器材料是醋酸纤维和硝酸纤维薄膜等塑料胶片。与之适应的蚀刻剂主要是氢氧化钠和氢氧化钾溶液。

方法步骤:①将已制备的探测器悬挂在塑料杯里,再按一定的网格,在测点上挖 30 ~ 40cm 深的小坑,将杯底朝上埋在测坑中;②约 20d 后取出杯中的探测器进行蚀刻;③用光学显微镜或径迹电视自动扫描器和自动计数器,观察、辨认和计算蚀刻后显现的径迹的密度,即单位面积上的径迹数目。当取得测区内各测点的径迹数据后,可利用统计方法确定该地区的径迹底数,并据此划分正常场、偏高场、高场和异常场。划分原则与 γ 测量相同。测量结果主要绘制成 α 径迹密度剖面图、剖面平面图和等值线平面图。确定径迹异常的性质比较困难,因为除矿体和含矿破碎带外,地表铀含量的增高、接触带、构造带及岩性差异等也能形成低值异常。一船来说,若径迹密度随时间增长快,或与埋深成正比,则异常由矿或矿化引起,否则是其他因素引起。地表附近钍的干扰可用能谱测量或射气测量加以识别。

3. α 聚集器测量

该方法主要是通过测量 ^{218}Po(RaA)的 α 辐射来测量 Rn。该方法又大致可以分为四类:α 卡法(包括天然 α 卡测量、带电 α 卡测量以及静电 α 卡测量);α 管测量法(亦称 Rn 管法);α 膜测量法(亦称 Rn 膜法或 α 收集膜法);"RaA"测量法(亦称带电瞬时 α 卡测量),该方法主要是将 Rn 富集于膜片上,用 α 辐射仪测量 ^{218}Po、^{214}Po、^{212}Po 等 α 计数率,通过测量结果反映其土壤中 Rn 的含量。

2.7.5.2 隐伏断裂带勘探

隐伏断裂带勘探主要是通过采集和探测断裂气——Rn 来寻找隐伏断裂带,它是较为经典的地球物理探测技术。岩石中都有背景级含量的 U,射气(Rn 气)则是 U 的气态衰变产物,它能够通过地下水或沿着基岩的断裂等岩石疏松和孔隙相对较多的地段从地下深处运移到地表。断裂破碎带为 Rn 从岩石中的逸出提供通道,所以在断裂破碎带的上方常常出现 Rn 异常。通过探测地表 Rn 异常,可以为确认断裂位置提供依据。Rn 本身具有放射性,会放出 α 射线。Rn 的衰变子体也有类似的特性。所在现场利用抽气泵采集覆盖层中游离的 Rn,测量 Rn 及其子体衰变时放出的 α 计数率,即可获知不同测点土壤中 Rn 气浓度的差异。

石柏慎等人[25]利用 α 杯测量法对四川康定县雅拉河进行了地质勘探,确认隐伏断裂的位置、宽度和展布方向,为水利工程设计提供了重要依据。其方法是将塑料杯在测点上倒置埋入 30 ~ 40cm 深的土坑,上面用土填封。3h 后,塑料杯内沾污的土壤 Rn 气的 α 衰变子体已达饱和,此时取出杯子,立即装入电离室进行 α 测量。α 计数率的高低反映了测点土壤中 Rn 浓度的大小,通常隐覆构造上方 Rn 浓度明显偏高。

周四春等人[26]在四川康定县雅拉河拟选择建设水利工程的区域,联袂应用地气、射气与壤中 α 三种物化探方法,开展了探测隐伏断裂带的工作。在该项工作中,周四春等人采用的测试方法如下:

1. 射气测量

在测点上用钢钎打一个深约 50cm 的孔,将采样器插入打好的孔中,使采样器锥形端堵紧孔口。利用抽气泵吸入土壤中 Rn 气,取样体积为 1.5L。抽气后启动高压,利用金属采样片吸附 Rn 衰变子体,采样时间 2min。然后将金属采样片放入探测器进行 α 测量,计数时间为 2min。考虑到射气测量的目的是发现射气异常,故直接以 α 计数率表征测量结果。考虑到放射性测量具有统计涨落,每个测点测量了 2~4 个分点,以多次测量结果的平均值作为测点结果。

2. 土壤 α 测量

在测点上挖深约 40cm 的坑,取坑底面上的细粒土壤,平整装满样品杯,然后放入 α 测量仪测量室测量。每样测量时间 120s。为了减少湿度等影响,测量均安排在晴天(雨后则安排在晴朗三天后)测量。

3. 地气测量

用纲钎在地表覆盖层打深约 50cm 的采气孔,然后将采样器(头部开有进气孔)插入孔内,使采样器上部的圆锥部分堵住孔口,以阻挡地表大气进入采气钻孔;打开抽气泵抽取游离于覆盖层空隙内的地气物质,抽气速度 1L/min;地气物质先经过干燥器(内部装满硅胶干燥剂,两端装填过滤材料以阻隔土壤微粒或粉尘进入捕集器)干燥,再进入捕集器被液态捕集剂俘获,每测点采样时间 30min。捕集剂是由 BV-Ⅲ级的纯硝酸和高纯水(三次水)配制的 5% 稀硝酸,单份样品用量 20mL。地气样品分析工作由安置在成都理工大学超净实验室中的 ELAN DRC-e 型电感耦合等离子体质谱仪(ICP-MS)完成。测量的目标元素包括稀土(La、Ce、Nd、Sm、Dy)、Zn、Pb、Cd、Cu、Sr、Y、Mn 等十余种元素。

综合考虑土壤 Rn 异常(包括射气测量和土壤 α 测量)和地气中十余种元素异常的分布规律发现,工作区的物化探综合异常是沿雅拉河呈带状分布的。结合地表基岩出露处发现的断裂证据,可以认为沿雅拉河流域确实有隐伏断裂发育,而且由至少两条分支断裂组成,断裂宽度在 40~120m。其中一条始终位于雅拉河右岸,以北西向傍河延伸,而且紧靠河岸,在部分地区可能与河道重合。另一条断裂在江大沟区段是位于河左岸的山坡上,距河道约 400m,也是以北西向沿河道方向延伸,并逐渐靠近河道。该断裂在栖木沱区段可能与河道相交,到瓦厂区段与前述断裂汇合,在河右岸一同向西北延伸并经过大盖沟区段转向龙布方向。到龙布区段后,两条断裂又分开到河的两岸,继续向西北方向延伸。沿推测断裂多处出现的温泉印证了这种推断结论的正确性。

2.7.5.3 煤矿隐伏构造探测

煤矿水害是与瓦斯、火灾并列的矿井建设与生产过程中的主要灾害之一,近年来我国煤矿水害事故频发,其中大部分突水事故是由隐伏的断层或是隐伏陷落柱导水引起的。由此可见,隐伏构造带来的突水事故会给煤矿企业带来巨大的损失,找出一种适合水害预防的手段探测隐伏构造显得尤为重要,应用土壤中 α 测量法在煤矿隐伏构造探测中表现出了突出的优越性。

　　该方法的测量原理：由于陷落柱、断层、裂隙破碎带等隐伏构造的破坏，使岩层局部地段由原来所处的封闭状态，变成了开放状态。岩石中含有 Rn 气，且 Rn 气易溶于水，流经岩石破碎带的水可以溶解大量的 Rn 气，沿着构造破碎带将 Rn 气从地下深处运移到地表，造成地表 Rn 浓度增大，形成 Rn 的"异常晕"的情况。土壤本身是一种良好的 Rn 吸附剂，土壤 α 测量是利用 α 数字闪烁辐射仪测量土壤样品中 α 强度来圈定"异常晕"，从而确定隐伏的陷落柱、断层、裂隙、破碎带等地质构造的异常区。

　　周杰民等人[27]利用 α 数字闪烁仪对河北邢台黄沙煤矿突水位置相对应的土壤采样测量，根据土壤 Rn 异常（土壤 α 测量）分布规律，发现黄沙煤矿工作面终采线上方存在放射性异常区分布，结合矿方的钻探资料，确认了探测范围内存在隐伏构造。其方法是：

　　（1）土壤采样在井下突水位置相对应的地面进行，在区域内布置测线 10 条，测线间距 20m、测点间距 10m，共完成测点 200 个。由于土壤吸附放射性核素的能力很强，在土壤采集的范围内有部分耕地，故在现场取样时，取用 30cm 以下的土壤样品，采集坑底面上的细粒未扰动土壤，即探测区域内的 B 层土。

　　（2）土壤 α 测量探测是用 α 数字闪烁辐射仪，主要部分是闪烁计数器，工作时会出现闪烁现象，闪烁计数器计数随入射的 α 射线的增强而变大。测量前，保证每份土壤样品的湿度、颗粒大小相似，然后平整装满样品杯，放入 α 数字闪烁辐射仪。测试时间为 15min，为了减少环境湿度、温度等外界环境的影响，测量安排在实验室内进行。

　　（3）将土样测量数据输入计算机进行归一化后，运用软件进行成像处理。以 α 强度等值线表示，不同色阶代表 α 强度高低，数值越高、颜色越深，表示 α 强度越高。

　　上述实际测试表明：①根据土壤 Rn 异常（土壤 α 测量）分布规律能够发现工作面终采线上方存在放射性异常区分布，结合矿方的钻探资料，可以认为探测范围内存在隐伏构造；②探测试验采用地面放射性探测方法，是对煤矿突水探测的有效尝试。该方法的优越性也比较明显：①工作周期短，野外采样到提交报告只用了 10d；②野外工作实用性强，基本上含盖 B 层土的地方都可以采集土样分析；③该方法实验样品取用土壤，采用天然放射源安全度高，无放射性污染。但是，鉴于该技术属于定性、半定量探测方法，只能对导水构造的平面形态、范围进行基本界定，对构造的定性不是很明确。由于 Rn 放射性的扩散作用，可能异常范围比实际的构造体的面积大一些，其有效性和可靠性需结合其他勘探方法进一步验证。

2.7.5.4　寻找地下水源

　　1996 年，梁锦华[28]对利用核技术寻找地下水源的研究历程做了简要概述。通过长期含水构造处的水文地质作用、地球物理、地球化学与放射性异常的综合因果关系研究表明，Rn 的迁移、积聚是形成地下水源放射性异常的主要成因，通过测量 Rn 及其子体勘查地下水源是行之有效的方法。常用的测量 Rn 及其子体的方法主要有 α 卡测量、α 杯测量、RaA 测量、Po 法测量、α 径迹测量、土壤样镭量测量等。

　　上述方法都是建立在测量 α 粒子的基础上。这些方法的共同特点是：α 本底计数低，利于测量低水平辐射场；灵敏度高，容易发现微弱异常；异常分辨能力好，异常清晰度高，异常幅度一般比 γ 总量测量高 5～10 倍；异常位置与构造、断裂关系密切，并可了解不同核素异常的相互分布关系，便于综合解释，并比 γ 测量有更深的探测深度。这些方法已在寻找地下水的勘探中发挥重要作用，取得了很好的地质效果。

1. 贫水区开发地下水

广辟水源、开发利用地下水,开凿农灌用井是解决贫水区农业生产和人民生活用水的重要途径之一。1984－1989年,在河南许昌西部用α卡法、α径迹法预定井位339眼,钻探结果全部见水,取得了极高的定井成功率。

2. 勘察岩溶洞穴地下暗河

1991年5月,在四川珙县应用α卡法找到了流量近600m³/h地下暗河,使一家缺水而将停产的交通水泥厂临死复生。

3. 地热勘查

1981年以来,用核技术方法寻找地热构造或查清地热构造延伸方向都有明显效果。如在广东从化、搏罗汤泉周围、陕西临潼、河南鲁山下汤和中汤温泉附近、黄山温泉等地都出现很高的放射性异常。这些温泉的热水中通常含Rn达180～740Bq/L,在地热隐藏部位出现明显放射性异常。

2.7.6　火灾烟雾报警

随着20世纪70年代核技术开发的大潮,利用放射性核素衰变发射α粒子的特性,研制成功了火灾烟雾报警器或称离子型烟雾报警器,其外形如图2-23所示。离子型烟雾报警器对于早期隐燃火有很好的响应,它是目前世界上应用最广泛、可靠性较高的一种火灾探测及报警装置。自20世纪80年代,离子型烟雾报警器被广泛用于城市商场、库房、旅馆、酒店、文化娱乐等公共场所和高级住宅。目前,国际上多国消防部门还将安装火灾烟雾报警器作为公共设施强制执行标准。

图2-23　离子型烟雾报警器

通常,离子型烟雾报警器的放射源采用^{241}Am源。其基本工作原理为:由它放出的α粒子使空气电离,并产生正负离子。在电场的作用下,正负离子分别向正负电极移动。一旦有烟雾窜入电离室,干扰了带电离子的正常运行,使电流、电压有所改变,破坏了电离室及其电路之间的平衡,探测器就会此产生感应,并发出报警信号。离子型烟雾报警器有多种类型,主要有单源单室型、双源双室型和单源双室型。其基本结构和工作原理也有所差异。下面仅对双源双室型离子烟雾报警器做一简要介绍。

双源双室型离子烟雾报警器主要由一个参考离子室和一个工作离子室及其离子信号检测放大电路组成。在参考离子室和工作离子室内,各有一对 10^4 Bq 左右对称型 ^{241} Am 源。参考离子室是密闭的,工作离子室则是敞开的。此烟雾报警器工作电流由市电提供,一年 365d 从不间断地提供烟雾检测、报警服务。

在正常状态下,参考离子室和工作离子室内 ^{241} Am 衰变发射 α 粒子与周围气体发生电离作用,在外加电场的作用下,形成微弱电流信号,参考离子室和工作离子室输出的电流信号处于平衡状态。通常,发生火灾时首先产生烟雾,当烟雾向四周扩散、窜入烟雾报警器的工作离子室时(参考离子室是密闭的,烟雾不能进入),电离产生的正、负离子干扰了带电粒子的正常运动,在电场的作用下各自向正负电极移动,破坏了参考离子室和工作离子室之间的平衡,电流、电压就会有所改变。此时,烟雾报警器的报警系统发生动作,发出尖啸刺耳的声音,直到烟雾散去。在真实的火灾中,它一直工作到被烧毁。

概言之,离子烟雾报警器是通过检测空气中的正负电荷的平衡来工作的。当有烟雾进入工作室时就会破坏电子学系统电场的平衡关系,报警电路检测到浓度超过设定的阈值时会发出警报。离子烟雾报警器对微小的烟雾粒子的感应比其他烟雾报警器灵敏得多,对各种烟雾都能均衡响应。因而,其应用十分广泛,市场需求量特别大。

2.8　现状与展望

自 1898 年在剑桥大学卡文迪许实验室工作的青年物理学家卢瑟福发现 α 放射性以来,对 α 粒子的探测、认识和应用已经历了一百余年的历史。由于 α 谱可提供有关各种类型的样品中发射 α 谱的核素信息,α 谱法已成为最古老的经典的核测量技术之一[29]。目前,对 α 粒子的探测与研究已取得了突飞猛进的进展[30],主要体现在以下三个方面:

2.8.1　仪器硬件

1. 探测器

目前,可用于测量 α 粒子的探测器主要有气体探测器(电离室、正比计数器和 GM 计数器)、闪烁探测器(碘化铯[CsI(Tl)]或硫化锌[ZnS(Ag)])、半导体探测器(扩散结半导体探测器、离子注入型半导体探测器和面垒型半导体探测器)和特种类型探测器(原子核乳胶、固体径迹探测器、云室和气泡室、火花室和流光室等)。在 α 能谱测量中,以半导体探测器为主。典型的 α 能谱仪采用表面积为 300 ~ 600mm² 、厚度为 100μm 的离子注入的 Si 探测器,能量探测范围 3 ~ 10MeV,其分辨率为 15 ~ 25keV。今后,研制高性能、高分辨的半导体探测器仍是 α 探测技术进步的关键。

2. 小型化和一体化

在能谱测量、仪器操作和数据处理中,大规模集成化元件取代了单一功能的分列电子元件,一个元件模块就包含了一个较为复杂电路的功能化元件,使整个电路系统变得非常简单清晰;整个探测分析系统由复杂、笨重向小型、轻便、灵活过渡,由插件式向机体一体化发展,出现各种类型的便携式 α 探测仪。

3. 系列化

为满足不同用户的需求,其产品呈现出不同量程、不同档次、不同外形。

2.8.2 仪器软件

1. 数字智能化

采用嵌入式技术、微功耗技术、高新显示技术、掌上电脑等诸多数字化处理技术,将仪器的工作状态实时地显示得一清二楚,操作方式、测量结果的输出、显示以及数据转换日趋智能化。

2. 网络化

网络化主要体现在不同类型的 α 测量仪都具有统一的网络接口。尤其是在 α 强度测量方面,由多个不同类型的仪器可以方便地组成同一个网络,由中心计算机统一进行数据获取、显示、处理、存储和传递。

3. 现场化

在放射性表面污染检测方面,最为适用的就是现场及时测量(如核设施现场、环境监测、海关监测等场所)。即要求对测量物不用取样、送检,不用在实验室对样品进行复杂的处理和分析等,仪器在测量现场就可测量分析出最终结果。利用 α 特性进行测量,实现现场化测量是最为可行而普遍的方法。

2.8.3 应用与开发

在核技术广泛应用的当今,α 探测技术也将随着核技术的发展而发展,α 探测技术必将在核材料测量、辐射防护、环境保护、医学、工业、高能物理及核能应用等诸多部门和领域发挥极其重要的作用。归纳起来主要有以下几方面:

(1)核材料检测。如铀钚同位素测量、物料衡算、核取证、反恐、核实施退役等。

(2)资源勘查。通过测量 Rn 释放的 α 粒子(测 Rn 法)进行铀矿、油气田、地下水资源和地热资源勘查。

(3)公共安全。如火灾报警、法医鉴定等。

(4)环境评估。1990 年,美国提出要将 Rn 作为影响人体健康的重要问题来对待,通过测量 Rn 释放的 α 粒子来确定建筑、房屋内外环境的 Rn 含量。1993 年我国开始实施 GB/T 1458—1993《环境空气中 Rn 的标准测量方法》[31];1995 年制定了 GB/T 16146—1995《住房内 Rn 浓度控制标准》[32];2001 年制定了 GB 50325—2001《民用建筑工程室内环境污染控制规范》[33];这些均以测量 α 粒子方式,实现对 α 放射性 Rn 的检测。

目前,放射性检测方法与仪器已日臻完备,开发新的检测方法和检测仪器难度将越来越大,尤其是对于 α 粒子测量更是如此。展望未来,对 α 粒子的探测与研究仍有许多工作要做:加强基础研究,尽可能地减少电子元件及仪器部件引起的噪声和本底;研发新型的高分辨、高性能的 α 粒子探测器和高性能的电荷灵敏前置放大器;进一步优化设计,实现一体化,使仪器更加轻便、小型化;仪器操作的高度智能化和数字化;进一步探索一种可以准确描述 α 能谱的数学模型,实现与解重叠 γ 谱一样解析重叠 α 谱。

参考文献

［1］ 汤家镛,张祖华. 离子在固体中的阻止本领、射程和沟道效应[M]. 北京:原子能出版社,1988.

［2］ Parus J L,Raab W. Determination of plutonium in nuclear materials with the combination of alpha and gamma spectrometry[J]. Nuclear Instruments and Methods in Physics Research,1996,A369:588 – 592.

［3］ 刘玉莲,杨大亭. 300cm^{2}平行板 α – 屏栅电离室谱仪的研制[J]. 辐射防护,1988,8(33):173.

［4］ 卫生部工业卫生实验所. GB/T 16141—1995 放射性核素的 α 能谱分析方法[S]. 北京:中国标准出版社,1995.

［5］ 纪裕盈,尚秀兰,译. 工业中的核测量[M]. 北京:原子能出版社,1995.

［6］ 王运永,毛慧顺. 多丝正比室与漂移室[M]. 北京:科学出版社,1982.

［7］ 杨明太,高戈. 金硅面垒探测器的修复与保养[J]. 核电子学与探测技术,2004,24(6):785 – 788.

［8］ ISO 11483 – 2005. Nuclear fuel technology – preparation of plutonium sources and determination of ^{238}Pu/^{239}Pu isotope ratio by alpha spectrometry[S]. 2005.

［9］ 庞巨丰. γ 能谱数据分析[M]. 西安:陕西科学技术出版社,1990.

［10］ 刘慧婷. EMD 方法的研究与应用[D]. 合肥:安徽大学,2004.

［11］ Huang N E,et al. The empirical mode decomposition and the Hilbert spectrum for nonlinear and non – stationary time series analysis[J]. Proceeding of Royal Society London A,1998:903 – 995.

［12］ 杨世锡,胡劲松,吴昭同,等. 旋转机械振动信号基于 EMD 的希尔伯特变换和小波变换时频分析比较[J]. 中国电机工程学报,2003,23(6):102 – 107.

［13］ 张毅坤,麻晓畅,华灯鑫,等. 基于 EMD – DISPO 的 Mie 散射激光雷达回波信号去噪方法研究[J]. 光谱学与光谱分析,2011,31(11):2998 – 3000.

［14］ 魏志浩,过惠平,吕宁,等. 基于 EMD – DISPO 的 α 能谱平滑方法[J]. 核电子学与探测技术,2014,34(6):728 – 732.

［15］ Gunnink R. MGA:A G Gamma – ray spectrum analysis code for determining plutonium isotopic abundances[R]. Methods and Algorithms,Report UCRL – LR – 103220 LLNL,Livermore,California,1990.

［16］ Parus J,Rasb W. Comparison of Pu isotopic composition between gamma and mass spectrometry[D]. Experience from IAEA – SAL,Proc Int MGA Users Worshop. IRMM Geel,1994,10:19 – 20.

［17］ Zahradnik P,Swiety H,Doubek N,et al. Column exchange chromatographic procedure for the automated purification of analytical samples in nuclear spent fuel reprocessing and plutonium fuel fabrication[R]. Report IAEA/AL/069,November 1992,SAL – IAEA. Seiberdorf,Austria.

［18］ Gunnink R,Ruhter W D,Niday J B. Grpanl:a suite of computer programs for analyzing gee and alpha – particle detector spectra[R]. Report UCRL – 53861,Vols. 1 and 2,LLNL,Livermore,California,1988.

［19］ Parus J L,Raab W. Determination of plutonium in nuclear materials with the combination of alpha and gamma spectrometry[J]. Nuclear Instruments and Methods in Physics Research,1996,A369:588 – 592.

［20］ Aggarwal S K,Chitambar S A,Kavimand V D,et al. Precision and accuracy in the determination of ^{238}Pu/(^{239}Pu + ^{240}Pu) α activity ratio by alpha spectrometry[J]. Radiochemical Acta,1980,27(1):1 – 6.

［21］ 杨明太,吴伦强,张连平. 质谱法、α 谱法联合测定钚年龄[J]. 核电子学与探测技术,2009,29(5):1122 – 1124.

［22］ 邱咏梅,杨勇. α 能谱法测量尿中的^{241}Am[D]. 中国核科技报告,2006.

［23］ 吴伦强,杨明太,向方寿,等. 同位素稀释 – α 谱法测量土壤中的^{239}Pu 和^{240}Pu[J]. 核化学与放射化学,2002,24(4):223 – 226.

［24］ 杨明太,廖俊生,高戈,等. ^{233}U 内标 α 谱法测定石墨中痕量^{239}Pu[J]. 原子能科学技术,2001,35(5):441 – 444.

［25］ 石柏慎,周志学,李慧娟. 智能 α 测量仪的研制及其在水电基地勘探中的应用[J]. 河海大学学报,1997,25(4):76 – 80.

［26］ 周四春,刘晓辉,谷江波,等. 联袂应用地气、射气与壤中 α 测量探测雅拉河地区隐伏断裂[J]. 物探与化探,2011,35(3):298 – 302.

［27］ 周杰民,孟万涛. 土壤中 α 测量在煤矿隐伏构造探测中的应用[J]. 煤炭与化工,2013,36(5):108－109.

［28］ 梁锦华. 核技术找水二十年[J]. 物探化探计算技术,1996,18(增):62－65.

［29］ Nora Vajda,Chang－Kyu Kim. Determination of Pu isotopes by alpha spectrometry:a review of analytical methodology [J]. Radioanal Nucl Chem,2010,283:203－223.

［30］ 杨明太. α 粒子测量仪器现状与发展趋势[J]. 核电子学与探测技术,2011,31(11):1198－1201.

［31］ 中国辐射防护研究院. GB/T 1458—1993 环境空气中 Rn 的标准测量方法[S]. 北京:中国标准出版社,1993.

［32］ 卫生部工业卫生实验所. GB/T 16146—1995 住房内 Rn 浓度控制标准[S]. 北京:中国标准出版社,1995.

［33］ 河南省建筑科学研究院. GB 50325—2001 民用建筑工程室内环境污染控制规范[S]. 北京:中国计划出版社, 2001.

第3章 β 测 量

3.1 β射线简介

1898 年,新西兰物理学家卢瑟福(E. Rutherford)做铀辐射实验时,发现铀辐射至少有两种明显不同的辐射——一种非常容易被吸收,为方便起见称之为 α 射线;另一种具有更强的贯穿本领,称之为 β 射线。实验表明,β 射线是放射性核素的原子核自发地从原子核内放出电子或俘获一个轨道电子而发射的电子流。它是核电荷数 Z 改变而核子数 A 不变的自发衰变过程,即原子核内核子之间相互转化的过程。

3.1.1 衰变表达式

放射性核素发生 β 衰变时,其衰变主要有 $β^-$、$β^+$ 和轨道电子俘获(EC)三种方式[1,2]。

(1)当放射性核素的中子过剩时,放射性核素可能发生 $β^-$ 衰变,其衰变表达式为

$$_Z^A X \rightarrow _{Z+1}^A X' + e^- + \bar{v}_e \tag{3.1}$$

(2)当放射性核素的质子过剩时,放射性核素可能发生 $β^+$ 衰变,其衰变表达式为

$$_Z^A X \rightarrow _{Z-1}^A X' + e^+ + v_e \tag{3.2}$$

(3)当放射性核素发生核中质子吸收轨道电子(EC)时,其衰变表达式为

$$_Z^A X + e^- \rightarrow _{Z-1}^A X' + v_e \tag{3.3}$$

(4)放射性核素发生 $β^-$ 衰变的条件为

$$M(_Z^A X) > M(_{Z+1}^A X') \tag{3.4}$$

即对电荷数分别为 Z 和 Z+1 的两个同量异位素,只要前者的原子质量大于后者的原子质量,就能发生 $β^-$ 衰变。例如氚的 $β^-$ 衰变:

$$^3 H \rightarrow _2^3 He + e^- + \bar{v}_e \tag{3.5}$$

^3H 的原子质量为 3.0160495u,^3He 的原子质量为 3.0160291u,满足式(3.4)所列条件,$β^-$ 衰变可以发生。

从放射系里可以看到,重核经几次衰变之后,核内中子数 N 与质子数 Z 之比有一定升高,成为丰中子核素,因而相继会出现几次 β 衰变。对裂变重核,由于重核的 N/Z 较大,当它裂变成中等质量的核时,其 N/Z 比相应的稳定的中等质量的核高得多,故重核的裂变产物大多也是 $β^-$ 放射性核。另外,通过(n,γ)反应得到的人工放射性核素,由于核内中子数增加,也大都是 $β^-$ 放射性。图 3-1 为 β 稳定核素分布图,β 衰变的放射性核素是丰中子核素,也就是图 3-1 中位于 β 稳定线上方的核素。

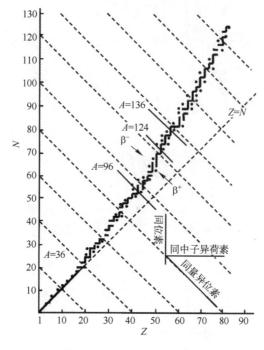

图 3-1   β 稳定核素分布图

3.1.2   基本特性

1. 衰变方式

β 衰变是核衰变中发生最多的衰变方式。β 衰变有三种情况：①放出负电荷的电子，原子核变为原子序数增加 1 的核，其衰变表达式见式(3.1)，在天然和人工放射物中都有这一类衰变；②放射正电子，原子核变为原子序数减少 1 的核，其衰变表达式见式(3.2)，这种情形只在人工放射物中发现；③原子核俘获一个 K 层或 L 层电子而衰变成核电荷数减少 1、质量数不变的另一种核，该种现象称为轨道电子俘获，其表达式见式(3.3)，如发生在 K 层，则称为 K 俘获。

2. 衰变本质

β 衰变是一种放射性衰变，在此过程中原子核放出一个正(或负)电子，或者吸收一个在轨道上的电子而衰变成另一种原子核。发生 β 衰变的核素几乎遍及整个元素周期表，以低原子序数的轻核居多。

3. 质量与电荷

β 粒子质量等于电子质量，其电荷数为 1。β 辐射是核电荷数 Z 改变而核子数 A 不变的自发衰变过程。

4. 半衰期

β 辐射的半衰期分布在 10^{-3} s ~ 10^{24} a 范围内。

5. 能量

β 射线能量不像 α 能量和 γ 能量那样单能的一种或几种，β 射线的能量连续地分布在几 keV ~ 几 MeV 范围内。但每种核素衰变的 β 射线都有一个确定的最大能量，该最大能量近似于该核素发生 β 衰变的衰变能。每种核素发生 β 衰变中,动能很大和动能很小的 β 射线强度都很小,而动能为最大能量 1/3 的 β 射线强度最大。

3.1.3 衰变纲图

核衰变可以用衰变纲图表示。衰变纲图中用横线表示原子核的能级,习惯上用粗横线表示母核和子核的基态,细横线表示激发态。横线之间的距离表示核能级差或母核与子核的静止能量差。从母核能级横线出发,向右下的带箭头的斜线表示 β⁻ 衰变(子核电荷数加 1),向左下的带箭头的斜线表示轨道电子俘获(子核电荷数减 1),而 β⁺ 衰变则由向下的直线段加向左下的带箭头的斜线表示(子核电荷数减 1),斜线段代表的能距为 β⁺ 粒子的最大动能。

³H、¹³N、⁷Be 和 ⁶⁴Cu 的衰变纲图分别见图 3-2 ~ 图 3-5。

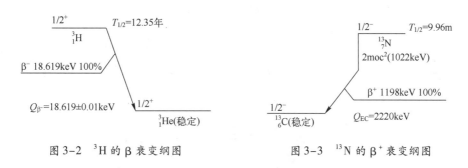

图 3-2 ³H 的 β 衰变纲图   图 3-3 ¹³N 的 β⁺ 衰变纲图

在 ³H 的衰变纲图中,用从母核出发向右下方指向子核的带箭头的斜线表示 β⁻ 衰变,旁边给出了 β⁻ 粒子的最大动能(18.619keV)和分支比(100%),Q_β 为衰变能。³H 基态横线右边的"12.35a"表示 ³H 的半衰期。图中还标明了母核 ³H 的基态和子核 ³He 基态的自旋均为 1/2、宇称均为偶宇称,即" + "。

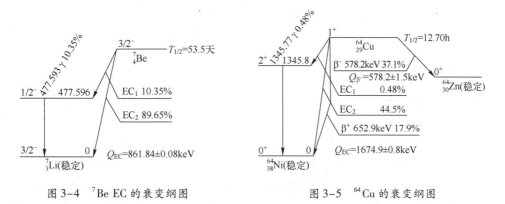

图 3-4 ⁷Be EC 的衰变纲图   图 3-5 ⁶⁴Cu 的衰变纲图

在 ¹³N 的衰变纲图中,用从母核出发先向下然后向左下方指向子核的带箭头的线表示,旁边给出了 β⁺ 粒子的最大动能(1.198keV)和分支比(100%)。向下的垂直直线段表示 1.022MeV 的能量,即母核与子核原子的静止能量之差减去 $2m_0 C^2$ 后,才是 β⁺ 粒子的最大动能。β⁺ 衰变能 $Q_{EC} = E_0(\beta^+) + 2m_0 C^2$。

在 ⁷Be EC 的衰变纲图中,由从母核出发向左下方指向子核的带箭头的斜线表示轨道电子俘获,旁边给出了轨道电子俘获的分支比,轨道电子俘获中没有电子发射,所以不能在斜线边标示电子能量,图中表示核素^{7}Be通过两个轨道电子俘获 EC$_1$(10.35%)和 EC$_2$(89.65%)而衰变到子核^{7}Li的激发态和基态。经 β 衰变生成的子核一般处于激发态,处于激发态的子核往往通过发射 γ 光子或内转换电子而跃迁至基态。绝大多数 β 衰变的核伴随有 γ 射线的发射,纯 β 放射性核素不多。当能量满足 β$^+$ 衰变的条件时,从原则上讲,β$^+$ 衰变和轨道电子俘获可同时有一定的概率发生。理论和实验研究表明,对于轻核,由于衰变能一般较大,β$^+$ 衰变的概率远大于发生 K 电子俘获的概率,很难观察到与 β$^+$ 衰变同时产生的轨道电子俘获;对于重核正相反,轨道电子俘获概率可占压倒优势,很少发生 β$^+$ 衰变;对中等质量的原子核,β$^+$ 衰变和轨道电子俘获往往同时发生。从衰变纲图手册中可明显地看到这个规律。

某些核满足三种 β 衰变条件,就可能同时以三种形式衰变,但各有一定分支比。例如,^{64}Cu 就是 β$^-$ 衰变、β$^+$ 衰变和 EC 都可能发生的核素,见图 3-5。它有 37.1% 的分支比发生 β$^-$ 衰变到 ^{64}Zn 的基态;0.48% 的分支比发生轨道电子俘获衰变到 ^{64}Ni 的激发态;44.5% 的分支比发生轨道电子俘获衰变到 ^{64}Ni 的基态;另有 17.9% 的分支比以 β$^+$ 衰变方式衰变到 ^{64}Ni 的基态。既有 β$^-$,又有 β$^+$ 或 EC 时,衰变纲图中要同时给出衰变能 Q_{EC} 和衰变能 Q_β^-。

3.2　β能谱与中微子

众所周知,中微子的发现是和 β 衰变之谜紧密相联的。1930 年,奥地利物理学家泡利(W. E. Pauli)为解释 β 衰变中电子能量谱的连续分布提出中微子假说,预言自然界中存在一种自旋与电子相同、静止质量极小的中性粒子。1934 年,意大利物理学家费米(E. Fermi)根据这一假说建立起 β 衰变理论,完善了中微子存在的理论基础。1956 年,美国物理学家莱因斯(F. Reines)和考温(C. Cowan)首次捕捉到中微子家族的成员之一电子型反中微子。1995 年,莱因斯由于这一重要发现和由于在 20 世纪 70 年代发现 τ 轻子的美国物理学家珀尔(M. Perl)共享当年的诺贝尔物理学奖。

3.2.1　β能谱研究

1904 年,英国物理学家布拉格(W. Bragg)在研究 α 射线时发现:同一确定的核素辐射的 α 粒子具有相同的能量和速度,它们通过物质时的射程也相同,其吸收曲线符合线性规律。由于当时对放射性的机理还知之甚少,认为与 α 射线一样,所有从同一核素辐射的 β 射线电子,也应具有相同的能量和速度。尽管这时已有的实验结论指出,β 射线电子通过物质时的射程并不确定,其吸收曲线也不符合线性规律。但物理学界似乎并不重视 β 射线电子的能量是否单一,而是认为重要的是弄清 β 射线电子通过物质时的吸收规律。瑞典物理学家迈特纳(L. Meitner)、哈恩(O. Hahn)等研究认为,β 射线的吸收曲线符合指数规律。施密特(H. Schmidt)研究了 ^{214}Pb 和 ^{214}Bi 辐射的 β 射线的吸收规律,指出它们要么是单一的指数曲线,要么是不同指数曲线的叠加。总之,这个时期的实验研究使物理学界形成了这样的基本认识:相信 β 射线电子是单能的,它们通过物质时的吸收曲线符合指数规律。

就在人们觉得不应再怀疑 β 射线是由单能电子组成时,英国实验物理学家威耳逊 (W. Wilson) 的发现引起物理学界对这一问题的重新思考。1909 年,威耳逊正在进行电子的电离效应与电子速度关系的研究,在一系列实验中,其中的一个是测量电子通过物质时的吸收率。威耳逊在审查研究方案时发现,虽然当时已有 β 射线电子通过物质时的吸收曲线符合指数规律的结论,但这个结论只是建立在 β 射线是单能电子的假设之上,并没有得到实验证明,有必要进行验证。威耳逊首先从 β 衰变的电子射线中分离出一束动量完全相同的电子,测量它们通过物质时的吸收率,发现其吸收曲线是线性的而并非指数的。威耳逊又通过计算得出,如果电子通过物质时吸收曲线是指数的,电子的能量就应是连续的而不会是单一的。为了验证这一结果,威耳逊让一束能量相同的 β 射线通过特殊的吸收体而变成具有连续的能量,再测量这些具有连续能量的 β 射线通过物质时的吸收率。结果表明,具有连续能量的 β 射线通过物质时的吸收曲线正好符合指数规律。

1909 年,迈特纳等人改进了实验设备,用磁偏转谱仪再次研究 β 射线电子的能量问题。迈特纳等人开始时用两种分别含有不同放射性核素的物质作为样品,对于每一种样品,感光板上只拍摄到了一条谱线,这个结果支持了当时关于一种放射性核素只能辐射一种能量的 β 射线的观点。但是,后来迈特纳在实验中发现单一核素辐射的 β 射线有多条谱线,又觉得以前的结论有问题。与此同时,卢瑟福也用类似的照相方法拍摄到 ^{214}Pb 和 ^{214}Bi β 衰变的 29 条谱线。

此后不久,英国实验物理学家查德威克 (J. Chadwick) 也开始考虑 β 衰变中电子能量的问题。查德威克认为,虽然卢瑟福曾指出照相方法能强化弱的电子能谱线相对于由 γ 射线和散射电子在感光板上形成的连续背景的显示,但在还不清楚对具有不同能量的电子的照相效果的前提下,这种方法很难成功。事实上,当时利用磁偏转谱仪发现的能谱线并不是从放射性原子核内辐射的,而是从原子的电子轨道上辐射的,是由于伴随着 β 射线从原子核内辐射的 γ 射线在轨道电子上的内转换引起的,它们实际上只占全部 β 射线的小部分,大多数真正来自原子核内的 β 射线在感光板上难以看到。

1914 年,查德威克用盖革计数器测量 β 射线的散射能谱,发现电子的能量是连续的[3]。从 1919 年起,艾利斯 (C. Ellis) 便开始探索 β 射线电子的能量问题,他首先把核内和核外辐射的电子分开,测出了连续的 β 衰变能谱。虽然这并不能说明 β 衰变中电子的能量不同,但艾利斯认为,如果 β 衰变电子的能量不同,那么衰变电子的平均能量就应等于能谱的平均能量。由此,艾利斯想到了测量 β 衰变的热效应,如果测到的 β 衰变热效应所对应的能量明显大于观察到的 β 衰变连续能谱的平均能量,则说明所有的 β 衰变电子是以同一能量发射出来;反之,如果两者相等,则说明衰变电子是以不同能量发射出来,而表现为连续谱。

3.2.2　泡利假说

1925 年,艾利斯和伍斯特 (W. Wooster) 在剑桥大学的卡文迪什实验室用一台精细的微量热器测量 β 射线的热效应,这台量热器的壁相当厚,能够吸收放射源辐射的全部 β 射线,艾利斯当时使用的放射源是 ^{210}Bi。1927 年该工作获得成功,测量得出每次 β 衰变的热效应为 (344 ± 40) keV,与用电离法测出的 ^{210}Bi 的 β 衰变能谱的平均值 (390 ±

60)keV 符合得相当好。但是,迈特纳当时并不认同这个结果。1930 年,迈特纳和奥斯曼(W. Orthmann)发表了用改进后的仪器得到的测量值,每次 β 衰变的平均能量为(337 ± 20)keV,与艾利斯等人的结果几乎相同。在此实验结果发表之前,迈特纳就曾写信给艾利斯:我们的工作证实你们的结果完全正确,虽然对此还不能理解,但看来已不能再怀疑 β 衰变电子能量不同的假设。艾利斯的工作为泡利提出中微子假说和费米建立 β 衰变理论创造了条件,得到了物理学界的高度评价。

3.2.3 中微子假说

β 衰变中的能量守恒问题催生了中微子假说理论,泡利深入考虑后认为在 β 衰变中不仅能量看起来不守恒,而且自旋和宇称也不守恒。但泡利认为,只要假设在 β 衰变中原子核不仅辐射出电子,而且同时还放出一个穿透力极强、且质量几乎为零的并服从费米 – 狄拉克统计的中性粒子,所有问题便可迎刃而解。1930 年 12 月,泡利在写给蒂宾根物理会议的公开信中首次提出了这一观点,但与会代表认为这有点怪异。1931 年 6 月,泡利在美国物理学会的帕萨狄纳会议上再次提出了这一假说,与会的大多数物理学家仍持怀疑态度。1933 年 10 月,泡利在索尔维会议上第三次提出他的假说,终于得到与会物理学家的讨论和接受。参加会议的费米刚读过狄拉克的辐射理论,非常清楚地理解了泡利的思想,并提出把泡利假设的中性粒子命名为中微子(Neutrino)。索尔维会议结束后,费米立即根据泡利的中微子假说着手构建 β 衰变理论,至此,β 衰变中电子能量的问题基本得到解决[4]。

3.2.4 费米理论

在泡利的中微子假设基础上,费米提出的 β 衰变的基本过程是:原子核中的一个中子转变为质子,或者一个质子转变为中子。对应 β 衰变三种情况的过程,分别用基本粒子相互作用表示为

$$\beta^- 衰变: n \rightarrow p + e^- + v_e \tag{3.6}$$

$$\beta^+ 衰变: p \rightarrow n + e^+ + v_e \tag{3.7}$$

$$EC: p + e^- \rightarrow n + v_e \tag{3.8}$$

中子和质子可以看成是同一个核子的两个不同的量子状态,它们之间的相互转变就相当于一个量子状态跃迁到另一个量子状态,在跃迁中放出电子和中微子,电子和中微子事先并不存在于原子核中。与原子发光不同的是,引起原子发光的是电磁场与轨道电子的相互作用,而 β 衰变是电子 – 中微子场与原子核的相互作用,这是一种新的相互作用,称为弱相互作用。β 衰变的初态是母核,末态有子核、电子和中微子 3 个粒子,引入中微子变量后,利用三体相互作用理论就能很好地解释 β 谱的连续性问题了。

3.2.5 中微子基本特性

1. 来源

中微子在自然界广泛存在,太阳、宇宙射线、核电站、加速器等都能产生大量中微子。太阳内部核反应产生大量中微子,每秒钟通过人们眼睛的中微子数以 10^9 计。

2. 基本粒子

中微子是一种令人难以捉摸的基本粒子,有三种类型,即 e 中微子、μ 中微子和 τ 中微子,分别对应于相应的轻子,即 e、μ 子和 τ 子。

3. 电荷与质量

所有中微子都不带电荷,不参与电磁相互作用和强相互作用,但参与弱相互作用和引力相互作用。它们的质量非常小,其飞行速度非常接近光速,到目前为止也没有测出与光速的差别。

4. 弱相互作用

粒子间的各种弱相互作用会产生中微子,而弱相互作用速度缓慢正是造就了恒星体内"质子 – 质子"反应的主要障碍,这也解释了为什么中微子能轻易地穿过普通物质而不发生反应。太阳体内有弱相互作用参与的核反应会产生 10^{38} 个中微子/h,畅通无阻地从太阳流向太空。据估算,来自太阳的中微子约有 10^{15} 个/h 穿过每个人的身体,甚至在夜晚,太阳位于地球另一边时也一样。

3.3 β 射线与物质相互作用

研究物质对射线的吸收规律及不同物质的吸收性能,在了解核性质和核参数、核辐射防护方面都有重要意义。根据物质对该射线的吸收性来选择合适的材料和必要的厚度,有助于对某种辐射进行有效屏蔽。

3.3.1 相互作用方式

1. 非弹性散射

β 射线电子与物质原子的核外电子发生非弹性碰撞,使原子激发或电离,电子损失能量,称为电离损失;相比于 α 粒子,β 粒子的比电离值较小,电离本领较弱。例如,4MeV 的 α 粒子在水中能产生 3000 对/μm 电子—离子对,而 1MeV 的 β 粒子只产生 5 对/μm 电子—离子对。

2. 轫致辐射

电子受物质原子核库仑场的作用而被加速,根据电磁理论,作加速运动的带电粒子会发射电磁辐射,称为轫致辐射损失。入射的 β 粒子受到靶物质原子核库仑场的作用,使它的运动速度大小和方向发生变化,即有加速度时,总是伴随着发射电磁波,产生轫致辐射。根据电磁理论,电磁波的振幅正比于加速度,而加速度正比于入射带电粒子和原子核之间的库仑力,即加速度正比于 $z \cdot Z \cdot e^2/m$,其中,m 为入射粒子的质量,z、Z 分别为入射粒子的电荷数和靶物质的原子序数。电子的辐射损失率或电子的轫致辐射强度比 α 粒子、质子和重离子要大得多。例如,在速度相同的情况下,电子的轫致辐射是 α 粒子和质子的 10^6 倍。电子与靶物质发生轫致辐射的能量损失率与靶原子序数的平方成正比,电子打到重元素靶物质中,更容易发生轫致辐射。而电离损失率与 Z 成正比,从电离损失考虑,应采用高 Z 元素来阻挡 β 粒子,然而这会产生很强的轫致辐射,反而起不到防护作用,所以应采用低 Z 元素防护 β 粒子。例如,2MeV 的电子,它的辐射损失占总的能量损失的比例,在有机玻璃中为 0.7%,而在铅中为 8%,这一特性对选择合适的材料来阻挡 β 粒子很重要[5]。

3. 弹性散射

β 粒子与靶物质原子核库仑场作用时,只改变运动方向而不辐射能量的过程称为弹性散射。β 射线在物质中与原子核的库仑场发生弹性散射,使 β 粒子改变运动方向,偏离原来方向,造成原方向的射线强度减弱。由于电子的质量小,散射角度可以很大(比 α 的散射角度要大得多),而且会发生多次散射,最后偏离原来的运动方向。入射电子能量越低,靶物质的原子序数越大,散射也就越剧烈。β 粒子在物质中经过多次散射,其最后的散射角可以大于 90°,这种散射称为反散射。进入吸收物质表面的电子,能从表面散射回来,因而造成探测器对这部分电子的漏计数;或电子从源衬托材料上反散射进入探测器,使计数增加。低能电子在原子序数 Z 高、样品厚的物质上的反散射系数高达 50% 以上。在实验中,宜用低 Z 物质来做源的托架,以减少反散射对测量结果的影响。β 粒子的反散射也可用来进行金属薄层(如镀层)的厚度测量。

4. 正电子与物质相互作用

正电子通过物质时也像负电子一样,要与核外电子和原子核相互作用,产生电离损失、辐射损失和弹性散射。尽管负电子和正电子与它们作用时受的库仑力方向不同,或为排斥力或为吸收力,由于它们的质量相等,因此能量相等的正电子和负电子在物质中的能量损失和射程大体相同。可是,正电子有其明显的特点:高速电子进入物质后很快被慢化,然后在正电子径迹末端遇负电子即发生湮没,放出 γ 光子。正负电子湮没放出的 γ 光子称为湮没光子。从能量守恒考虑,在发生湮没时,正、负电子动能为零,所以两个湮没光子的总能量应等于正、负电子的静止质量能 $2M_0C^2$,同时,从动量守恒考虑,由于湮没前正、负电子的总动量等于零,湮没后两个湮没光子的总动量也应为零,因而,两个湮没光子能量相同,各等于 $M_0C^2 = 0.511 \text{MeV}$,两个光子的发射方向相反。

3.3.2 减弱与吸收

β 衰变所释放的 β 粒子能谱是连续分布的,一种核素发射 β 粒子的最大能量是一定的,平均能量为最大能量的 1/3 ~ 1/2,此处 β 粒子强度最大(图 3-6)。β 粒子比 α 粒子具有更大的射程。例如,在空气中能量为 4MeV 的 β 射线的射程是 15m,而相同能量的 α 粒子射程只有 2.5cm。由于电子质量小,在电离损失、辐射损失和与核的弹性散射过程中,每次相互作用的能量转移总是较大,电子运动方向有很大的改变,β 粒子穿过物质时走过的路十分曲折,因而路程轨迹长度远大于它的射程。

如图 3-7 所示,一束初始强度为 I_0 的单能电子束,当穿过厚度为 x 的物质时强度减弱为 I,强度 I 随厚度 x 的增加而减小,且服从指数规律,可表示为

$$I = I_0 e^{-\mu x} \tag{3.9}$$

式中 I——穿过厚度为 x 的物质后电子束强度;

I_0——初始电子束强度;

μ——该物质的线性吸收系数。

实验指出,不同物质的线性吸收系数有很大差别,但是随原子序数 Z 的增加,质量吸收系数 $\mu_m = \mu/\rho$(ρ 是该物质的密度)却只是缓慢地变化,因而常用质量厚度 $d = \rho x$ 来代替 x,于是式(3.9)变为

$$I = I_0 e^{-\mu d} \tag{3.10}$$

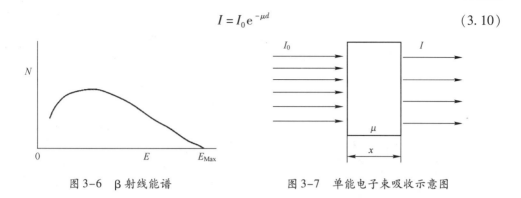

图 3-6　β 射线能谱　　　　　　　图 3-7　单能电子束吸收示意图

由于 β 射线不是单一能量,这会使吸收曲线偏离指数规律,接近于线性分布规律,如图 3-8 所示。

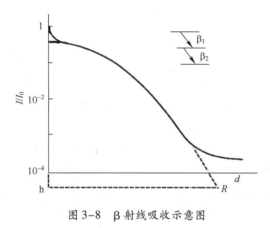

图 3-8　β 射线吸收示意图

β 射线的射程与 β 射线的最大能量之间,有经验公式相联系。如吸收物质是铝,则当射程 $R > 0.3 \mathrm{g/cm^2}$ 时,$E = 1.85R + 0.245$,其中 E 为 β 射线的最大能量,单位为 MeV。

3.3.3　射程

β 射线或单能电子束穿过一定厚度的吸收物质时强度减弱的现象称为吸收。图 3-9 为测量铝对 β 射线的吸收实验示意图。

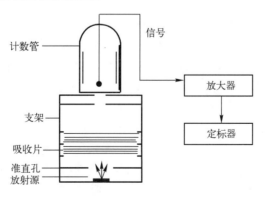

图 3-9　铝对 β 射线的吸收实验

　　从该实验中,可求得射程 R,并通过射程求出 β 射线的最大能量。β 射线穿过吸收片后,到达探测器,记录它的强度随吸收片厚度的变化,作图得到吸收曲线。由于电子的散射,即使吸收片很薄时,有部分电子也会偏离原来的入射方向,不能到达探测器;只有方向改变小的那些电子才能到达探测器被记录,所以电子的吸收曲线一开始就立即下降。当吸收片增加时,电子能量不断损失,散射偏转越来越大,到达探测器的电子数越来越少,渐渐趋近于零。对 β 谱中每一小能量间隔内的电子,可以认为它遵循线性吸收规律,但由于 β 谱中电子能量连续分布,不同能量的电子其吸收曲线的斜率不同,线性叠加结果,对 β 谱的主要部分来讲,吸收曲线近似为指数曲线,因此,对 β 粒子没有确定的电子射程可言。可以用 β 射线能谱中电子最大能量 E 所对应的射程来表示 β 射线的射程,称 β 射线的最大射程为 R_β,在吸收曲线上外推到净计数为零的地方即为 R_β。β 粒子的最大射程与其最大能量之间的关系只能用经验公式表示,这样的经验关系式同样适用于单能电子情况。对于铝吸收体,β 粒子射程与能量之间有下列经验公式[6]:

　　当 0.15MeV $< E <$ 0.8MeV 时,有

$$R_{\beta.\,max} = 0.407E^{1.38} \tag{3.11}$$

　　当 0.8MeV $< E <$ 3MeV 时,有

$$R_{\beta.\,max} = 0.542E - 0.133 \tag{3.12}$$

式中　$R_{\beta.\,max}$——β 射线的最大射程(g/cm^2);

　　　　E——β 射线的最大能量(MeV)。

　　β 射线的最大射程以质量厚度为单位。这样,可以避免直接测量薄吸收体线性厚度所带来的较大误差,而面积和质量的测量误差可以较小。在讨论电子的能量损失和射程时用质量厚度来表示靶厚度是很有用的,β 粒子穿过相同质量厚度的不同吸收物质时,与粒子发生碰撞的电子数目大体相同,所以用质量厚度表示时,对 Z 相差不是很大的靶物质,其阻止本领和射程大体相同。对那些原子序数相近的物质(例如空气、铝、塑料和石墨等),尽管它们的密度差异很大,但射程值(以质量厚度为单位)却近似相同。这样,关于射程 – 能量的经验公式(3.11)和式(3.12)不仅对铝适用,而且对于那些原子序数和铝相近的物质也都近似适用。

3.4　β 测量仪器

　　β 测量仪器是利用 β 粒子与探测器介质相互作用特性对 β 粒子进行测量的核仪器。它是根据不同的测量对象和需求,配置不同的探测器和与其相适应的信号处理系统,构成完整的 β 测量仪器。适用于配置 β 测量仪的探测器主要有电流电离室(见本书第 2 章 2.3.1 节)、半导体探测器(见本书第 2 章 2.3.3 节)、GM 计数管(见本书第 2 章 2.3.1 节)、闪烁体计数器(见本书第 2 章 2.3.2 节)等。

3.4.1　GM 计数器

　　1928 年,德国物理学家盖革(H. W. Geiger)和米勒(E. W. Muller)发明了气体电离探测器(见图 2 – 4),称为 GM 计数器。GM 计数器利用带电粒子穿过电离室气体时使气体离子化,释放的自由电子在电场作用下加速,电离其他原子,释放出更多的电子,用静电

计记录每一个通过的粒子,达到粒子计数的目的。GM 计数器是一种专门探测电离辐射
(α、β、γ)强度的计数仪器,是最常用的一种金属丝计数器。

对 GM 计数器更进一步详细介绍,见本书第 2 章 2.3.1 节,在此不再赘述。需要特别
说明:当被测对象同时存在多种射线(α、β、γ)时,通过适当地选择加在丝极与管壁之间
的电压,就可以对被探测粒子的最低能量进行选择,从而对射线的种类加以甄选。

3.4.2　低本底 α、β 弱放射性测量仪

低本底 α、β 弱放射性测量仪是既可记录 α 粒子强度,又可记录 β 粒子强度的核仪
器。该仪器主要用金硅面垒型半导体探测器作为探测元件,配以核电子学及其数据处理
系统组成。该仪器的探测灵敏度高、本底计数低;对^{239}Pu 标准源,2π 立体角、每分钟的 α
探测效率大于 60%;对^{90}Sr + ^{90}Y 标准源,2π 立体角、每分钟的 β 探测效率大于 30%。该
仪器主要用于低水平环境样品的放射性活度测量,亦可用于测量环境保护、视频、生物制
品、饮用水及其他微弱 α、β 弱放射性样品的活度,也可用于河流水底泥煤炭、建材、土壤
中 α、β 放射性水平的监测。

3.4.3　闪烁计数器

闪烁计数器(Scintillation Counter)是指利用射线或粒子引起闪烁体发光并通过光电
器件记录射线强度和能量的探测装置。1911 年卢瑟福借助显微镜观察到单个 α 粒子在
硫化锌上引起发光。他又于 1919 年用荧光屏探测器第一次观察到 α 粒子轰击氮产生氧
和质子,这便是闪烁计数器的雏形。正式的闪烁计数器是 1947 年由科尔特曼和卡尔曼
发明的。自此,开始了现代闪烁计数器的迅速发展,各种闪烁体层出不穷,根据测量对象
的不同,由不同闪烁体分别组成品种繁多的闪烁计数器。由于闪烁计数器具有探测效率
高、分辨时间短、使用方便和适用性广等特点,其拓展非常迅速。

闪烁计数器的核心部件是闪烁体探测器,而闪烁体探测器就是利用闪烁体的发光特
性制成探测器,闪烁体则是指与辐射相互作用之后能产生闪烁光子的物质。对于闪烁体
探测器的详细介绍,见第 2 章 2.3.2 节。

闪烁计数器的基本结构(图 2 - 7),主要由光电倍增管、收光系统、放大器、脉冲幅度
分析器、样品系统组成。

(1)光电倍增管将光阴极检测到的光子线性放大,转换成脉冲,其幅度将直接正比
于光阴极检测到的光子数,实现正比计数。

(2)光收集系统包括样品瓶及样品室,其设计原则是两光电倍增管相互之间观察到
的面积最小,以减少串光,减少光子传输过程中的损失,达到既提高探测效率又减少本底
的效果。

(3)脉冲幅度分析器是一种电子学的检测器,由阈值不同的两个幅度甄别器组成,
幅度脉冲只有在两者之间方予通过,此范围之外的所有脉冲都将被甄别掉。幅度范围相
当于电子学的"窗",其宽度由两个阈值所决定,且可以通过调节上甄别和下甄别的阈值
来调节。

(4)样品系统包括样品瓶(分析物和闪烁液)、样品架等。

闪烁计数器的基本工作原理是依据射线与物质相互作用产生荧光效应。首先闪烁

体分子吸收射线能量成为激发态,再回到基态时将能量传递给闪烁体分子,闪烁体分子由激发态回到基态时,发出荧光光子。荧光光子被光电倍增管(PM)接收转换为光电子,再经倍增,在 PM 阳极上收集到好多光电子,以脉冲信号形式输送出去。将信号符合、放大、分析、显示,表示出样品中放射性强弱与大小。

3.4.4 液闪测量仪

液体闪烁测量(简称液闪测量)是借助闪烁液作为射线能量传递的媒介来进行的一种放射性测量技术,它是闪烁探测技术的一种。该技术特点是将待测样品完全溶解或均匀分散在液态闪烁体之中,或悬浮于闪烁液内,或将样品吸附在固体支持物上并浸没于闪烁液中,与闪烁液密切接触。因此,射线在样品中的自吸收很少,也不存在探测器壁、窗和空气的吸收等问题,几何条件接近 4π。所以,液闪测量对低能量、射程短的射线具有较高的探测效率,尤其是对样品中的 ^3H 和 ^{14}C 探测效率显著提高。目前商品供应的液体闪烁谱仪对 ^3H 的计数效率可达 50% ~ 60%,对 ^{14}C 及其他能量较高的 β^- 射线可高达90% 以上。由于 β^- 射线的电离密度大、在闪烁液中的射程短,绝大部分 β^- 粒子的能量在闪烁液中被吸收;又因闪烁过程中产生的光子数与 β^- 射线的能量成正比,因而液体闪烁法也可用于 β^- 谱测定。液闪技术还可用于探测 α 射线、β^+ 射线、低能 γ 射线,液闪仪也可用于契伦科夫(Cerenkov)辐射、生物发光和化学发光等方面的测量。液闪计数器不仅用于 ^3H 和 ^{14}C 的测量,还可用于 ^{32}P、^{33}P、^{35}S、^{45}Ca、^{55}Fe、^{36}Cl、^{86}Rb、^{65}Zn、^{90}Sr、^{203}Hg 等含有放射性核素的动植物、微生物和非生物样品测定。在示踪研究领域中,特别在医学、生物学领域,液闪测量技术已成为最常用的检测技术之一。

3.4.5 β 磁谱仪

β 磁谱仪是研究 β 粒子能谱的磁偏转系统谱仪。在原子核 β 衰变过程中,放射性原子核通过发射电子和中微子转变为另一种核,产物中的电子称为 β 粒子。β 粒子是高速的电子,由于带负电荷,会受电磁场影响。β 磁谱仪是利用 β 粒子在磁场中偏转的大小与其动量有关的原理测量 β 粒子能量的仪器,它具有高的分辨率和高精度,可对 β 粒子的能量做绝对测量。

β 磁谱仪利用垂直方向的磁场使 β 射线束偏转聚焦,按能量分布区分开来。磁聚焦 β 谱仪简称 β 磁谱仪。在 β 谱的高能部分中 β 粒子的速度接近光速,单用电场聚焦性能不好。常见的 β 谱仪是以磁聚焦为主的,磁聚焦谱仪大致可以分为两种,一种是纵向聚焦磁谱仪,谱仪中 β 粒子的运动轨迹大致同磁场方向平行,如磁透镜 β 谱仪。这种谱仪的透过率较高,分辨率较差,其数值都在 1% 左右。另一种是横向聚焦磁谱仪,谱仪中 β 粒子的运动轨迹大致同磁场方向垂直,这种谱仪的透过率很低,但是分辨率较好。后来研制的双聚焦(在磁场的径向和轴向都聚焦)β 谱仪,分辨率和透过率都有很好的改进,如果放射源的大小合适,这种 β 谱仪的透过率在 0.1% 左右,而分辨率可以小于 0.1%。

3.5 常用 β 测量方法

自 1898 年新西兰物理学家卢瑟福发现 β 射线以来,历经一百多年的探讨和研究,对

β 射线的测量已逐渐形成较为成熟的方法。尤其是对 ^3H、^{14}C、^{32}P 等释放 β 射线的常用放射性核素的测量,已形成广泛应用的分析方法。对 β 射线的测量主要是相对测量,其方法是先测出在某种条件下计数器对标准源的基数效率,然后以在同样条件下测得的待测样品的计数率(计数/min)除以计数效率,即为待测样品的放射性活度(衰变数/min)。

3.5.1　液闪测量

液闪测量技术主要用于探测一些低能 β 核素示踪原子的放射性样品,目前已在工业、农业、生物医学、分子生物学、环境科学、考古与地质构造等领域的核素示踪与核辐射测量中发挥了重要作用。在细胞与分子生物学方面,用液闪仪测量 ^3H、^{14}C、^{32}P 等放射性体内或体外标记核素,可研究细胞生物体内核酸、蛋白质等生物大分子的合成、降解代谢及其转化途径。尤其在核酸分子标记及分子杂交、探针制备、动物和人体体内内分泌及其他生理代谢行为研究等方面应用更为广泛。环境科学研究方面,可利用液闪测量标记示踪原子,研究有毒有害物质在环境体系的行为、去向和污染程度,包括用于重金属和农药等污染研究,以及在环境中水体、大气、土壤、居室内放射性天然背景值的监测。检验检疫中利用低本底液闪仪检测大理石的放射性、进行红酒的鉴别和食醋的鉴别等。

3.5.1.1　测量原理

液闪测量是对分散在闪烁液中的放射性样品进行直接计数,样品所发射的 β^- 粒子的能量绝大部分先被溶剂吸收,引起溶剂分子电离和激发。大部分受激发分子(约90%)不参与闪烁过程,以热能的形式失去能量;其中部分激发的溶剂分子处于高能态,当其迅速地退激时,便将能量传递给周围的闪烁剂分子(第一闪烁剂),使之受激发。受激发的高能态闪烁剂分子退激复原时,能量发生转移,在瞬间发射出光子。当光子的光谱与液体闪烁计数器的光电倍增管阴极的响应光谱相匹配时,便通过光收集系统到达光电倍增管的阴极,转换成光电子,在光电倍增管内部电场作用下,形成次级电子,并被逐级倍增放大,阳极收集这些次级电子后,便产生脉冲。再利用放大器、脉冲幅度分析器和定标器组成的电子线路,得到脉冲幅度谱,即 β^- 能谱,最后被记录下来。整个闪烁过程发生在闪烁杯内,是通过射线、溶剂与闪烁剂作用完成的。闪烁液中溶剂分子占99%以上,闪烁剂分子的浓度一般在1%以下。由于各种第一闪烁剂分子固有的发光光谱各不相同,为与光电倍增管的光电阴极响应光谱相匹配,通常需加入第二闪烁剂,以达到光谱匹配的目的。

3.5.1.2　闪烁液

闪烁液是产生闪烁过程的基础和能量转换的场所,是由一种或多种溶剂、闪烁剂和添加剂等成分组合而成的混合液体。

1. 溶剂

溶剂是溶解闪烁剂和样品的介质,也是初始能量的吸收剂和转化剂,它能接受辐射能。初始激发发生在其分子中,并能有效地将辐射能转移给闪烁剂。按照溶剂的相对数量和在闪烁过程中所起的作用,常分为第一溶剂和第二溶剂。

(1)第一溶剂。第一溶剂是初始能量的吸收剂和转化剂。在电离辐射作用下,其分子被激发转变为初始激发分子,退激发时,将能量传递给第二溶剂或闪烁剂分子。常用的第一溶剂为烷基苯,如甲苯、二甲苯、对二甲苯、异丙基二联苯和1,2,4 - 三甲苯。后三种溶剂的效率比前两种高,但由于价格昂贵,其应用不如前两种广泛。烷基苯类的最大缺点是不能与水互溶,对多数生物样品的溶解能力差,但仍是目前最常用的溶剂之一。另一类常用的第一溶剂是脂肪族醚类溶剂,它对极性化合物溶解力低,能量传递效率不高。对于含水量较多的生物样品,1,4-二氧六环是首选,它能容纳大量的水,本身又是很多极性化合物的良好溶剂。其缺点是:有时含有氧化物等杂质,化学发光严重。腈类化合物中的苯腈传递能量效率相当高,其猝灭耐受性较好,是一种性质较好的第一溶剂,但毒性大,价格高,不宜常规使用。因对不少金属盐有较强的溶解能力,可在特殊实验中选用。绝大多数极性溶剂(如乙醇、乙二醇、二甲醛等)的能量传递效率低,不能作为闪烁液的主要溶剂,但对不少极性化合物有较强的溶解能力,并能促进水与二甲苯等非极性溶剂互溶。因此这类溶剂常被用作助溶剂。

(2)第二溶剂。为提高探测效率,有时在第一溶剂中加入第二溶剂,它的作用是吸收第一溶剂的能量,并将能量有效地传递给闪烁剂。如在效率低的溶剂或猝灭严重的样品中加入适量的萘,能显著地提高探测效率。一般认为萘是能量的中间传递者,所以称为第二溶剂。萘的使用浓度为60~150g/L,浓度过高时加入水溶性样品后会析出萘结晶,影响实验的稳定性和探测效率。各类溶剂性能不同,选择溶剂时主要依据能量传递效率,其次要考虑对样品的溶解能力、溶剂的冰点、纯度以及对荧光的透明度。一般来说,把甲苯和二甲苯作为脂溶性或固相样品的溶剂,二氧六环作为水溶性样品的溶剂。

(3)溶剂的纯度及配制。溶剂的纯度通常是很重要的,纯度越高,计数率越高。当有少量的某种化合物存在于溶剂时,几乎能使溶液的闪烁率下降到零。溶剂纯化的目的是将能产生猝灭作用的杂质去除,以提高计数效率;同时可以去除其中的化学发光物质,以提高计数的准确率。通常溶剂要求达到AR级或至少CP级。闪烁液配制时要注意配伍禁忌。为了提高测量效率,第一溶剂常与助溶剂萘配伍使用,若配伍不当便出现相反结果。如萘与TP合用时溶于二甲苯中,则不但不提高计数效率,反而使计数率显著下降。萘和TP合用于二氧六环中虽能提高效率,但远不如与PPO合用效果好。过氯酸加入到含POPOP或bis-MSB的闪烁液中,会出现黄色,效率明显降低。

2. 闪烁剂

闪烁剂(scintillator)为闪烁液中的发光物质,是闪烁液的重要组成成分,也是光子的有效来源。所以,对闪烁剂的要求,主要是探测效率高,猝灭耐受性好,在溶剂中有一定的溶解度,化学性质稳定,发射光谱与光电倍增管的响应光谱相匹配。具备上述特点的闪烁剂可以单独使用。常用的闪烁剂是由苯基、萘基、恶唑、联二苯基、苯恶唑和1,3,4-恶二唑等基本结构与一些辅助基团组成的。

(1)第一闪烁剂。第一闪烁剂的作用是吸收退激溶剂分子发出的能量,使自身被激发,并在退激时发射出光子。对它的要求是发光效率高,猝灭耐受性好,发光衰减时间短,发射光谱要与光电倍增管的光谱相匹配。第一闪烁剂主要是从与其相接触的退激溶剂分子那里获得能量,它的浓度能影响探测效率。当其浓度增加到一定值时,计数率不会再增加,此时浓度称为最佳浓度。当浓度继续增加时,发生自猝灭而导致计数效率下降。不同的闪烁剂应该有其最佳使用浓度。大多数闪烁剂在最佳的浓度范围(7~10g/L)内,能量传递效率接近100%。但是在使用时闪烁剂的浓度必须通过预实验具体选定,因为溶剂不同或有猝灭剂存在时,最佳浓度会发生变化。在选择第一闪烁剂的浓度时应注意以下几点:第一闪烁剂的溶解度;闪烁剂分子间的相互作用;闪烁剂的自吸收作用;闪烁剂与猝灭物争夺能量的本领,或者各种闪烁剂对猝灭剂的耐受能力(如 PBD > b – PBD > PPO > TP)。

(2) 第二闪烁剂。液体闪烁过程的最终阶段是改变所产生的光谱波长,使之与所用的光电倍增管的光阴极波长相匹配。当两者不相匹配时,就需要加入少量的第二闪烁剂。第二闪烁剂是与第一闪烁剂相类似的、能发射荧光的芳香族物质,通常的用量约为第一闪烁剂的 1/10 ~ 1/50。通过非辐射性的能量转移接受第一闪烁剂的激发态的能量,使自身的电子受激发,随后发射出光子。其光谱取决于第二闪烁剂分子的性质。这种能量转移的效率通常很高,但发射的光子的能量分布却向低能带移动,即向长波方向移动。因加入第二闪烁剂之后,能引起波长分布移位,所以,第二闪烁剂又称为移波剂。第二闪烁剂的第二个用处是在某些情况下可提高到达光电倍增管的光子数。工作中使用第二闪烁剂,能增加闪烁液的透光度,减少对波长短的光子的吸收,并能提高闪烁液对化学猝灭的耐受性。但使用装备双碱型光电倍增管的现代液体闪烁计数器时,除 TP 外,一般用 PPO 和 b – PBD 时都不需要用第二闪烁剂。在某些情况下,如采用大体积闪烁液测量,或当某些溶剂或玻璃材料对第一闪烁剂发出的紫外线有明显的吸收作用,或者样品有严重的化学猝灭时,仍需要用第二闪烁剂。

(3) 闪烁液的配制。根据需要,溶剂与闪烁剂可以多种方式组合成闪烁液。在实际工作中,多采用溶于甲苯或二甲苯内的 PPO – POPOP 或 Bu – PBD 系统,它也是其他特殊闪烁液的基础配方。此外,二氧六环能与水混合,可作为水溶性样品的溶剂,以代替甲苯或二甲苯。因在 12℃ 以下发生凝结,不适于低温下测量。储存时它能产生过氧化物,会造成强烈的猝灭。因此,应用时必须纯化,或加入 0.001% 二乙基二硫代氨基酸钠,或丁基氢氧基甲苯(BHT),以防止过氧化物形成。加少量醇类能降低其凝结温度。现在,也有商品化的闪烁液供应,一般与仪器配套,计数效率较高,且无异味。在比较不同的闪烁液体系的相对效率时,常用相对脉冲高度(Relative Pulse Hight,RPH)表示。具体的测定方法是:闪烁液中的闪烁剂处于最佳浓度,溶剂、放射性核素、放射性活度和仪器条件完全相同,以既定的 PPO 闪烁液输出脉冲高度为标准,其他闪烁液与之相比,两者脉冲高度的比值即 RPH。RPH 受许多因素的影响,如溶剂、闪烁剂、测量系统等。

3.5.1.3 样品制备

在液闪测量中,理想的、正规的测量方式是将样品均匀地溶解于闪烁液中进行测量。可是,医学生物学实验中,除脂类、固醇类或一些脂溶性药物易溶于烃类溶剂外,绝大部分样品必须预先处理再制备成为适合测量的样品。当然,在用 ^3H 和 ^{14}C 标记物作放射性示踪时,HPLC 分离纯化也是常用的方法,尤其是研究药代动力学和毒代动力学时,常常将流动式液体闪烁放射性检测器与 HPLC 联机,方便准确。选择样品制备方法时,主要考虑三个因素:样品的理化性质;放射性核素的性质;放射性活度的预计水平。对于一些不能直接溶于甲苯溶液的样品,有三种制备方法。

1. 化学提纯法

对于生物大分子物质(如蛋白质、氨基酸、核糖核酸)的放射性测量,因它们难以溶解或有盐类、糖类物质相伴随,可将样品加在玻璃纤维膜上,用冷冻的 5% 三氯醋酸或高氯酸洗涤,使蛋白质沉淀在膜上,脱色、干燥后将膜放入闪烁液中进行测量,或加入适量的氢氧化季铵将蛋白质沉淀溶解下来,以提高计数率。此外,对核酸类还可用相应的酶,将大分子降解为短链寡核苷酸和单核苷酸,然后用玻璃纤维膜进行分离;对核酸也可以用十六烷基三甲基铵盐进行选择性沉淀。沉淀物能溶于 α–甲氧基乙醇和甲醇中,用甲苯闪烁液测量。先用薄层色谱分离方法、聚丙烯酰胺凝胶电泳技术分离蛋白质和核酸,然后用固相法测量。

2. 消化法

此类方法常用于蛋白质、核酸、组织匀浆、血浆和尿等样品的制备。毛发、皮肤等组织,尤其是含挥发性的核素时,也常用消化方法进行组织处理和制备样品。

(1)碱性消化法。常用的碱性消化剂有无机碱和季铵盐两种。无机碱主要用 NaOH 或 KOH 的水溶液或甲醇溶液,使样品水解或溶解。方法:100mg 新鲜组织加入 2mol/L NaOH 水溶液 1,130℃下放置 0.5 ~ 3h,直至组织完全溶解为止。如果样品量少(少于80mg)或是半提纯、易消化的蛋白质和核酸,用 0.2 ~ 0.25mol/L NaOH 水溶液进行消化即可;季铵盐是碱性物质,又是表面活化剂,如海胺 X – 10,具有相当强的消化能力。方法:400mg 湿组织加入 1.5mol/L 海胺甲醇溶液 2mL,50 ~ 60℃保温 1 ~ 2h 组织可完全溶解。匀浆、血浆、尿和半提纯的核酸等样品易消化,不必加温,消化时间也可缩短。

(2)酸性消化法。用酸性消化液将生物标本制备成测量样品的方法称为酸性消化法。医学中常用的试剂有甲酸和过氯酸。过氯酸应用范围广,其中 $HClO_4$ – H_2O_2 酸性消化法操作简便、效果稳定,称为湿性氧化法。方法:将 100mg 欲消化的湿组织或 0.2mL 血浆中加入 60% $HClO_4$0.2mL 和 $H_2O_2$0.4mL,75℃水浴中放置 45min,完全消化溶解为无色液体,冷却后加到含乙二醇、乙醚的二甲苯 – PPO 闪烁液体中,可进行均相测量。此方法常用于啮齿类小动物体内的放射性分析。碱性消化法容纳组织量大,探测效率比酸性消化法高,但化学发光严重。加 2 ~ 3 滴 15% 抗坏血酸或 HCl 可以校正。有些 ^{14}C 标记样品氧化时形成 $^{14}CO_2$,不宜用湿性氧化法。无论是碱性消化法还是酸性消化法都只能使样品水解,而不能彻底氧化。

3. 燃烧法

燃烧法又称干性氧化法。该方法能把生物组织或有机物尽量地转化为 CO_2 和 H_2O,并可使样品中发生猝灭的物质降解。所以,燃烧法可能是分析组织内总放射性的最好方法,特别适用于放射性高的样品测量。对于含不挥发性核素(^{45}Ca、^{89}Sr、^{90}Sr、^{32}P 等)的实验动物体内的放射性分析,硬组织骨和牙齿的放射性样品制备,可采用燃烧。以马弗炉将动物尸体或组织灰化后,再用 HCl 制备样品。不同的组织,灰化的温度也不同。排泄物亦可用灰化方法制备样品。对于含挥发性核素的组织的处理,应用较多的燃烧方法有烧杯内燃烧法和塑料袋内燃烧法。先将干燥的样品放入耐高温的燃烧网中,密封通氧,通电加热引燃。待燃烧完毕,燃烧杯冷却后加入吸收剂。目前,KOH 被认为是较优秀的吸收剂。氨水可用乙醇或二氧基乙醇或乙醇胺吸收。有人曾推荐用含苯乙胺或含二氧基乙醇的甲苯 – PPO 闪烁液分别吸收 $^{14}CO_2$ 和 ^3H_2O,吸收率均为 97%。此类方法尚存在着一定问题:①存在溶解氧;②燃烧器皿易爆炸或破裂。现在多采用塑料袋作燃烧容器,初步克服了上述缺点,同时塑料袋不需要回收再用,省去燃烧后的去污处理。

3.5.1.4 测量方法

液体闪烁测量,可根据样品在闪烁液中存在的形式,分为均相测量与非均相测量两种。

1. 均相测量

均相测量即全部测量体系只包含一个相,是测量 β⁻ 辐射体的理想体系。测量结果稳定、重复性较好,不发生自吸收和局部支持物的吸收,能用各种猝灭校正方法进行校正,校正结果可靠。最简单的均相测量体系是 PPO 的甲苯溶液,并可根据样品的溶解度改变其组成。这种配方适用于纯的酯类、醚类、脂类和某些气体(特别是某些惰性气体)的测量。此外,该体系最大用途是用于蛋白质溶液的测量(蛋白质在季铵盐助溶剂中形成氨基甲酯,能与闪烁液完全互溶)。为了能和水溶性样品混合成均相溶液,则需加入甲醇或乙醇或乙二醇乙醚。大容量水溶液用二氧六环作溶剂。均相测量应注意:样品脱色时最好用 H_2O_2 或过氧化苯甲醚等氧化剂,但有时可引起严重的化学发光,所以应用时需特别注意。为避免样品易被闪烁杯壁吸收,在测量前要对闪烁杯进行处理,或加入非放射性载体,或改用塑料杯。测量前还应检查测量体系是否有分相现象出现。

2. 非均相测量

非均相测量是一个两相测量体系,绝大部分闪烁剂溶解在一相中,而含 β⁻ 粒子的样品几乎全部分散在另一相中。依据样品在闪烁液中存在的形式,非均相测量又分为固相测量、悬浮测量和乳状液测量。

(1) 固相测量。该方法主要用于测量不溶于闪烁液的样品。样品分散吸收在某种支持物上,干燥后直接放入闪烁液中进行测量。此法的优点是:制样简单,常常与样品的分离纯化结合起来,样品便于保存和重复使用。但由于局部支持物的吸收和样品的自吸收作用,难以作猝灭校正。根据使用支持物的不同,固相测量分为:

① 滤纸片法:将样品溶液均匀地滴在滤纸片上,抽滤后使之吸附在滤纸片表面,经洗涤、干燥后,把滤纸膜片浸入闪烁液中进行测量。与均相测量相比,滤纸膜片对其表面上的 ^{14}C 放射性吸收在 25% ~30% ,对 ^3H 的吸收更严重。

② 玻璃纤维片法:玻璃纤维片在生物化学研究中用途很广,它的优点是不会将物质吸收到纤维内部,并能用强酸处理。圆片能用乙醇、乙醚或丙酮快速干燥。根据干燥时间长短和含水量,可选用二氧六环闪烁液或甲苯闪烁液或甲苯与 Triton X – 100(2∶1)闪烁液测量。有时为了满足统计学上有足够的计数的要求,在闪烁杯内可叠加圆片,多达25 片也不会影响计数效率。在某些情况下将沉淀物的玻璃纤维圆片制成匀浆,也可提高计数效率。

③ 离子交换纸片法:在酶分析中它是一种特别有用的固相测量法。在这种酶分析体系中包含不带电荷的底物和已转化成带电荷的产物,后者能与圆片的离子相结合,未被转化的底物则被洗脱。测量洗涤前后圆片上的放射性,就能了解物质的转化程度。该方法曾用于胸腺嘧啶核苷激酶体系的产物测定。但此法易出现假象,测量也易受盐的干扰。

④ 纤维素酯膜:硝酸纤维素圆片应用广泛,具有弱离子交换活性,特别适用于核酸杂交实验。由于样品不同程度地进入纤维内部,能引起相应程度的猝灭。此外,将圆片与浓的氢氧化铵共同温育,沉淀物被溶解下来,对于 ^3H 或其他核素的均相测量特别有用。

(2) 悬浮测量。该法是 1965 年由 Hayes 提出的。悬浮测量具有一定的实用价值,至今还有人采用。目前,效果最好的悬浮液测量体系是 5% ~8% 甲基丙烯酸甲酯 – 联三苯

– POPOP 闪烁液,对^{40}K、^{90}Sr、^{137}Cs 的测量效率几乎达 100% 。

（3）乳状液测量。乳状液测量是针对水溶性样品的均相测量而设计的。乳状液测量方法借助于乳化剂的作用,使样品的水溶液分散成细小的液滴,稳定而均匀地悬浮在闪烁液中,并达到接近于 4π 的测量条件。这种测量系统在生物化学研究中很受重视。常用非离子去垢剂 Triton X – 100 作为乳化剂,其结构中苯环一侧的烷基为疏水基团,另一侧聚乙醇为亲水基团,所以具有乳化作用,能以任何比例单独与水或烷基苯混合。混合物的物理性状随三者的比例而变化,外观可为透明清亮液、半透明乳状液和白色乳状液。如果三者的比例不合适,在短时间内表现出分层现象。乳状液对温度变化相当敏感,室温变化可引起由一种状态转变为另一种状态。

3.5.2 ^{3}H 的测量

核电站运行期间,^{235}U 的裂变及一回路冷却剂的活化,都能产生大量的^{3}H。同时,^{6}Li、^{3}He 和^{10}B 等核素被中子轰击后也产生^{3}H。^{3}H 是纯 β 辐射体,且^{3}H 的 β 能量仅 18.6keV。HTO(氚化水蒸汽)是核电站排出流中^{3}H 的主要存在形态,向环境的排放会造成周围环境的污染。故不论是对反应堆厂房还是环境样品,监测^{3}H 都是非常必要的。对于以气态形式存在的 HTO 取样方法有冷冻法、干燥法和鼓泡法。核电站常采用简单、准确、快速的鼓泡法获取 HTO 液样。对于生物样品、食品样品等固体样品,可采用榨取、蒸发冷凝等方法获取其水分中的 HTO 液样,然后,将获取的 HTO 液样进行电解浓缩处理后,利用液闪法测量[7]。

3.5.2.1 测量原理

^{3}H 的测量是低水平总 β 测量。常用液闪法监测空气中的氚浓度。液闪(有机溶液闪烁探测器)由闪烁液和两个光电倍增管组成。闪烁液由作为溶质的有机闪烁体溶于一种相当的溶剂中制成。液闪探测器的工作过程:^{3}H 衰变发射的 β 粒子的能量首先被闪烁液中溶剂分子所吸收,转变为激发能,然后溶剂分子再把这种激发能转移给有机闪烁溶质的分子,使之激发,被激发的溶质分子退激时产生荧光,即转换成一定波长的光子。闪烁溶质发出的荧光被光电倍增管接收。在光阴极,光子转换为光电子,并在光电倍增管中倍增,形成脉冲信号输出。

闪烁液中,溶质分子可根据接受能量的来源分为两种:一种是直接接受溶剂转来的能量,经激发、退激而产生荧光,称为第一溶质;另一种有机闪烁体是接受初级闪烁体发出的荧光,经激发、退激而再发出较长波长的荧光,称为第二溶质。可作为闪烁体的材料较多,有 PPO,PPD,POPOP,PBBO 等。PPO 与 PPD 为第一溶质材料。从价格、效率、抗猝灭性能、溶解度等方面考虑,PPO 是目前工程上常用的第一溶质材料。POPOP,PBBO 为第二溶质。第二溶质的作用是转变发射光谱,使之与光电倍增管光阴极的光谱响应相一致,故常称为波长转移剂。

^{3}H 的 β 谱最大能量为 18.6keV,这样低的能量使得光电倍增管输出的脉冲只相当于几个光电子。闪烁探测器的噪声主要来源于光电倍增管光阴极热发射电子、闪烁体中长寿命磷光(由盛装闪烁液的容器壁及闪烁液装入探头前受到可见光等照射而激发出的衰减较慢的磷光)以及“化学发光”(样品 – 闪烁液中化学反应产生的光)。每个噪声脉冲都是由单个光电子引起的。为了从由几个光电子形成的信号脉冲中消除单个光电子形

成的噪声脉冲,除了采用有磷化镓高增益打拿极的低噪声双碱型光电倍增管以外,还要采用符合技术,使两个光电倍增管的输出脉冲输送到符合单元,同时也输送到相加、放大单元。两个光电倍增管同时产生的相关脉冲才使符合单元有真符合输出,而两个光电倍增管产生的噪声脉冲间是不相关的,这样噪声脉冲就被排除掉了。因此计数仅与液闪内产生的事件相对应。

相加电路把某一时间内两个光电倍增管产生的输出脉冲相加在一起,这就使得闪烁液中同一能量事件的脉冲叠加起来,使这些脉冲幅度大于噪声阈值,从而使计数效率增加,即增大信噪比。

3.5.2.2 获取 HTO 液样

使含 HTO 的气体通过一只装有无 ^{3}H 的蒸馏水或乙二醇作吸收介质的容器进行鼓泡,乙二醇具有吸水性强而饱和蒸汽气压低的优点。取样气体中的 HTO 通过气液两相交换被鼓泡容器中的吸收介质吸收,被收集到液相之中。这样,取样气体经过鼓泡器出来后,HTO 就被留在吸收介质中。图 3-10 为鼓泡法收集 HTO 蒸汽的原理图。

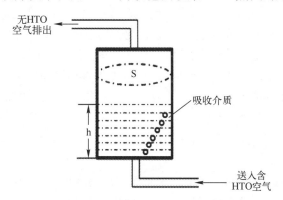

图 3-10 鼓泡法收集 HTO 原理图

收集效率 E 是这一取样装置的主要指标,鼓泡器收集效率 E 的近似公式为

$$E = M[1 - (M/M_0)^W]/[(Y - X) \cdot W \cdot V] \tag{3.13}$$

式中 $W = (\alpha - Y)(Y - X)^{-1} - 1, M = M_0 - \varepsilon(Y - X) \cdot V$;

M_0——取样的容器中水的质量(g);

M——取样后容器中水的质量(g);

V——流过鼓泡容器的含 HTO 气体体积(m^3);

X——含 HTO 取样气体的含水量(g/m^3);

Y——无 HTO 鼓出气体的饱和含水量(g/m^3);

ε——饱和系数,是指鼓入空气中所含 HTO 蒸汽被鼓泡器吸收的百分数;

α——同位素效应系数,是指鼓泡容器中两相交界面上蒸汽相与液相中的 HTO 的比活度在特定动力学条件下的比值。

由式(3.13)可知,确定饱和系数 ε 和同位素效应系数 α 是确定鼓泡器收集效率的关键。显然,取样气体流速越小,鼓泡器中取样介质越深,则饱和系数 ε 越大。由实验得知,对细小管状鼓泡器,当取样气体流速小于 2L/min 时,鼓泡器中取样介质深度不小于 120mm,则可保证气泡通过液相具有足够长的时间,即可认为满足 $\varepsilon = 1$ 的条件。在满足

$\varepsilon = 1$ 条件下,可利用冷冻－液闪测量法确定同位素效应系数 α。由实验可知,同位素效应系数 α 与进入鼓泡器中的取样气体的温度、吸收介质的深度、取样流速等都有关系。另外,收集效率 E 与鼓泡器的初始装水量、环境温度和湿度以及取样时间也有关系。一般来说,鼓泡器的初始装水量越大,收集效率越大;而环境的相对湿度大、温度低,则收集效率大。同时,累积时间过长,累积取样体积增大,则其收集效率下降。为解决因干燥空气等不利环境条件下初始装水量损失严重、收集效率低的问题,采用多级鼓泡器串接的方法,可提高鼓泡器的收集效率。但多级鼓泡器串接的方法,不但取样不方便,同时由于连接接口过多,易增加泄漏。因此,工程上一般采用二级串接鼓泡器进行 ^{3}H 的取样,含 HTO 的取样气体经累积流量计测量取样总流量,再由转子流量计测量进入第一级鼓泡器气体的流量,然后被吸收介质交换吸收,未被吸收的 HTO 气体将被第二级鼓泡器中的吸收介质所吸收,排出不含 HTO 的气体。通过阀门的调节,将取样气体的流速调到令人满意的希望值(如 2L/min)。利用合适的能清除吸附在鼓泡器壁上介质的溶剂从鼓泡器上端入口加入,浸泡一段时间后,从下端出口排出,反复多次,可将鼓泡器清洗干净。若污染严重时,可拆下鼓泡器进行专门清洗。因氚在鼓泡器中的记忆效应与取样气体 HTO 的浓度以及 ^{3}H 在水吸收介质中的滞留时间成正比,从这一方面考虑,累积时间不能过长,累积取样气体体积也不能过大。然而,累积气体不大时,水介质中 ^{3}H 的含量或 HTO 的浓度下降,不利于低水平液闪的直接测量,此时,可事先进行预浓缩处理。

对于环境中的生物样品、食品样品,一般直接采取榨取的方法获得含 HTO 水样。如果不能通过榨取手段获得,可以采取"溶解—蒸发—冷凝"法,先将样品溶解到干净的蒸馏水中,然后蒸发其溶液,获取含 HTO 的蒸汽,最后冷凝其蒸汽,得到含 HTO 的水样。

3.5.2.3　样品处理

不管是通过鼓泡法获得的反应堆厂房空气中或是环境空气中的含 HTO 水样,还是直接从反应堆排放废水中获得的含 HTO 水样、环境水样或是从环境中的生物样品、食品样品、土壤样品中获得的含 HTO 水样,其样品中都存在干扰因素,如盐分、有机物或无机杂质以及 ^{131}I、^{137}Cs、^{106}Ru 等放射性核素。除去这些核素,才能保证对 ^{3}H 的准确测量。并且,由于 ^{3}H 样品的活度可能弱到不能直接进行测量,故测量前应先对所获含 HTO 水样进行浓集。

去除干扰核素的方法很多,一般采用蒸馏法和沉淀法。在采用蒸馏法去除水样杂质时,通常要求二次蒸馏,即在常压下蒸馏去除盐分,再在酸性或碱性条件下回流,进一步去除无机和有机杂质。对易挥发性干扰核素,在蒸馏之前可采用沉淀或吸附法去除,如放射性核素碘的去除。当监测反应堆厂房空气中的放射性 ^{3}H 时,需在利用鼓泡法获取含 HTO 水样之前,采用活性炭吸附干扰核素碘蒸汽;当监测反应堆排放废水中的放射性 ^{3}H 时,对直接获取的含碘含 HTO 水样,蒸馏之前利用 AgI 沉淀法去掉干扰核素碘。利用亚铁氧化物的离子交换性质可有效去除 ^{137}Cs、^{96}Zr、^{95}Nb 和 ^{106}Ru 等核素。

浓集 ^{3}H 的主要方法有电解法和热扩散法、蒸馏法和色谱法等。电解法浓缩具有设备简单、操作方便、重现性好的优点,工程上一般采用此法。电解法浓集 ^{3}H 的原理是利用 ^{3}H 和 ^{1}H 电极反应活化能的差异,通过水的电解对使 ^{1}H 更多地进入气相,从而在液相中得到 ^{3}H 的浓集。浓集效果可用分离系数 η 来表示:

$$\eta = [(h/t)_Q]/[(h/t)_Y] \tag{3.14}$$

式中　η——浓集分离系数；

　　　h——^{1}H 的原子数；

　　　t——^{3}H 的原子数；

　　　Q——气相；

　　　Y——液相。

影响 η 的因素很多，主要有电解体系种类、电解质浓度、电极材料、电流密度及电解液温度等。电流密度对 η 有明显的影响，η 一般随着电流密度的增大而下降。但在低电流密度下，浓集时间增长，因此，需选合适的电流密度。通过测定浓集后水中 ^{3}H 的含量来计算原始水样中 ^{3}H 的含量，须事先利用标准氚样标定浓集装置的分离系数 η。如果使用中各环境条件变化，须进行修正。另一种方法是标定该装置的总回收率，使用条件若有改变，也须进行修正。

样品的处理过程较为复杂，^{3}H 在各种处理过程中都有损失。为此，如原始水样中杂质少（可在取样前先除杂质），测量样品时的误差不超出要求，而水样中 ^{3}H 的活度能够被测量仪器探测到，则不必对原样进行处理。必须对原始水样进行处理时，应该考虑处理过程中 ^{3}H 的损失，可用标准 HTO 水样示踪法测定。HTO 水样加到液闪溶液内，供测量用。

3.5.2.4　影响因素

待测含 ^{3}H 水样的加入，使闪烁液中光的产生受到抑制，或生成的光信号在转移到光电倍增管光阴极过程中减弱的现象称为猝灭。造成猝灭的原因主要有化学猝灭、微粒猝灭、颜色猝灭、稀释猝灭等。

1. 化学猝灭

化学猝灭即因样品的引入，其中的非被测元素使溶质分子得到的能量减少，从而导致产生的荧光数目减少。溶解氧能引起严重的化学猝灭。典型的化学猝灭物还有以 R – COR 表示的酮类，以 R – CHO 表示的醛类，以 R – I 表示的碘化物，及以 R – NO$_2$ 表示的亚硝基化合物。化学猝灭程度除与猝灭物有关外，还与猝灭物的浓度有关。猝灭物的浓度较小时，有猝灭物时的计数率由下式求得：

$$n = n_0 \cdot e^{-qd} \tag{3.15}$$

式中　n——有猝灭物时的计数率；

　　　n_0——无猝灭物时的计数率；

　　　q——猝灭物固有的"消光系数"；

　　　d——猝灭物的浓度。

2. 微粒猝灭

微粒猝灭即当待测样品与闪烁溶剂、溶质达到多相平衡体系时，β 粒子的自吸收将使得其传输给溶剂的能量减少，荧光的产生受到抑制。

3. 颜色猝灭

颜色猝灭即闪烁液中产生的荧光在透过样品时被有色物质吸收，使得光信号转移到光电倍增管的概率减小。

4. 稀释猝灭

稀释猝灭即待测样品的加入，使得闪烁溶剂被稀释，或闪烁液不恰当的配比，使得计数率下降。猝灭将使计数率下降,但磷光现象和化学发光将使本底增高,导致计数率上升。此外,对^{3}H测量的液体闪烁计数器的性能也将影响被测样品的计数率。

3.5.2.5 猝灭校准方法

样品的处理不可能完全消除猝灭,故需对猝灭进行修正,以便得出待测样品中^{3}H的β辐射活度。对猝灭的修正,实际上是对闪烁装置作效率刻度,包括对装置本身的标定。成熟的猝灭校准方法有内标法、道比法、外标法及外标道比法。对^{3}H的测量常用的是内标法和道比法两种方法。

1. 内标法

内标法是利用已知活度的标准氚水加到待测样品闪烁液中来确定探测效率(已含猝灭的影响),并根据样品的计数率和仪器探测效率来确定待测样品的活度。其具体做法是,先将闪烁溶剂、溶质按一定比例配制,然后测量其本底计数率n_b,加入被测含^{3}H水样,测量其计数率n_s;再加入已知放射性活度为A_0的标准氚水,测量其计数率为n_a,则探测效率ε为

$$\varepsilon = \left[(n_a - n_s)/A_0 \right] \times 100\% \tag{3.16}$$

而待测样品的活度A_s可由下式求得:

$$A_s = (n_s - n_b)/\varepsilon = A_0(n_s - n_b)/(n_a - n_s) \tag{3.17}$$

式中 ε——探测效率;

　　A_s——待测样品的活度;

　　n_s——加入被测含^{3}H水样实测计数率;

　　n_a——加入已知放射性活度为A_0的标准氚水后,实测计数率;

　　A_0——加入标准氚水的放射性活度;

　　n_b——本底计数率;

　　d——猝灭物的浓度。

利用内标法来确定探测效率和待测样品的活度,方法简单易掌握,但必须满足下述4个条件:①标准样品的纯度很高,无杂质,标准样品的加入不引起新的猝灭;②标准样品加入所带来的稀释猝灭可以忽略不计,即要求加入的标准样品体积远小于待测样品体积;③标准样品和待测样品应含同种特定核素,即在测量含HTO水样中^{3}H的β辐射活度时应加入标准纯氚水;④测量条件及环境条件在整个制样及测量期间应保持一致。

2. 道比法

道比法校准猝灭是根据以下事实:在猝灭期间,脉冲幅度谱向较低幅度方向压缩,而仪器具有固定的阈,因而在较高阈内出现的脉冲减少,在较低阈内脉冲增多,因此,上、下阈内出现的脉冲数之比将与放射性活度的猝灭水平有关。道比法即是利用带有三通道单道脉冲幅度分析器的液体闪烁计数器对被猝灭样品进行测量,以三通道计数比值对已知活度的氚水样品(即内标)和依次加入已知量的猝灭剂测定的已知探测效率作图,得到道比–探测效率曲线。其三通道的下阈和上阈分别设置为(E_1, E_2),(E_2, E_3),(E_1, E_3),图3–11为道比法原理示意图。

利用一个通道测量E_1到E_3内已知活度为A_0的标准氚水的整个β能谱的计数率,并计算出探测效率。利用另外两个通道测量道比值CR为

$$CR = \left[n_2 \times (E_3 - E_2) \right] / \left[n_1 \times (E_2 - E_1) \right] \tag{3.18}$$

式中 CR——两个通道测量比值;

n_2——通道的下阈计数率;

n_1——通道的上阈计数率;

E_1、E_2、E_3——1 通道、2 通道、3 通道计数。

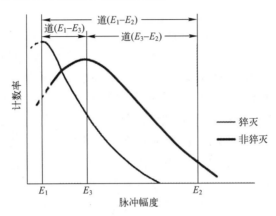

图 3-11 道比法原理图

E_2 一般选取在 $E_1 \sim E_3$ 之间的 1/3 处,然后在标准纯氚水中加入已知量猝灭剂,测量此时的道比和探测效率,随着猝灭剂浓度增加,道比值 CR 逐渐减小。作 ^{3}H 的道比 – 探测效率曲线又称道比猝灭校准曲线(应为一直线)。每隔一个校准周期校准一次。

在对待测样品进行测量时,只需测量其道比,然后查知其探测效率,再由 E_1,E_3 道计数除以探测效率,即得待测样品活度。

注意:这种方法要适当选择阈的位置,以便对一系列猝灭样品进行测定,同时又使计数尽可能多,以便有好的计数统计性。

3.5.3 ^{14}C 的测量

1940 年,美国加州大学伯克利分校放射性实验室的马丁·卡门和萨姆·鲁宾发现了 ^{14}C。^{14}C 是碳元素的一种具有放射性的同位素,它是宇宙射线中的中子与大气中的大量存在的稳定核素 ^{14}N 发生 N(n,p)C 反应产生的。自然界存在三种碳的同位素,分别用 ^{12}C、^{13}C 和 ^{14}C 表示,它们的同位素丰度依次为 98.9%、1.1%、1.2×10^{-12}。^{14}C 原子核由 6 个质子和 8 个中子组成,是极不稳定的核素,以释放 β 射线的形式衰变,半衰期为 5730a,其衰变式如下:

$$^{14}C \rightarrow {}^{14}N + \beta^-$$ (3.19)

常用液闪测量仪来监测 ^{14}C 的含量。^{14}C 的应用主要有两个方面:①在考古学中测定生物死亡年代,即放射性测年法;②以 ^{14}C 标记化合物为示踪剂,探索化学和生命科学中的微观运动。

3.5.3.1 ^{14}C 测年法

自然界中的 ^{14}C 是宇宙射线与大气中的氮通过核反应产生的。^{14}C 不仅存在于大气中,还随着生物体的吸收代谢,经过食物链进入活的动物或人体等一切生物体中。由于 ^{14}C 一方面在生成,另一方面又以一定的速率在衰变,致使 ^{14}C 在自然界中(包括一切生物体内)的含量与稳定同位素^{12}C的含量的相对比值基本保持不变。在实验方法上,只要测出处于交换状态中的现代碳里^{14}C的比活度S_0和标本中停止了交换的古老碳里^{14}C的比活度S_A,就可以计算出标本的绝对年代。该法在考古学研究中可推算出数百年至数万年前的木科、骨骼、毛发和纤维制品等古生物样品的年代,还可广泛用于地质学、地理学、海洋学和气象学等领域中的年代研究。

生物在生存时,由于需要呼吸,其体内的^{14}C含量大致不变。当生物体死亡后,新陈代谢停止,由于^{14}C的不断衰变减少,因此体内^{14}C和^{12}C含量的相对比值相应不断减少。通过对生物体出土化石中^{14}C和^{12}C含量的测定,就可以准确推算出生物体死亡(即生存)的年代。例如某一生物体出土化石,经测定含碳量为M_1(或^{12}C的质量),按自然界碳的各种同位素含量的相对比值可计算出,生物体活着时,体内^{14}C的质量应为M_2。但实际测得体内^{14}C的质量内只有M_2的1/8,根据半衰期可知生物死亡已有了3个5730a,即已死亡17190a。美国放射化学家 W. F. Libby 因发明放射性测年代的方法,为考古学做出了杰出贡献而荣获1960年诺贝尔化学奖。

^{14}C测年法分为常规^{14}C测年法和加速器质谱^{14}C测年法两种。当时,Libby 发明的就是常规^{14}C测年法。1950年以来,这种方法的技术与应用在全球有了显著进展,但它的局限性也很明显,即必须使用大量的样品和较长的测量时间。于是,加速器质谱^{14}C测年技术发展起来了。

加速器质谱^{14}C测年法具有明显的独特优点:①样品用量少,只需1~5mg样品即可。如一小片织物、骨屑、古陶瓷器表面或气孔中的微量碳粉都可测量;而常规^{14}C测年法则需1~5g样品,相差3个数量级。②灵敏度高,其测量同位素比值的灵敏度可达10^{-15}~10^{-16};而常规^{14}C测年法则与之相差5~7个数量级。④测量时间短,测量现代碳若要达到1%的精度,只需10~20min;而常规^{14}C测年法却需12~20h。正是由于加速器质谱^{14}C测年法具有上述优点,自其问世以来,一直为考古学家、古人类学家和地质学家所重视,并得到了广泛的应用。可以说,对测定50000a以内的文物样品,加速器质谱^{14}C测年法是测定精度最高的一种。

由于^{14}C含量极低,而且半衰期很长,所以用^{14}C只能准确测出5×10^4~6×10^4a以内的出土文物,对于年代更久远的出土文物,如生活在5×10^5a以前的周口店北京猿人,利用^{14}C测年法是无法测定出来的。而且,^{14}C测年法假定大气中的^{14}C浓度不会随时间而改变,也与事实有落差。此外,^{14}C测定法还应考虑以下因素的影响:①可能受到火山爆发等自然因素影响,因为在火山喷发时将地下大量气体和物质带到大气中,从而影响^{14}C在某区域大气中的含量。②生产和使用^{14}C(包括医用)单位发生事故时,可造成^{14}C对局部环境的污染。③核燃料循环,核反应堆和核燃料后处理厂向环境中排放^{14}C($^{14}CO_2$为主)。重水堆的^{14}C主要来源于燃料和重水中的^{17}O以及环境气体中的^{13}C、^{14}N等成分的活化,其中以慢化剂系统和热传输系统重水中的$^{17}O(n,\alpha)^{14}C$反应为主。④大气层核试验产物,其中核聚变反应产生的^{14}C量是核裂变反应产生的^{14}C量的13倍。所以,若没有其他年代测定方法来检定,单单依赖^{14}C的测年数据是完全不可靠的。

另外,^{14}C法还可计算陨石到达地球的年龄。该方法是通过测量陨石中^{14}C的绝对放射性活度,然后计算出陨石的地球年龄(落到地球后的年龄)。因为陨石中含有固定组成的^{14}N,它在宇宙射线作用下生成^{14}C并达到饱和值,陨石落到地球上以后,大气层屏蔽了大多数的高能宇宙射线，^{14}C 不再生成，并以 β 衰变的方式按指数规律衰变，结合饱和初始浓度，可计算陨石的地球年龄。

3.5.3.2 ^{14}C 标记化合物

^{14}C 标记化合物是指用放射性 ^{14}C 取代化合物中它的稳定同位素 ^{12}C，并以 ^{14}C 作为标记的放射性标记化合物。^{14}C 与未标记的相应化合物具有相同的化学与生物学性质，不同的只是 ^{14}C 带有放射性，可以利用放射性探测技术来追踪。^{14}C 标记化合物作为灵敏的示踪剂，具有非常广泛的应用前景。

利用 ^{14}C 作为示踪剂，在农业、化学、医学、生物学等领域中应用十分广泛。^{14}C 的标记化合物可用于研究农作物的光合作用、含碳农药在土壤和农作物中的残留情况等；可用于识别化学反应的中间产物、研究反应动力学和反应途径、研究化学键的形成过程、确定化学键的断裂位置、研究催化剂中毒的原因等；用于诊断疾病（如 ^{14}C – 黄嘌呤可用于检查肝功能）和制成低能 β 放射源；观察标记的蛋白质、脂肪、氨基酸等在体内的代谢过程；观察标记的药物在体内的代谢路径及由体内的排出情况。

自 20 世纪 40 年代，就开始了 ^{14}C 标记化合物的研制、生产和应用。由于碳是构成有机物三大重要元素之一，^{14}C 半衰期长，β 射线能量较低，空气中最大射程 22cm，属于低毒核素，所以 ^{14}C 标记化合物产品应用范围广。至 20 世纪 80 年代，国际上以商品形式出售的 ^{14}C 标记化合物，包括了氨基酸、多肽、蛋白质、糖类、核酸类、类脂类、类固醇类及医学研究用的神经药物、受体、维生素和其他药物等，品种已达近千种，约占所有放射性标记化合物的 1/2。

以 ^{14}C 为主的标记化合物在医学上还广泛用于体内、体外的诊断和病理研究。用于体外诊断的竞争放射性分析是 20 世纪 60 年代发展起来的微量分析技术。应用这种技术只要取很少量的体液（血液或尿液）在化验室分析后，即可进行疾病诊断。由于竞争放射性分析体外诊断的特异性强，灵敏度高，准确性和精密性好，许多疾病就可能在早期发现，为有效防治疾病提供了条件。

3.6　应　用　实　例

1898 年卢瑟福发现 β 射线后，在研究中发现了中微子，诞生了中微子物理学。因此，对 β 衰变的探测与研究对原子核物理和粒子物理的发展做出了巨大贡献。除此之外，β 测量技术在工业、农业、生物医学、分子生物学、环境科学、考古与地质构造等领域的核素示踪与核辐射测量中发挥了重要作用。

3.6.1　环境介质 ^{14}C 检测

环境中的 ^{14}C 主要由宇宙射线与高空大气的相互作用产生。但是生产和使用 ^{14}C（包括医用）单位发生事故时，可造成 ^{14}C 对局部环境的污染。核试验、核动力堆的运行等人类活动也是 ^{14}C 的主要来源。因此，^{14}C 作为放射性气体核素在核设施的环境影响与剂量学评价中受到人们的重视。

1. 空气中 ^{14}C 检测

空气中 ^{14}C 以多种化学形态存在，其中最主要的是 $^{14}CO_2$。CO_2 的采集主要有碱液吸收法和吸附剂吸收法,最后被捕集吸收的 CO_2 以 $CaCO_3$ 沉淀析出,用乳化闪烁液的固体悬浮物测量技术在闪液计数器上直接测量出 $CaCO_3$ 中的 ^{14}C 放射性。其分析步骤详见 HJ/T 61-2001《辐射环境监测技术规范》[8] 和 EJ/T1008—1997《空气中 ^{14}C 的取样与测定方法》[9]。核设施排出的 ^{14}C 除 $^{14}CO_2$ 形式外,还有少量的 ^{14}CO 或 $^{14}CH_4$,可通过旁路系统加催化剂将 CO 和/或 CH_4 气体转变为 CO_2 气体收集后进行测量。

2. 水样中 ^{14}C 检测

采样时为回收 1g 碳,一般至少需要采集 100L 以上的水样。为分析和保存,一个地表水样至少需采集 200~300L。同时注意样品应密闭保存在不易混入空气中 CO_2 的容器中(如聚乙烯塑料瓶)并尽可能减少样品的蒸发,采样时不可加酸。采集到的样品用硫酸酸化,通入高纯氮驱赶出水中的 CO_2 收集于 NaOH 溶液中。再加 $CaCl_2$ 生成 $CaCO_3$ 沉淀,将沉淀过滤并烘干称重待测量。测量方法同空气中 ^{14}C 的分析,用乳化闪烁液的固体悬浮物测量技术在液闪计数器上直接测量出 $CaCO_3$ 中的 ^{14}C 放射性。其分析步骤详见 HJ/T 61-2001《辐射环境监测技术规范》[8]。

3. 生物与土壤中 ^{14}C 检测

为分析生物与土壤的 ^{14}C 活度浓度,首先需将样品脱水干燥,而后将样品在氧气流中加热燃烧,使有机物分解成 CO_2 和 H_2O。分解产生的 CO_2 气体捕集于碱溶液中,加 $CaCl_2$ 得到 $CaCO_3$ 沉淀。$CaCO_3$ 粉末均匀悬浮于闪烁液中,测量计数率,计算得出样品的 ^{14}C 活度浓度。其分析步骤详见 HJ/T 61-2001《辐射环境监测技术规范》[8]。用低本底液体闪烁计数仪测量生物样品的 ^{14}C 活度浓度,CO_2 吸收法为满足最低探测限的要求,每次分析至少需要有含 1g 碳的 $CaCO_3$ 量。因此每次至少需要处理 5~10g 生物干样,或 50~100g 鲜样。

3.6.2　β 法测尘

测量配制于仪器内的 ^{14}C 源衰变释放的 β 射线强度可用来测量空气颗粒物浓度。其工作过程:在采样之前,先测量透过干净过滤带的 β 射线的强度,然后将干净过滤带转动到采样口。这时颗粒物经过采样口过滤沉积在过滤带上。采样结束后,过滤带返回原来的位置。重新测量通过过滤带的 β 射线的强度。根据两次的差值,就可非常精确地测出颗粒物浓度。

β 测尘仪可用于大范围的环境空气监测,在大气质量监测、室内环境监测、重金属分析、废物堆放场地的颗粒物监测、二次排放物的监测(煤炭储存地、码头等)、废气排放管中的粉尘监测等方面有重要应用。

在工厂冶炼、矿山开采等作业场所,如在煤矿开采过程中的钻眼、爆破、掘井、装载运输等各个环节,都会产生大量的粉尘。粉尘会降低工作场所的能见度、加速机械磨损、影响安全生产、增加工伤事故的发生、威胁职工群众身体健康,需要建立分析测量方法,对粉尘浓度进行快速准确分析,为作业场所安全生产规程的制定及应急处理提供依据和技术支撑。

3.6.2.1　粉尘浓度测量

在测尘工作上,称重法被称为经典方法。但这一方法有工作程序麻烦、干扰大和取得结果不及时的致命缺点。尽管这样,它却仍然被广泛使用着。利用 β 射线吸收法测尘可以彻底改善这种状况,通过测定采集在滤膜上的粉尘电子密度来确定空气中粉尘的浓度。在源、探测器等条件匹配较好的情况下,β 射线吸收法测尘可得到很好的结果,测量结果与称重法可在 5% 内吻合。

β 射线通过介质时,以吸收为主要方式来减弱粒子的能量,并减少粒子的数量,且遵循下列衰减规律:

$$I_1 = I_0 e^{-\mu_\rho \cdot d_\rho} \tag{3.20}$$

式中 I_1——被介质吸收后的 β 粒子计数;

I_0——采样前未经介质吸收的 β 粒子计数;

μ_ρ——β 粒子对特定介质的吸收系数(cm^2/mg);

d——吸收介质的厚度(cm);

ρ——介质的相对密度(mg/cm^3);

d_ρ——吸收介质的面密度,也称为质量厚度(mg/cm^2)。

位于光电倍增管探测窗前部的闪烁体接收被灰尘介质吸收衰减的 β 射线,同时产生光脉冲信号,光电倍增管检测并放大接收到的微弱光脉冲信号,然后通过对光电倍增管输出的光电流脉冲信号进一步放大、整形、分频、计数,最后得到灰尘采样前未经介质吸收的 β 粒子计数值 I_0 以及采样后被灰尘介质吸收衰减后的 β 粒子计数值 I_1。

若结合测定的技术要求和测量的几何条件,便可推导出相应的数学模型。根据数学模型来确定测量的项目与数据,并由计算机按程序要求自动换算出所测的粉尘浓度值。从式(3.20)可知,只要能测量出 N_1 和 N_2 值,便可容易地求出粉尘浓度值。

1. 探测器的选择

探测器的选择关系到产品的成本、仪器的灵敏度和测定的工作效率等因素。若要使得仪器体积小、重量轻、具有一定的灵敏度,应选择 β 计数管;若要把仪器的灵敏度作为重要指标时,只能选择闪烁探测器。

2. 放射源的选择

主要考虑粒子能量及其半衰期。能量的大小取决于量程范围的大小及最高灵敏度的大小。除此之外,还要考虑相应国家标准对测量下限的要求,例如目前工业生产允许的粉尘浓度是 $2mg/m^3$ 以下,而大气监测要求更低。通常只有在 ^{14}C 和 ^{147}Pm 之间进行选择,前者的最大能量为 0.155MeV,半衰期为 5730a;而后者的能量是 0.225MeV,半衰期为 5.7a。放射源的剂量确定取决于探测器的分辨时间、源与探测器的间距、电路的分辨时间、计数器的容量和统计涨落等因素。

3. 测量方式的选择与确定

在 μ_ρ 确定的条件下,只需准确测得采样体积(一旦采样流量和采样时间确定后,则采样体积也为一定值)、N_1 和 N_2,即可得知粉尘浓度。

4. μ_ρ 值的确定

当低能 β 射线通过介质时,其质量吸收系数 μ_ρ 近似一个常数。对一固定的 β 射线源来讲,其 μ_ρ 的确定,除其能量为一决定因素外,还与测量装置、探测器种类、源距和滤膜的种类等有关。在理论上,可用以下经验公式算出:

$$\mu_\rho = 0.017 E^{-1.43} \tag{3.21}$$

式中 μ_ρ——β 射线在介质中的质量吸收系数(cm^2/g);

E——β 射线的最大能量(MeV)。对于 ^{14}C,E 为 0.155MeV。

确定 μ_ρ 值最好的办法是理论计算结合实验验证,以已知的测量条件来反推 μ_ρ 值。系数 μ_ρ 的正确与否,直接影响着测量的准确度。

3.6.2.2 颗粒物监测

颗粒物监测是利用 β 射线衰减的原理,由采样泵将环境空气吸入采样管,经过滤膜后排出,将颗粒物收集到滤膜上。当 β 射线穿过沉积着颗粒物的滤膜时,由于 β 射线被散射发生能量衰减,其衰减的程度与颗粒物的含量成正比,通过对衰减量的测定便可计算出环境空气中颗粒物的浓度,实现对环境空气中颗粒物的监测。

PM2.5 是指环境空气中空气动力学当量直径小于或等于 2.5μm 的颗粒物,也称为可吸入肺颗粒物。它对空气质量、能见度和人类身体健康等有重要的影响,具有粒径小、含大量有害物质、在大气中停留时间长、输送距离远、易直接吸入肺部等特点。环境监测中需要重点对 PM2.5 颗粒物进行细致的测量工作,以求达到控制其危害和改善人类的生活环境的目的。

图 3-12 给出了基于 β 射线衰减吸收原理的在线 PM2.5 监测装置示意图[10],该监测装置由 PM10 采样头、PM2.5 切割器、样品动态加热系统、采样泵和仪器主机组成。主要利用具有特殊结构的切割器来实现 PM2.5 的分离,即在抽气泵的作用下,空气以一定的流速流过切割器,涂了油的部件将较大惯性的颗粒截留下来,绝大部分的较小惯性的细颗粒随着空气流而通过,将 PM2.5 颗粒物收集到滤纸上后,用 β 射线进行照射,射线由于散射作用而衰减,其衰减的程度与 PM2.5 的重量成正比,这样,根据射线的衰减程度,即可计算出 PM2.5 的重量。

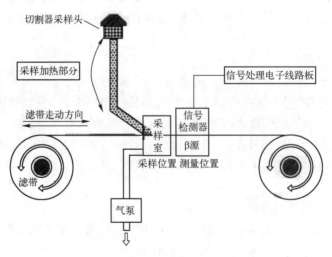

图 3-12　在线 PM2.5 监测装置示意图

3.6.3 β 法测厚

1. 涂镀层厚度测量

β 射线穿过物质后会发生衰减,且衰减的比率与穿透厚度有关。早在 20 世纪 50 年代,

β 射线透射及背散射测量原理就已在涂镀层厚度无损测量中得到了应用[11]。图 3-13 示出了 β 背散射(Beta Back Scatter,BBS)测量涂镀厚度的原理图。

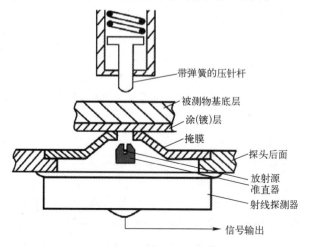

带弹簧的压针杆

被测物基底层

涂(镀)层

掩膜

探头后面

放射源

准直器

射线探测器

信号输出

图 3-13　β 背散射测厚原理图

图 3-13 中放置在内径约 0.3~0.5mm 的准直器中的微型放射源发射的 β 粒子经掩膜孔射到被测物质的表面上,被镀层和底层反散射回来的 β 射线为探测器所接收,转变为一系列电脉冲信号,经处理后给出镀层的厚度值。

为了测量某基体上的镀层厚度,要求基体达到饱和厚度,即当基体厚度再增加时,反散射计数率不再增加,一般饱和厚度约等于该能量 β 射线在此物质中射程的 1/4~1/5。假定镀层物质的饱和反散射计数率为 I_s,基底物质的饱和反散射计数率为 I_b,实际测量得到的总的反散射计数率为 I,令 $X_n = (I - I_b)/(I_s - I_b)$,则可通过测量系列不同镀层厚度的标准样品,得到 X_n 与镀层厚度 D 之间的函数曲线,用于未知样品测量时的镀层厚度评估。如使用 ^{147}Pm(^{147}Pm,β 射线最大能量 0.223MeV)、^{204}Tl(^{204}Tl,β 射线最大能量 0.77MeV)和 ^{90}Sr(^{90}Sr,β 射线最大能量 2.18MeV)三种 β 放射源时,X_n 值与 Al/Ag 体系 Ag 镀层厚度 $D(\mu m)$ 之间的关系曲线如图 3-14 所示。

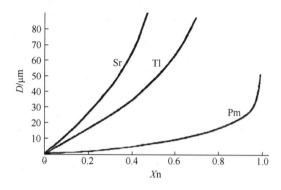

图 3-14　β 源的 X_n 值与 Ag 镀层厚度 D 关系

近年来,各种不同类型的手持式 β 测厚仪不断问世。手持式 β 测厚仪主要应用于航空、汽车或其他需要测量大面积表面的工业(挡风玻璃、金属板、薄板等)中。在生产线上在线精确测量涂镀层厚度时可作为手持式仪器,在质量控制实验室也可作为台式仪器使用。手持式 β 测厚仪可配备多样化的探针和探针台设备用于测量多种不同尺寸和形状的样品。

目前，根据 β 射线穿过物质发生衰减的原理已研制出了多种型号的商用镀层厚度测量仪。这些仪器融合了 β 射线反向散射和霍尔效应测量技术，可同时实现两种仪器的功能，可作为 X 射线荧光分析仪器的替代品。主要应用在测量许多经典结构的镀层厚度，包括镍上镀金（Au/Ni），环氧树脂镀铜（Cu/epoxy），光致抗蚀剂（photoresist），铜上镀银（Ag/Cu），铁钴镍合金上镀锡（Sn/kovar），铁上镀氮化钛（Ti – N/Fe），锡铅合金（Sn – Pb）。

2. 薄型材料厚度测量

利用放射源发射的 β 射线在物质中的吸收原理可实现各种薄型材料厚度测量，如塑料薄膜、纸张[12]和较薄的金属膜片等材料厚度测量。该方法原理：设 I_0 为无样品时探测器记录的 β 射线计数率（s^{-1}），当厚度为 t 的样品放置在源与探测器之间时，得到的计数率为 I。对某种特定成分构成的样品（例如纯铝），放射源的 β 射线能量确定时，样品对 β 射线的线性吸收 μ 为常数，且满足指数衰减规律 $I = I_0 e^{-\mu t}$，于是有

$$t = (\ln I_0 - \ln I)/\mu \qquad (3.22)$$

式中　t——样品厚度（μm）；

I_0——无样品时探测器记录的 β 射线计数率（s^{-1}）；

I——有样品时探测器记录的 β 射线计数率（s^{-1}）；

μ——样品对 β 射线的线性吸收系数。

如果用一系列标准厚度的样品事先校准好 t–I 关系曲线，就可根据测量得到的计数率 I 值，由式（3.22）计算得到样品的厚度 t。由于 t 与测量计数率的对数值线性相关，t 的较小变化会引起 I 值较明显的变化，所以利用测量的 I 值变化可以反映 t 值的微小变化，根据 t–I 关系曲线测量样品厚度 t 可达到较高的准确度，可达 1% ~ 0.1%。由于射线测厚快速、灵敏，与计算机控制结合可实现材料制备时厚度的自动控制。图3–15 为一个典型的厚度自控装置。带材压延机由轧辊、测厚仪和自动控制部件组成，较厚的材料进入轧辊后压延成一定厚度的较薄的带材。测厚仪实时监测压延后带材的厚度，如果测量值超过某一输入的阈值，则给出一个负反馈信号，自动控制部件操作使轧辊间的距离减小，反之则使间距增大，就能得到均匀的给定厚度的产品。

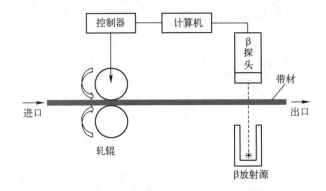

图3–15　β 测厚仪用于厚度自动控制原理图

3.6.4　密度检测

相对于 γ 射线和 X 射线而言,β 射线是高速运动的电子流,穿透能力较弱,很容易被有机玻璃、塑料及薄铝片等材料屏蔽,防护简单。基于 β 测量的微密度分析仪器设备成本较低,更适于大规模的工业现场应用,通过无损、在线检测对产品质量进行控制。

单板层积材(Laminate Veneer Lumber,LVL)是由以旋切制得的单板,按照顺纹方向按序组坯,端部斜接、搭接或对接,然后经涂胶、热压等工序压制而成的一种高强度的结构材料。单板层积材的生产长度可以不受限制,并且木纹与产品长度方向一致,在保留了木材的各向异性的前提下,强调的是产品的纵向力学性能的加强,继承了实体木材良好的加工性能、较高的弯曲性能及天然木纹的装饰性能等。同时,单板层积材的生产过程中,木材中常见的节瘤、孔洞、斜纹等缺陷可分散布置于各层单板之中,使其强度变异系数减小、许用应力增大、尺寸稳定性提高,具有较高的可靠性和规格灵活多变的特点。因而,它优于实体木材和胶合木,特别适用于大跨度的木结构工程用材,可替代大规格锯材和实体木材。LVL 是理想的承重结构材料,可广泛应用于屋顶桁架、门窗横梁、室内高级地板、楼梯踏步板和梯架,也可用 LVL 做高档家具台面的芯材或框架。LVL 也是优良的工业用材,可作为货架材料、车厢、枕木、脚手架、篮球架板、集装箱底板等。在森林资源日益匮乏的今天,LVL 的需求与日俱增,具有巨大的市场需求。

LVL 的工业生产中,单板的加工是一个重要环节,是保证单板层积材质量的重要影响因素。对单板的检测是提高层积材质量和木材利用率的一个极其重要手段。木材的密度,尤其是微密度(木材在窄小范围内的密度)是木材特性的一个重要指标,与木材的机械强度、力学性能、切削阻力和胶合性能等密切相关。木材微密度的测定可为木材加工提供重要的质量参数。

1. β 密度检测的物理基础

β 密度检测技术,是利用射线与被检测单板的相互作用,根据射线强度发生的变化测量单板密度。原子核在发生 β 衰变时,放出的 β 粒子其强度随能量变化为一条从零开始到最大能量的连续分布曲线。一束 β 射线通过吸收物质时,由于电离、韧致辐射、散射等各种方式损失能量,其强度随吸收层厚度增加而逐渐减弱。

根据电子和物质相互作用的原理,吸收物质的原子序数增加,对电子的阻止作用也增大;同时,电子在吸收物质中的多次散射也增大了。这两种效应对 β 粒子射程的影响趋于相互抵消。这样,可以认为射程只与物质的密度有关,而与吸收物质的种类无关。所以,可以用物质的质量厚度(物质单位面积上所具有的质量,其数值等于物质线性厚度与其密度的乘积,单位 g/cm^2 或 mg/cm^2)来表示 β 粒子在某种物质材料中的射程。

2. β 密度检测的基本原理和方法

β 射线的射程只与物质的密度有关,这是 β 射线检测一个重要的特点。利用这种性质,可以对吸收体的厚度和密度进行测量。应用射线进行密度检测的另一特点是它不仅仅是“非破坏”的,而且是“无接触的”。

一束初始强度为 I_0 的单能电子束(β 射线),当穿过厚度为 d 的物质时,强度减弱为 I_1。强度 I_1 随厚度 d 的增加而减小且服从式(3.20)的指数衰减规律。变换式(3.20)得到

$$\rho = \ln(I_0/I_1)(\mu_\rho \cdot d)^{-1} \qquad (3.23)$$

式中　ρ——被检测物的相对密度（mg/cm^3）；

　　　I_0——β 粒子束的初始强度；

　　　I_1——穿过厚度为 d 的物质后的 β 粒子强度；

　　　μ_ρ——β 粒子在该物质中的质量吸收系数（cm^2/mg）；

　　　d——被检测物的厚度（cm）。

β 射线木材单板密度检测装置原理如图 3–16 所示，

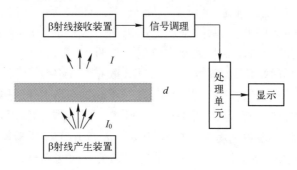

图 3–16　β 射线单板密度检测示意图

待检测的木材单板厚度为 d，β 放射源产生强度为 I_0 的射线，通过单板的吸收作用，射线强度衰减为 I_1。检测射线入射前后的强度值，根据式（3.23），即可求得单板的密度值[13]。由式（3.23）可知：如果欲求未知样品的 ρ，首先必须知道木材的质量吸收系数。理论上可由物质的分子式计算求得，但由于木材分子结构的复杂，木材的质量吸收系数可由标准木材样品实验求得。

3.7　现状与展望

1898 年卢瑟福发现 β 射线后，查德威克发现 β 射线能量连续谱违背能量守恒定律。这一发现，促成了泡利提出的中微子假说，发现了中微子，诞生了中微子物理学。随后，吴健雄等通过极化 ^{60}Co 的 β 衰变实验，验证了李政道和杨振宁提出的弱相互作用中宇称不守恒假说。因此，β 衰变的研究对原子核物理和粒子物理的发展做出了巨大贡献。

迄今为止，β 测量技术在工业、农业、生物医学、分子生物学、环境科学、考古与地质构造等领域的核素示踪与核辐射测量中发挥了重要作用，在生物、医学领域和大气环境监测中仍有潜力可挖。

3.7.1　生物和医学应用

在生物和医学领域中，很重要的几种放射性核素只辐射 β 粒子，如 ^{3}H、^{14}C、^{32}P、^{35}S、^{45}Ca 和 ^{90}Y（^{90}Sr）等，这些纯 β 粒子发射体不发射伴随的 γ 射线，无法通过探测它的 γ 射线来进行分析。纯 β 发射体主要由工作在盖革区或者正比区的气体放电计数器和闪烁计数器进行探测，特别是闪烁体与样品混合在一起的液体闪烁计数器，契伦柯夫计数具有闪烁计数技术的很多特点，适用于测量较高能量的 β 粒子。利用盖革计数管或者正比

计数器探测 β 源时灵敏度高、稳定性好,但需要仔细地制源,生物和医学领域制备大量源的方便性往往比探测灵敏度更重要,通常优先选用内部源的液体闪烁计数方法。

3.7.2 大气环境监测

大气中存在的颗粒物质能使大气的能见度下降,粘附在建筑物涂过漆的内外表面、衣物、帘幕上形成污染,具有腐蚀性的颗粒物能产生直接的化学破坏,对动植物产生不良影响,如含氟化物的颗粒物能引起植物损害,氧化镁可使植物生长不良,动物摄取含氟颗粒物和含砷、铅的植物能导致氟和砷、铅中毒等,大气中存在的颗粒物可对环境和人体健康造成广泛的危害。粒径在 $2.5\mu m$ 以下的颗粒物(PM2.5)称为可吸入肺颗粒物,PM2.5 对重金属以及气态污染物等的吸附作用明显,对污染物有明显的富集作用,同时还可成为病毒和细菌,为呼吸道传染病推波助澜,对人体健康产生极大危害,且其在大气中的停留时间长、输送距离远。工业社会的发展虽然为人类社会带来了现代物质文明,但是却在潜移默化地影响我们的日常生活,空气有毒颗粒物已引起了全球广泛的关注[14]。

将大气颗粒物收集到滤膜上,可根据 β 射线穿过滤膜和颗粒物时的强度衰减程度来计算吸附在滤膜上的颗粒物的浓度,β 射线吸收法检测大气中细小颗粒物的含量具有能实现连续测量、价格低、系统工作可靠、运行费用低、安装简便、无需人员监守等诸多优点,随着人们对环境颗粒物对人体健康造成危害的关注程度日益增高,基于 β 射线吸收原理的大气 PM10、PM2.5 含量测量设备的开发及其在环境监测中的应用也日益广泛。但 β 射线法测量颗粒物浓度时需要基于两个假设:①石英采样滤膜条带均一;②采样的颗粒物粒子物理特性均一。在潮湿高温的区域这两个假设往往不成立,会造成测量结果偏高。对 β 射线法测量颗粒物浓度的装置加装动态加热系统,将进样气体的相对湿度调整到 35% 以下,可有效改善空气中水分对膜片和颗粒物吸附特性的影响,从而改善颗粒物浓度测量结果的可靠性。在加装动态加热系统的 β 射线法测量颗粒物浓度的装置基础上,增加一个光散射测量装置,实现与光散射法的联用,利用较为稳定准确的周期性(通常为 30min ~1h)β 射线测量数据为校准提供高时间分辨率的光散射测量值,这样可改善高湿度地区和湿度短期变化幅度较大时测量结果出现的偏差。联用光散射法后,测量结果数据的时间分辨率得到了很大提高,可以获得较为准确的监测数据。

3.7.3 探测器研发

全世界的科技工作者一直致力于发展推出更高效率、更低噪声、更高时间分辨、更好能量分辨和更高饱和率的 β 探测器。增大探测器体积,塑料闪烁体和半导体探测器能提供高的探测效率。随着各种新型超导材料的发现和超导技术的进步,探测 α、β 等基本粒子的新型探测器随之涌现,正在追求研制更小、更精准探测器的道路上不断前行。

基于超导跃迁传感器的微量热计是目前最小的粒子探测器,其吸收体为 $400\mu m \times 400\mu m \times 250\mu m$,距离纳米尺度还很远,且这些装置的读出时间在 ms 量级,加上需要工作在 $0.1K$ 的操作温度,很大程度上限制了它们的应用。

超导纳米线圈可用于探测单个光子和单个电子。Hatim Azzouz 等人[15]研制出的超导纳米线圈粒子探测器使用了长 $500\mu m$、宽 $100nm$、厚 $5nm$ 的 NbTiN 纳米线圈,覆盖了 $10m$ 直径的圆盘。该设备工作在 $4.2K$ 温度(低于超导跃迁温度 $T_c \sim 12K$)下,入射粒子能在纳米线圈中释放足够的能量形成一个热斑,破坏该区域的超导电性。如果探测金属丝相对热斑足够窄,增加的电流密度最终超过临界电流密度,形成一个电阻区域引起一个电压峰值,然后就可以用于放大和计数。后一阶段,在 ns 时间内热斑通过电子 – 光子散射冷却下来重新回到超导状态。脉冲衰减时间在 5ns 量级,所以系统的饱和计数率为 200MHz,使用脉冲激光激励时这种探测器的探测时间优于 60ps。

高精度的 β 谱测量可提供关于核结构、核衰变过程、弱相互作用的有用信息。因为 β 粒子很容易背散射出探测器,测量 β 谱时常常需要使用磁谱仪。当 β 衰变的 Q 值(质荷比)高时,就需要适当高的磁场或者较长的飞行路径来聚焦发射的电子或质子。因为非铁基的室温磁铁的磁场不够高,通常的 β 谱仪要么很大,要么需要使用新型的磁性材料。

文献报道现在正在发展基于超导技术的 β 测量谱仪[16]。超导体提供的强磁场可使测量高动量 β 粒子的谱仪变得很小。该超导 β 谱仪由一套 4 个超导线圈来提供角对称分布的磁场组成,磁场在源和探测器位置很强,而在中段平面处很弱。在源位置处以约 48°角发射的电子的运行轨迹,电子聚集在中段平面的狭缝处,通过孔隙后重新聚集到探测器位置。一对入射狭缝用于限制粒子的入射角度,中段平面处的一对狭缝可实现动量选择。基于超导磁体技术的新型 β 谱仪可对 β 谱的形状进行测量,谱仪的动量分辨率约为 2%。新型 β 谱仪的研制成功将会对核结构、核衰变过程、弱相互作用等基础核物理的深入认识做出重要贡献。

就粒子穿透性而言,β 辐射发射的电子比 α 粒子强得多;而从辐射防护方面考虑,β 辐射发射的是带电粒子,容易与物质发生库仑相互作用而被吸收,β 辐射所需的防护条件比 γ 辐射更容易实现。由于 β 辐射粒子具有这些独特优势,基于 β 辐射与物质相互作用原理研发的厚度测量仪、密度计、水分分析仪、火灾报警器、料位计、流量计、化工配料计和核子秤等产品,在工业制造方面发挥了重要作用。随着环境保护工作的深入和提升,利用 β 测量技术对粉尘、微小颗粒和微密度的分析测试将更加广泛。医药应用方面,由于利用 β 测量技术的仪器设备成本较低,适用性很广,具有更加美好的发展前景。随着新技术手段的引入,基于 β 分析的新科技成果的不断应用必将会为人们的生产生活提供更多便利。

参考文献

[1] 陈伯显,张智. 核辐射物理及探测学[M]. 哈尔滨:哈尔滨工程大学出版社,2011.

[2] 王炎森,史福庭. 原子核物理学[M]. 北京:原子能出版社,1998.

[3] 张民仓,皇甫国庆. β 衰变能量连续谱发现的历史回顾[J]. 物理学史和物理学家,2004,33(5):378 – 381.

[4] 厉光烈. β 衰变对物理学基本规律的两次冲击[J]. 现代物理知识,1994,6(6):5 – 7.

[5] 丁洪林. 核辐射探测器[M]. 哈尔滨:哈尔滨工程大学出版社,2009.

[6] 郭勇. 辐射剂量学概论[J]. 中国辐射卫生,2005,14(1):80 – 84.

[7] 王海军,鲁永杰. 氚监测技术概述[J]. 核电子学与探测技术,2012,32(8):911 – 913.

[8] 国家环境保护总局核安全与辐射环境管理司. HJ/T 61 – 2001 辐射环境监测技术规范[S]. 北京:中国环境科学出版社,2001.

[9] 中国辐射防护研究院. EJ/T 1008 – 1996 空气中 ^{14}C 的取样与测定方法[S]. 北京:中国环境科学出版社,2001.

[10] 但德忠. 环境空气 PM2.5 监测技术及其可比性研究进展[J]. 中国测试,2013,39(2):1 – 5.

［11］ 杨明太,吴伦强,张连平. 材料表面覆盖层厚度无损测试技术［J］. 核电子学与探测技术,2008,28(6):
      1230 – 1234.

［12］ 胡连华,李新平,汤伟. 采用 β 射线精确测量纸张定量的研究［J］. 核电子学与探测技术,2013,33(7):869 – 872.

［13］ 李慧. 基于 β 射线木材单板密度无损检测系统的研究［D］. 2007.

［14］ 傅敏宁,郑有飞,徐星生,等. PM2.5 监测及评价研究进展［J］. 气象与减灾研究,2011,34(4):1 – 6.

［15］ Hatim Azzouz,Sander N Dorenbos,et al. Efficient single particle detection with a superconducting nanowire［J］. Aip
      Advances,2012,2(3):032124 – 1 – 5.

［16］ Knutson L D,Severin G W,Cotter S L,et al. A superconducting beta spectrometer［J］. Review of Scientific Instru-
      ments,2011,82(7):073302 – 1 – 073302 – 11.

第4章 中子测量

4.1 中子简介

1932年,英国物理学家詹姆斯·查德威克(J. Chadwich)用 α 粒子轰击 ^{10}B 原子核得到 ^{13}N 原子核和一种质量近似于质子的中性粒子,并将这种中性粒子称作中子(neutron)。历经近百年的历史,对于中子的研究已达到较为透彻的程度,中子物理学逐渐成为核科学领域中一门独立学科。同时,对于中子及其测量技术的利用,在军事国防、科学研究、工农业生产和医药卫生等诸多领域达到了广泛应用。

4.1.1 来源

实验表明,重核自发裂变(如 ^{252}Cf)、反应堆、核裂变和核聚变都可产生中子;此外,宇宙射线爆发及高能宇宙射线轰击大气层时也会产生中子;用某些核反应(如核衰变)发射的重离子轰击一些核素(主要是轻元素,如铍、氘)引发核裂变亦可产生中子;一些高能量核反应,如加速器中用高能粒子轰击靶子使其原子核发生分裂,也能产生中子流。

通常,中子被束缚在原子核内,跑出原子核外的中子称为自由中子。自由中子很不稳定,要发生 β 衰变。自由中子在衰变前又易被原子核俘获,成为原子核的一员。因此,储存自由中子是不可能的,为了得到中子,必须用人工方法产生。通常,人工产生中子的方法主要有 α 粒子轰击法、加速粒子轰击法和反应堆核裂变法。

1. α 粒子轰击

该方法是用具有 α 放射性的物质与某些轻元素物质混合,产生(α,n)反应而发射中子。最常用的是用5份铍和1份镭盐混合物组成镭—铍中子源,利用镭源产生的 α 射线轰击铍,引起核反应,产生中子。其反应式如下:

$$^9Be + \alpha \rightarrow {}^{12}C + n + 5.70MeV \tag{4.1}$$

该方法产生的中子能量较大,属快中子能量范围。这种源通常在实验室使用。优点是镭的半衰期长,所以源的中子强度不变。缺点是镭源还放出 γ 射线,因而有较强的 γ 本底。

2. 加速粒子轰击

该方法是用人工方法使带电粒子获得较高能量,然后用加速后的带电粒子去轰击某些靶核的一种装置。利用高速带电粒子轰击靶核引起核反应而发射中子的装置称为加速器中子源。通过选择合适的离子源和离子能量及靶材,可以产生不同能量的中子。最常用的是用氘离子(D)照射氚(T)靶,即根据 $T(D,n)^4He$ 反应而放出中子。其反应式如下:

112

$$T + D \rightarrow {}^4He + n + 17.588MeV \tag{4.2}$$

与同位素中子源相比,加速器中子源有下列特点:①中子强度高,可以在广阔能区获得单色中子,也可以产生脉冲中子;②中子强度能准确确定;③加速器不运行时,没有很强的放射性。

3. 反应堆核裂变

在原子反应堆里,由于重核裂变放出大量中子,因而反应堆有较强的中子流。一般热中子通量达 $10^{12} \sim 10^{14}$ 中子/$(s \cdot cm^2)$。该方法的特点是中子通量大,能谱宽($0.025eV \sim 17MeV$)。缺点是装置庞大,造价高,并会带来一系列安全问题。

4.1.2　基本特性

1. 粒子性

原子核是由中子和质子组成的,即中子是组成原子核的基本粒子之一。中子是费米子,遵从费米 – 狄拉克分布和泡利不相容原理。中子属于重子类,由 2 个下夸克和 1 个上夸克构成。绝大多数的原子核都由中子和质子组成(仅有一种氢原子的同位素例外,它由一个质子构成)。

2. 来源多样性

放射性衰变、核反应、核裂变和核聚变都可产生中子。

3. 衰变性

在原子核外,自由中子不稳定,具有衰变性,其半衰期约为 10.24min[1]。自由中子衰变为质子(β^- 衰变)时,释放一个电子和一个反中微子。同样的衰变过程在一些原子核中也存在,原子核中的中子与质子可以通过吸收和释放 π 介子相互转换。

4. 质量与电荷

中子不带电,是一种电中性的粒子。中子质量数为 1,质量为 1.008665u(1.674927×10^{-24} g),比质子的质量稍大,自旋为 1/2。

5. 强穿透性

由于中子的电中性特性,中子与物质相互作用时使它具有非常强的穿透性,中子不会使物质电离,然而却能进入原子核内部引起各种核反应。一般来说,直接探测中子比较困难,可间接地通过探测中子与原子核反应产生的次级粒子达到探测目的。另外,中子的电中性的特点也使它在核转变中成为非常重要的媒介物。

4.1.3　分类

由于不同能量的中子与原子核作用时有着不同的特点,因此,通常将中子按能量大小进行分类。但这种分类不是很严格,也不完全统一。通常,将不同能量的中子大致分成以下四大类:

1. 慢中子

动能低于 1keV 的中子称为慢中子。该动能值可因应用的场合(如反应堆物理、屏蔽或剂量学)的不同而异。慢中子包括冷中子、热中子、超热中子和共振中子。其中,热中子是最受关注的对象。

(1)冷中子:指动能为 MeV 量级或更低量级的中子。

（2）热中子：指与所在介质处于热平衡状态的中子。其能谱为麦克斯韦分布，平均能量为 0.0253eV。

（3）超热中子：指动能高于热扰动能的中子（$E_n \geq 0.5eV$）。通常，仅指能量刚超过热（即可与化学键能相比）能量范围的中子。

（4）共振中子：指动能在 1eV～1keV 的中子。共振中子与原子核作用时能够发生强烈的共振吸收，其吸收截面很大。

2. 中能中子

动能在慢中子与快中子能量（1eV～0.5MeV）之间的中子称为中能中子。该动能值可因应用场合（如反应堆物理、屏蔽或剂量学）的不同而异。在反应堆物理中，能量范围通常选为 1eV～0.1MeV。中能中子与原子核作用的主要形式是弹性散射。

3. 快中子

动能在 0.5～10MeV 的中子称为快中子。该动能值可因应用场合（如反应堆物理、屏蔽或剂量学）的不同而异。快中子与原子核作用的主要形式是弹性散射、非弹性散射（n,n'）和核反应（如（n,α），（n,p）等反应）。

4. 特快中子

动能在 10～50MeV 的中子称为特快中子。特快中子与原子核作用时，除发生弹性散射、非弹性散射以及发射一个出射粒子的核反应之外，还可发生发射两个或两个以上出射粒子的核反应。

4.2 中子与物质相互作用

中子质量与质子质量大约相等，并且中子与 γ 射线一样也不带电。因此，中子与原子核或电子之间没有静电作用。当中子与物质相互作用时，主要是和原子核内的核力相互作用，与外壳层的电子不会发生作用。即中子与物质发生相互作用，主要表现为中子在宏观物质中与物质的原子核之间发生的各种核反应，以及它们之间的能量交换过程。

4.2.1 相互作用方式

虽然，组成物质的原子在正常情况下不带电荷，但原子比中子大一万倍，是由带负电的电子围绕带正电的原子核运行而形成的复杂系统。带电粒子（如质子，电子，或离子）和电磁波（如 γ 射线）都会在穿透物质时消耗能量，形式是将所穿透物质离子化。带电粒子会因此而慢下来，电磁波则会被所穿透物质吸收。中子的情况则截然不同，它只会在与原子核近距离接触时受强相互作用或弱相互作用影响，结果一个自由中子在与原子核直接碰撞前不受任何外力影响。因为原子核太小，碰撞机会极少，因此自由中子会在一段极长的距离保持不变。

自由中子和原子核的碰撞是弹性碰撞，其遵循宏观下两小球弹性碰撞时的动量法则。当被碰撞的原子核很重时，原子核只会有很小的速度；但是，若是碰撞的对象是和中子质量差不多的质子，则质子和中子会以几乎相同的速度飞出。这类的碰撞将会因为制造出的离子而被侦测到。中子的电中性让它不仅很难侦测，也很难被控制。电中性使得我们无法以电磁场来加速、减速或是束缚中子。自由中子仅对磁场有很微弱的作用（因为中子存在磁矩）。真正能有效控制中子的只有核作用力。唯一能控制自由中子运动的方式只是在它们的运动路径放置原子核堆上，让中子和原子核碰撞藉以吸收之。这种以中子撞击原子核的反应在核反应中扮演着重要角色，也是核子武器运作的原理。自由中子则可由核衰变、核反应或高能反应等中子源产生。

中子不带电而具有磁矩。高能电子、μ 子或中微子轰击中子的散射实验显示中子内部的电荷和磁矩有一定的分布，说明中子不是点粒子，而具有一定的内部结构。中子是由 3 个更深层次的粒子——夸克构成的。中子和质子是同一种粒子的两种不同电荷状态，其同位旋均为 1/2，中子的同位旋第三分量 $I_3 = -1/2$。在轻核中含有几乎相等数目的中子和质子；在重核中，中子数则大于质子数，例如铀共有 146 个中子和 92 个质子。对于一定质子数的核，中子数可以在一定范围内取几种不同的值，形成一个元素的不同同位素。

中子的重要特征是不带电，不存在库仑势垒的阻挡，这就使得几乎任何能量的中子同任何核素都能发生反应。在实际应用中，低能中子的反应起更重要的作用。中子与物质的相互作用，都是在原子核之间发生的。中子因不带电，能进入核内组成复合核。复合核的寿命极短，它很快放出中子、γ 光子或其他带电粒子，甚至发生核裂变。中子与物质作用主要有弹性散射 (n,n)、非弹性散射 (n,n′)、辐射俘获 (n,γ)、核裂变反应 (n,f)、带电粒子发射 (n,α)(n,p) 和多粒子发射 (n,2n)(n,np) 6 种形式。

1. 弹性散射

在相互作用机制中，将总动能保持不变的散射称为弹性散射。从反应机制看，有两种不同的反应：一种是势散射，即中子在核力场的作用下改变原来的运动方向；另一种是中子被原子核所吸收形成复合核，复合核处于激发态，激发态的复合核放出一个中子而回到基态。从力学观点来看，不论哪一种机制，弹性散射过程前后，整个系统保持动能和动量守恒，中子能量的减少等于反冲核获得的动能。从能量和动量关系得到，中子的动能损失或反冲核获得的动能为

$$E_M = E_n - E_n' = 4M \cdot m \cdot E_n \cdot \cos^2\phi / (M+m)^2 \tag{4.3}$$

式中　E_M——反冲核的动能；

　　　E_n、E_n'——碰撞前、后中子的动能；

　　　M——反冲核质量；

　　　m——中子质量；

　　　ϕ——实验室坐标系中反冲核的反冲角。

从上式可以看出，原子核的质量越小，在弹性散射过程中，中子损失的能量或原子核得到的反冲动能越大。弹性散射以 (n,n) 表示，第 1 个 n 表示入射前的中子，第 2 个 n 表示散射后的中子。可以利用弹性散射使中子速度降低，将快中子转变为慢中子。

2. 非弹性散射

在相互作用机制中，总动能发生改变的散射称为非弹性散射。中子能把动能的一部分传给原子核作为核的激发能，激发了的核常放出 γ 射线而回到基态。在非弹性散射时，中子损失的能量较弹性散射时大。只有当中子能量超过阈值时，非弹性散射才能发生。非弹性散射阈能 E_D 可由下式求得：

$$E_D = E_\gamma \cdot (M + m)/M \tag{4.4}$$

式中　E_γ——放出的 γ 射线能量；

　　　M——反冲核质量；

　　　m——中子质量。

3. 辐射俘获

在相互作用机制中,原子核俘获一个中子,并发射瞬发 γ 射线的过程称为辐射俘获。中子被靶核俘获后形成复合核。复合核比原来的核多了一个中子,然后释放出一个或多个 γ 光子退激,记作(n,γ)。通过研究 γ 射线的能谱可以得到复合核能级结构、辐射过程性质的信息。(n,γ)反应对一切稳定核都是重要的,甚至中子能量很低时也能发生(n,γ)反应。另外,(n,γ)反应还是生产核燃料、超铀元素等的重要反应;辐射俘获的结果,是生成核比原来原子核大一个质量数的同位素,生成核往往是放射性的,即(n,γ)是制备放射性同位素的重要途径。例如,放射性同位素 ^{60}Co 就是(n,γ)反应得到的:

$$^{59}\text{Co} + \text{n} \rightarrow {}^{60}\text{Co} \tag{4.5}$$

4. 核裂变反应

中子与重原子核作用时,使一个重核分裂成两个较轻的原子核,释放出大量的能量,这一过程称为核裂变反应,记作(n,f)。核裂变中,还会同时发射出 2~3 个中子,这种中子的增殖可使裂变反应持续不断进行下去,形成裂变链式反应,这是人类目前获取核能最为重要的途径之一。

裂变过程中产生的中子可以分为瞬发中子和缓发中子。绝大部分(约99%)中子是在裂变过程后 10^{-8}s 放出的,称为瞬发中子;也有很少部分中子是经过一段时间后发出的,称为缓发中子。缓发中子与裂变产物的 β 衰变有关,裂变产物经 β 衰变后,核处于激发态,此激发态能量高于中子在核中的结合能,于是核发射中子。核发射缓发中子有各种不同的半衰期。在中子测量中,可利用铀的缓发中子测量铀含量。

5. 带电粒子发射

中子与某些轻核发生作用时,形成复合核并发出带电粒子。(n,p)反应是发出质子,(n,α)反应是发出 α 粒子,它们的反应能量 Q 有正有负。$Q < 0$ 是吸热反应,$Q > 0$ 是放热反应。吸热反应有一个阈值。放热反应原则上在任何中子能量时都可发生。但是,带电粒子从核内发射出时,必须克服库仑势垒的阻碍。因为这个势垒的高度随着 Z(核电荷数)而迅速增加,所以,对于慢中子,只有在轻核情况下才能发生(n,p)和(n,α)反应,如 ^{6}Li(n,α)^{3}H,^{10}B(n,α)^{7}Li 等反应。上述反应是探测中子的重要途径。

6. 多粒子发射

这种作用是:当中子被靶核吸收后,可放出 2 个、3 个、…中子的(n,2n),(n,3n),…反应。这种作用只有在特快中子轰击时才能发生。

总之:①当中子能量不同,原子核质量不同时,产生的主要作用形式也不同;②弹性散射(n,n)和辐射俘获(n,γ)是常见的作用形式,中能中子和快中子对重核作用主要发生(n,n')反应,慢中子对轻核作用发生(n,n)反应为主,对重核主要发生(n,γ)反应;③当中子能量更低时,热中子与所有核都以(n,γ)反应为主;④核裂变主要在重原子核作用时发生,轻原子核发生裂变的可能性很小,不同质量的核产生裂变的中子能量是不同的;⑤热中子能发生^{233}U,^{239}Pu 裂变,只有能量大于 1 MeV 的快中子才能引起^{238}U 和^{232}Th 裂变。为了表示中子与原子核作用概率的大小,常引用作用截面这一概念,单位为 cm^2。

4.2.2　相互作用机制

中子在介质中与介质原子的电子发生的相互作用可以忽略不计。根据中子能量的不同,中子与原子核的相互作用过程包括弹性散射、非弹性散射和辐射俘获等。根据中子与原子核作用方式可以分为势散射、直接相互作用和形成复合核三种机制。

1. 势散射

势散射是中子与原子核表面势相互作用的结果,在整个作用过程中,中子未进入原子核内部。散射前后原子核的内能并未发生变化,整个相互作用过程中动能、动量守恒。

2. 直接相互作用

当入射中子的能量很高时,中子将直接进入原子核内部,直接与原子核内的某个核子发生碰撞,将其从原子核中打出,而入射中子留在原子核内,这个反应过程的机制称为中子和原子核发生了直接相互作用。

3. 复合核

复合核是核反应过程中形成的核体系中间状态。1936 年,丹麦物理学家玻尔(Niels Henrik David Bohr)提出核反应机制的复合核模型,把核反应分成两个阶段:第一阶段,入射粒子(包括中子)和靶核强烈相互作用,能量迅速分散给所有核子,使整个核处于激发态,形成复合核,其寿命比入射粒子穿行靶核的时间长得多;第二阶段,核处于激发态的复合核由其自身的寿命、能量、角动量和宇称决定其衰变方式。复合核模型假设复合核形成和衰变是两个没有关联的相互独立的阶段。具体反应式可以写为下式的形式:

$$a + A \rightarrow C^* \rightarrow B + b \qquad (4.6)$$

式中　a——入射粒子;

　　　A——靶核;

　　　C^*——复合核;

　　　B——剩余核;

　　　b——出射粒子。

质子(p)入射^{63}Cu 形成复合核^{64}Zn*,^{64}Zn*以三种方式衰变的例子如下:

$$\begin{cases} ^{63}Cu + p \rightarrow ^{64}Zn^* \rightarrow ^{63}Zn + n \\ ^{63}Cu + p \rightarrow ^{64}Zn^* \rightarrow ^{62}Zn + 2n \\ ^{63}Cu + p \rightarrow ^{64}Zn^* \rightarrow ^{62}Zn + p + n \end{cases} \qquad (4.7)$$

4.3　中子探测方法原理

中子探测是放射性测量的一个重要方面,一般情况下,核探测器基于电磁相互作用探测致电离粒子。而中子呈电中性,直接探测比较困难,可间接地通过探测中子与原子核反应产生的次级粒子达到探测目的。

中子与原子核的作用机制非常复杂,中子可与原子核发生势弹性散射或直接作用,或通过一系列的中间态达到统计平衡,在趋向统计平衡的过程中可能发射多种粒子或与原子核形成作用,并融合成激发的复合核。形成的复合核可通过多种方式衰变:①共振弹性散射,释放中子,且剩余核处于基态;②非弹性散射,入射中子的部分能量转换为靶核的激发能,复合核放出中子后,剩余核处于激发态;③产生带电粒子的核反应;④辐射俘获,复合核通过发射光子的方式跃迁至低能态;⑤裂变,中子诱发重核裂变成多个中等质量的原子核。

利用中子与原子核的作用机制,探测中子的方法有核反冲法、核反应法、核裂变法和核活化法[2,3]。

4.3.1　核反冲法

中子与原子核发生弹性碰撞后,将一部分能量传递给原子核,使其发生反冲,这部分原子核称为反冲核。反冲核通常为带电粒子(如质子、氘核等),可被探测器直接测量,这种方法称为核反冲法。单位面积、单位时间内的反冲核数目可表示为

$$N_p = \Phi \cdot \sigma_s \cdot \rho \cdot D = \Phi \cdot \sigma_s \cdot N_s \tag{4.8}$$

式中　Φ——中子注量率;

　　　D——薄靶厚度;

　　　ρ——原子密度;

　　　σ_s——靶核的弹性散射截面;

　　　N_s——单位面积靶核数。

对于确定的靶核,ρ,D 和 σ_s 都是常数,所以由测到的反冲核形成的脉冲数 N_p 便可反推出中子注量率。核反冲法的辐射体的选择原则是:反冲核动能大,弹性散射截面大,易被精确测量;反冲核的角分布简单;随着中子能量的增加,截面应平滑地变化,最好遵循 $1/V$ 定律。由于氢核对中子具有较大的弹性散射截面和较大的反冲动能,所以含氢比例较高的塑料闪烁体是常用的探测介质。

4.3.2　核反应法

中子本身不带电,与原子核不发生库仑作用,因此容易进入原子核,发生核反应。选择某种能产生带电粒子的核反应,记录下带电粒子引起的电离激发现象,即可探测中子。这种方法主要用于探测慢中子的强度,个别情况下也可用来测量快中子能谱。目前应用最多的是以下三种核反应:

$$n + {}^{10}B \rightarrow \alpha + {}^7Li + 2.792MeV, \sigma_0 = 3837 \pm 9b \tag{4.9}$$

$$n + {}^6Li \rightarrow \alpha + {}^3T + 4.786MeV, \sigma_0 = 940 \pm 4b \tag{4.10}$$

$$n + {}^3He \rightarrow P + {}^3T + 0.765MeV, \sigma_0 = 5333 \pm 7b \tag{4.11}$$

中子与其他原子核反应截面一般是几靶,因此上述三种反应截面都很大,常采用这三种核反应来探测中子。图4-1为三种核的中子核反应截面与中子能量关系,其中 ${}^{10}B$(n,α)反应目前应用最广泛[4,5],因为硼的材料比较容易获得。气态的可选用 BF_3 气体,固态的可选用氧化硼或碳化硼。天然中 ${}^{10}B$ 的含量约为 19.8%,为了提高探测效率,在制造中子探测器时常采用浓缩硼(${}^{10}B$ 含量 96% 以上),而浓缩硼的获得也并不很困难,所以目前利用这种核反应的中子探测器占很大比重。

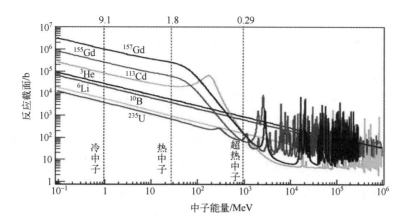

图 4-1 三种核的中子核反应截面与中子能量关系

$^6Li(n,\alpha)$反应是三种反应中放出的能量最大的,因此在三种核反应中具有最好的 n/γ 抑制比。但是 Li 没有合适的气体化合物,使用时只能采用固体材料。其中基于$^6LiF/ZnS$闪烁体和波移光纤结构的大面积位置灵敏型热中子探测器已成为近些年的研究热点,中国散裂中子源工程的高通量粉末衍射仪即拟采用这种探测器形式。

$^3He(n,p)$是三种反应中反应截面最大的,但是在自然界中,^3He 的同位素丰度非常低,^3He 的天然丰度仅为 $1.37 \times 10^{-4}\%$,其余为^4He。因此获取十分困难,而且价格十分昂贵。所以,许多实验组都开始研发新型中子探测器来代替基于^3He 的中子探测器。

4.3.3 核裂变法

中子俘获诱发重核裂变产生裂变碎片,通过探测裂变碎片来测量中子注量率的方法称为核裂变法。一次裂变产生两个质量相近的碎片,总动能约为 150 ~ 170MeV,每一裂变碎片的动能在 40 ~ 110MeV 之间,它形成的脉冲比 γ 本底脉冲大得多[6],可用于强 γ 辐射场中子的测量。因此,该方法适用于探测反应堆的中子注量率。

多数裂变核具有 α 放射性,因此以裂变核为探测介质的探测器因衰变 α 粒子的作用存在自发信号。但 α 粒子的信号相对于裂变碎片的能量很小,利用幅度甄别可以消除这部分信号。另外,对于被裂变材料,只有中子能量大于某一值时才会引起裂变,所以可以利用不同阈值的裂变元素来判断中子的能量。表 4-1 中列出了几种裂变核的主要物理参数。核裂变法的缺点是探测中子的效率低,因为裂变碎片的射程极短,裂变材料厚度只能很薄,一般是涂敷成薄膜。采用高浓缩铀为探测介质,探测中子的效率也仅为 10^{-3},可采用多层结构以增加辐射体的面积来提高探测效率。

表 4-1 常用裂变阈探测器核素的主要物理参数

核 素	^{232}Th	^{231}Pa	^{234}U	^{236}U	^{238}U	^{237}Np
热中子截面 /($10^{-27} \cdot cm^2$)	<0.2	10	<0.6	—	<0.5	19
裂变阈/MeV	1.3	0.5	0.4	0.8	1.5	0.4
3MeV 中子截面 /($10^{-24} \cdot cm^2$)	0.19	1.1	1.5	0.85	0.55	1.5
半衰期/年	1.405×10^{10}	3.276×10^4	2.455×10^5	2.342×10^7	4.468×10^9	2.144×10^6

4.3.4 核活化法

中子和原子核相互作用时,辐射俘获是主要的作用过程。中子很容易进入原子核形成一个处于激发态的复合核,复合核通过发射一个或者几个光子迅速退激回到基态。这种俘获中子放出 γ 辐射的过程称为"辐射俘获",用 (n,γ) 表示。一个典型的例子是 ^{115}In 做激活材料,它受中子辐照时发生如下反应:

$$n + {}^{115}In \rightarrow {}^{116}In \rightarrow {}^{116}In + \gamma \tag{4.12}$$

新生成的核素一般都是不稳定的,本例中生成的 ^{116}In 就是 β 放射性的,衰变方式如下:

$$^{116}In \rightarrow {}^{116}Sn + \gamma \tag{4.13}$$

这种现象称为"活化"或"激活",所产生的放射性称为"感生放射性"。测量经过中子辐照后样品的放射性,即可知道中子的强度,这就是活化法。

综上所述,中子探测的四种方式的基本原理归根到底,就是中子与原子核相互作用的四种基本作用过程。目前,广泛使用的各种中子探测器基本上都是基于以上四种原理开发的。此四种基本方法的定性比较列于表4-2。

表4-2 裂变核的主要物理参数

方　　法	作　　用	辐　射　体	截面/b	用　　途
核反应法	$(n,d),(n,p)$	$^{10}B, ^{6}Li, ^{3}He$	10^{3}	热、慢中子
核反冲法	(n,n)	H	1	快中子
核裂变法	(n,f)	$^{235}U, ^{239}Pu$	1×10^{2}	热中子
活化法	(n,γ)	In, Au, Dy	1	中子

4.4　中子探测器

中子探测器是指一类能探测中子的探测器。由于中子本身不带电,不能产生电离或激发,所以不能用普通探测器直接探测。它是利用中子与掺入探测器中的某些原子核作用(包括核反应、核裂变或核反冲)所产生的次级粒子进行测量。通常,中子探测器就是在探测器内添加能与中子发生相互作用的物质而成的。

4.4.1 分类

中子探测器不是一类独立的自成系列的核探测器,而是几类核探测器在中子探测中的应用,其种类繁多。常用中子探测器见表4-3。

表 4-3　常用中子探测器汇总

类　型	中子探测器	原理及探测对象	主要特点
气体探测器	硼电离室、BF_3 正比计数管、^3He 正比计数管	核反应法,慢中子	耐高温、耐辐照,堆芯中子探测,在线获取,10^{-4} s 量级脉冲宽度
	^{235}U 裂变室	核裂变法,慢中子	
	含氢正比计数管	核反冲法,快中子	
	^{238}U 裂变室	核裂变法,快中子	
半导体探测器	^6LiF 夹心半导体探测器	核反应法,慢中子	在线获取数据,幅度分辨率高
	^{235}U 蒸膜半导体探测器	核裂变法,慢中子	
	有机膜半导体探测器	核反冲法,快中子	
	^{238}U 蒸膜半导体探测器	核裂变法,快中子	
闪烁探测器	^6Li 闪烁体、含^{10}B ZnS(Ag)、含^6Li ZnS(Ag)	核反应法,快中子	探测效率高,在线获取,10^{-7} s 量级脉冲宽度
	ZnS、塑料闪烁体、蒽、萘	核反冲法,快中子	
热释光探测器	^6LiF 热释光探测器	核反应法,慢中子	体积小,重量轻,脱离测量装置单独使用
径迹探测器	载^{10}B 核乳胶	核反应法,慢中子	数据可长期保存,探测器实验室处理繁杂
自给能探测器	Rh 探测器、V 探测器、Co 探测器	核激活法,慢中子	不需外加偏压,结构简单,体积小,全固体化

它们各有不同的性能和特点,适用于不同场合。由于中子探测器种类繁多,其分类也是五花八门,各有所长。通常,可按下列方法对中子探测器进行分类。

（1）按工作机理,中子探测器可分成气体电离探测器、半导体探测器、闪烁探测器及自给能探测器等。

（2）按探测中子的机理,中子探测器可分成核反冲中子探测器、核反应中子探测器、核激活中子探测器和核裂变中子探测器。

（3）按探测中子能谱,中子探测器可分成慢中子探测器、中能中子探测器和快中子探测器等。

（4）按应用目的,中子探测器可分为快时间中子探测器、高灵敏中子探测器、位置灵敏中子探测器、低本底中子探测器和堆芯中子探测器等。

4.4.2　主要性能

在探测器的使用中除了需从原理上进行选择外,还必须对探测器的适用范围、测量对象等因素加以考虑,选择合适的探测器及工作状态是准确测量的基础。衡量中子探测器的指标主要有探测器效率、时间分辨、n-γ甄别、幅度分辨与能量分辨。

1. 探测效率

多数中子实验都希望中子探测器具有较高的探测效率,且探测效率随能量变化缓慢（即能量响应平缓）。但是有一些监测中子束入射谱的实验中,却要求探测器的中子吸收（探测效率）不能太高（百分之几）;有少数实验要求精确（百分之几）知道中子探测器的绝对探测效率。但对于大多数实验来说,知道探测器的相对探测效率或相对探测效率与能量的函数关系便足够了。快中子探测器,应对慢中子不灵敏,反之亦然,这样可以减小所感兴趣的能区之外的中子所形成的本底对测量的影响。对于大多数实验来说,探测器的面积为 $10cm^2 \sim 100cm^2$ 便可满足,当然也有的中子物理实验要用很大的探测器,如文献[7]中介绍的中子探测器其面积为 $1m^2$,而体积达 $3m^3$。

2. 时间分辨

在有些中子实验中,可采用飞行时间技术和脉冲中子源来获得很好的能量分辨,因而对所使用的中子探测器提出了较高的时间分辨特性。不同的实验中所要求的分辨时间差别很大,对于能量大于 10MeV 的快中子要求分辨时间小于 1ns;能量小于 1eV 的中子,分辨时间为 μs 量级便足够了。若以分辨时间性能好的探测器,配用单能中子源可使实验的信/噪比大大改善。

3. n–γ 甄别能力

大多数中子物理实验皆伴有来自天然放射性、中子源、散射和慢化中子的辐射俘获的 γ 辐射。因此,n–γ 甄别是中子探测器的基本性能之一,有些场合会成为中子探测器应用的限制因素。具有 n–γ 脉冲信号幅度分辨特性的中子探测器,如 BF_3 正比计数管,借助于简单的幅度甄别线路便可提供很理想的 n–γ 甄别效果。在闪烁体中,中子与 γ 信号脉冲的形状不同,因而发展了脉冲形状甄别(PSD)技术来实现 n–γ 甄别。对 MeV 级能量的快中子,有机闪烁体探测器对 γ 辐射的抑制可达 1000 倍,对中子探测的效率损失很小。

4. 幅度分辨与能量分辨

对于带有峰响应的中子探测器,可采用峰分辨率这一技术参数来表征其特性。峰分辨率是探测器的中子脉冲幅度谱中的峰半高宽与峰幅度的比值。当中子探测器的输出脉冲幅度与被探测中子的能量之间有一定的对应关系时,探测器的脉冲幅度微分谱中,对应单能入射中子的峰(幅度)分辨率,称为该探测器相对于该中子能量的能量分辨率。

4.4.3　热中子探测器

用于中子探测的核反应中,下列三种核反应的应用最为广泛:

$$n + {}^3He \rightarrow {}^3H + {}^1H + 0.764MeV, \sigma_o = (5333 \pm 7)b \tag{4.14}$$

$$n + {}^6Li \rightarrow {}^4He + {}^3H + 4.79MeV, \sigma_o = (940 \pm 4)b \tag{4.15}$$

$$n + {}^{10}B \rightarrow {}^7Li* + {}^4He \rightarrow {}^7Li + {}^4He + 0.48MeV \gamma + 2.3MeV(93\%)$$

$$\rightarrow {}^7Li + {}^4He + 2.8MeV(7\%), \sigma_o = (3837 \pm 9)b \tag{4.16}$$

在基于上述三种反应类型的中子探测器中,BF_3 管是前些年国内外使用最广泛的用于热中子探测的正比管。但是,由于其对环境的潜在危害,目前国际上已趋于不再使用;另外,BF_3 也不是一种很好的正比工作气体[7]。近年来,针对 BF_3 管的不足开发研制了涂硼管。涂硼管中的硼是浓缩的 ^{10}B,其含量是 95%(天然硼中 ^{10}B 的含量是 19.8%)。由于这种管中的硼是以硼原子而不是以 BF_3 的形式存在,不含氟离子(F^-),所以不会对环境造成危害;此外,由于涂在管内的硼是以固态的形式存在,所以还可以选择更合适的正比工作气体[8](如 $Ar + CO_2$)。尽管涂硼管在长时间计数稳定性以及 γ 甄别方面要差一些,但是从环保、价格、密封技术等方面来看,涂硼管是取代 BF_3 管的一种较好选择。此外,国际上已有用很多根直径为 6mm 的涂硼管组成的稻草管探测器(Straw Tubes Detector)阵列来实现高计数率下的热中子成像的报道[9-12]。

^{3}He 管的优势是反应截面很大,在高气压下可以获得很高的探测效率,在要求高探测效率的场合有明显优势[8];技术上的成熟是其应用广泛的另一个优点。缺点是 ^{3}He 管价格昂贵,密封技术难度大。

4.4.3.1　^{6}Li 探测器

由于不存在含锂的正比气体,所以也不存在与 BF$_3$ 正比计数管相对应的含锂正比计数管。然而,由于中子与 ^{6}Li 核的核反应 Q 值较大,所以当需要甄别 γ 辐射以及其他低幅度事件时,锂作为中子灵敏物质确实具有很大的优越性。特别值得指出的是,中子与 ^{6}Li 核的反应,产物皆跃迁至基态,因此所有的单能慢中子导致的核反应传递给反应产物 ^{4}He 与 ^{3}H 核的能量都是一定的。这样,锂探测器中,若反应能全部被收集,则所获得的输出脉冲幅度分布是一个单一峰。

1. 碘化锂(铕)闪烁体

LiI(Eu)闪烁体的化学性质与 NaI(Tl)类似,其光输出是 Na(Tl)的 35% 左右。LiI(Eu)闪烁体的发光机理也与 NaI(Tl)类似,LiI(Eu)闪烁体的闪烁衰减时间约为 0.3μs。碘化锂晶体的几何尺寸与核反应的两个产物的射程相比,一般都可以看作是"很大"的,因而碘化锂(铕)探测中子的输出脉冲幅度谱摆脱了"壁效应"的影响。对单能慢中子,得到的脉冲幅度为单一峰分布。

碘化锂对电子和重带电粒子的发光效率几乎相同(一个能量为 4.1MeV 的电子,与 4.78MeV 的反应产物核 ^{4}He 及 ^{3}H 产生同样的闪烁光)。碘化锂内单次 γ 相互作用产生的最大脉冲幅度,近似地与 γ 射线能量成正比。探测热中子的输出脉冲幅度,等效于 4.1MeV 的电子。所以碘化锂闪烁体的 γ 甄别特性不如充气的气体电离探测器,因为 γ 射线在气体探测器内仅仅积淀极小一部分的能量。

^{6}LiI(Eu)闪烁体也用于 MeV 级中子的探测与测谱。20 世纪 60 年代初,用 ^{6}LiI(Eu)闪烁体测定了 ^{210}Po – Be、^{238}Pu – Be 中子源的能谱。尽管小晶体的探测器效率较低,但用它完成了 1 ~ 14MeV 中子的测谱,分辨率达 10% 左右。然而由于有机闪烁体的独特优点,现今已几乎不用 LiI(Eu)进行 MeV 级快中子的实验。

碘化锂也极易潮解,不能曝露于空气中。商品碘化锂晶体是封装在密闭的防潮金属壳内的,其一端有一光学窗。因为碘化锂材料密度较大,因此为得到慢中子的有效探测,所需尺寸不大。例如 10mm 厚,富集 ^{6}Li 的 LiI(Eu)闪烁体对热中子的探测器效率已达 100%。由于存在碘共振吸收的干扰及易潮解等问题,作为慢中子注量测定探测器时,碘化锂不如含锂玻璃闪烁体。表 4-4 列出了碘化锂闪烁体的比较。

表 4-4　碘化锂闪烁体的比较

激 活 剂	Eu	Tl	Sn	Sm	Ag	In
激剂浓度/mol%	0.05	约 0.01	0.05	0.02	0.02	
衰减时间/μs	1.4	1.2	0.8	0.25	—	
最强发射波长/nm	约 475	蓝绿色	530	蓝色	黄绿	淡桔黄
颜色	几乎无色	无色	黄绿	无色	无色	—
γ 激发相对脉冲幅度/%	36	10	7.5	3.3	约 4	1.2
慢中子激发	4.1	4.1	4.0	3.6	—	—
脉冲分辨率/%	6 ~ 8	—	11	13.8		

2. 含锂玻璃(铈)闪烁体

玻璃闪烁体是 20 世纪 50 年代初期开始研制的一类闪烁探测器,至 50 年代末、60 年代初由美国、英国和苏联分别独立研制成功。它与玻璃一样,就其物理属性而言不是晶体。到目前为止,文献上提供的含锂玻璃闪烁体已有十几个品种。我国于 1976 年研制成功这种闪烁体,现已形成 ST601、ST602、ST1603 ~ ST1607 玻璃闪烁体系列产品。现今,我国有十几种核仪器与装置,包括商品仪器产品都采用含锂玻璃闪烁体作中子探测器件。

玻璃闪烁体含有锂,通过 ^6Li 俘获中子而可作为具有许多理想特性的中子探测器。例如光衰减时间短、温度性能好、慢中子探测效率高等特性已引起广大核物理实验者很大的兴趣。含锂玻璃闪烁体的广泛应用是近十几年的事。玻璃闪烁体具有制备简单、易于成型的优点。它不潮解、耐酸碱、耐温度的急剧变化,因而在有腐蚀性液体及蒸汽存在的恶劣场合,当其他闪烁体无法使用时,它却仍然能够正常工作。正是由于上述原因,尽管玻璃闪烁体闪烁效率较低,却丝毫没有影响人们对它的兴趣。如今,含锂玻璃闪烁体在中子飞行时间实验、石油测井、无损探伤及中子照相等场合,显示出了它的优越性。

4.4.3.2 ^{10}B 探测器

BF_3 正比计数管是一种应用广泛的慢中子探测器。在这种探测元件中,BF_3 一方面被用作将慢中子转换成次级带电粒子的靶物质,另一方面又是正比性气体。曾经对含硼的其他气体作过评价,但是 BF_3 气体最佳,因为它是具有正比性的气体,同时其中的硼含量很高。几乎所有商品探测器内,用的皆是富集 ^{10}B 的气体,原因就在于其探测效率要比用天然硼的气体高 4 倍左右。

1. BF_3 正比计数管

BF_3 正比计数管是一种应用很广的气体电离探测器。最常见的结构是圆柱形管,中心阳极丝用钨制成,通过玻璃或陶瓷与外壳绝缘,外壳有金属与玻璃两种,金属外壳兼作阴极。用玻璃作外壳的 BF_3 正比计数管,其玻璃内层需另衬一层铜片作阴极。由于铝俘获中子的截面较小,现经常用铝制外壳。而当用于低本底测量时,多选用不锈钢,因为铝或多或少含有部分 α 放射性。

BF_3 正比计数管对中子的探测基于核反应法。BF_3 气体既是将中子转换成次级带电粒子的靶物质,同时又是正比计数管的工作气体。在工作电压下,典型的气体放大倍数为 100 ~ 500 倍。

BF_3 正比计数管通常仅用作慢中子计数。因为 BF_3 是微弱的负电性气体,管内充气压不能太高。即使使用富集 ^{10}B 的 BF_3 气体,其典型的探测器效率一般也只有 10% 左右。

2. 衬硼正比计数器

将硼以固体涂层的形式敷到普通正比计数管的内壁上,制成衬硼正比计数管。该结构的优点主要就是可以采用正比特性优于 BF_3 的工作气体。这种计数管特别适合于要求快时间响应的应用场合。因为硼反应中产生的 α 粒子的最大射程约为 $1mg/cm^2$ 量级,如果涂层厚度达到这一数值,衬硼计数器的探测器效率最高。当硼衬太厚时,有部分反应产物无法穿透硼衬到达气体,因此,由于对入射中子额外的吸收而使探测效率略有下降。有人曾将硼衬板或栅板置于圆柱管内,以增大涂层的表面积,但此结构并没有得到推广。

图 4-2 为厚硼层的衬硼正比计数管的理想脉冲幅度分布谱。其中,图(a)为 ^{7}Li 与 α 粒子反冲核各自的贡献;图(b)为相加后的谱。

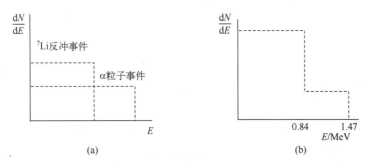

图 4-2   厚硼层的衬硼正比计数管的理想脉冲幅度分布谱

由于探测中子的核反应发生在计数管壁中,而且反应的两个产物核在相反的方向上出射,因此每一个反应事件中只能有一个反应产物被利用。如果 α 粒子朝管内飞行,则它能够淀积的最大能量是其初始动能 1.47 MeV。随着探测中子在涂层内不同的位置发生核反应,α 粒子在气体中淀积的能量在 1.47 MeV 这一最大值到零的区间内变化。因为所有位置几乎是等概率的,所以 α 粒子能量淀积的理想分布近似地为以 1.47 MeV 为极大值的长方形。图 4-2(a)用虚线示出了这一分布。完全类似的分析与讨论对反应中生成的锂反冲核也成立,只不过其极大能量是 0.84 MeV(见图 4-2(a)虚线)。这两个长方形的和便是厚硼衬(厚于 1 mg/cm^2)衬硼计数器的理想脉冲幅度分布,见图 4-2(b)。众所周知,没有“谷”的脉冲幅度微分谱不会产生计数坪,所以就长时间计数稳定性而言,衬硼正比计数管不如 BF$_3$ 正比计数管。另外,由于中子探测中核反应的平均淀积能也比 BF$_3$ 管的小,所以衬硼计数管的 γ 辐射甄别性能也不如 BF$_3$ 正比计数管。

4.4.3.3 ^{3}He 探测器

^{3}He(n,p)^{3}H 反应的截面比硼的更大,是探测慢中子最为理想的核反应之一。但是 ^{3}He 是惰性气体,没有含氦的固体化合物,所以该物质只能以气体形式应用。图 4-3 为 ^{3}He 正比计数管工作原理示意图。

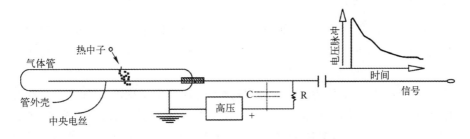

图 4-3 ^{3}He 正比计数管工作原理示意图

以高纯 ^{3}He 气作为正比气体的 ^{3}He 正比计数管的中子探测器已相当普及,在一个相当大的 ^{3}He 正比计数管内,每个热中子反应将以氦核和质子动能的形式淀积 765 keV 的能量。图 4-4 为典型尺寸的 ^{3}He 正比计数管脉冲幅度期望谱的形状。当中子能量远小于

765 keV 时,谱中有一全能峰,左侧的台阶式结构与 BF$_3$ 正比计数管机理相同。

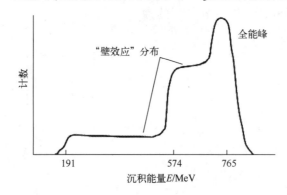

图 4-4 ^{3}He 正比计数管脉冲幅度期望谱的形状

一般来说,壁效应导致的脉冲幅度谱的连续分布是不利的,计数坪的电压区间将因此而缩短,给出的脉冲幅度较小的中子事件将降低计数管对 γ 脉冲的甄别特性。因此,在选择 ^{3}He 正比计数管时,应选取计数管的直径尽可能大一些,以增大中子俘获反应产生地点远离管壁的事件之比例。另一种方法是加大 ^{3}He 气的充气压,以便减小反应产物——带电粒子的几何射程。由于 ^{3}He 气的原子量低,反应产物的射程长,因而与同尺寸、同气压的 BF$_3$ 正比计数管相比,^{3}He 正比计数管的壁效应更为显著。减小带电粒子几何射程的一个方法是向 ^{3}He 气中补充少量的重气体,以提高阻止本领。

与 BF$_3$ 管相比,^{3}He 正比计数管的一个特点是可工作于高气压状态。此时它的增殖行为不会出现反常,因而对于要求探测器效率高的应用场合来说,可以优先选用。然而,^{3}He 俘获中子的反应能 Q 值较低,这使其对 γ 辐射的甄别特性不及 BF$_3$ 正比计数管。

与所有的正比计数管一样,^{3}He 气的纯度是影响 ^{3}He 正比计数管性能的关键条件。导致计数管失效的典型原因是长时期的使用或存放,空气渗入计数管;另一个原因是使用过程中,气体内的负电性沾污聚集。与 BF$_3$ 正比计数管相似,在 ^{3}He 正比计数管内壁上涂一层活性炭,可使这种沾污消除,从而延长探测器的使用寿命。^{3}He 正比计数管探测热中子的截面为 5333 b,在 0.001~0.03eV 能区遵从 $1/V$ 定律。

4.4.4 快中子探测器

目前,对快中子的探测主要有两种方法:①将快中子慢化后进行探测,此种方法比较常用的探测器有 ^{3}He 正比计数管、BF$_3$ 正比计数管等;②对快中子进行直接探测,这种方法常用的探测器是闪烁探测器。

能量大于 1keV 的中子称为快中子,闪烁探测器在快中子探测方面的应用极为广泛,尤其是对于以下方面:直接探测快中子,或直接对快中子计数;与时间相关的测量,比如同时测量或者对中子的飞行时间的测量;基于对中子飞行时间谱或者脉冲幅度谱的测量,实现对中子能谱的测量;对中子注量的精确测量;对辐射防护剂量的测量[13]。

1. 低能区中子探测器

为了在比较中子探测器时叙述方便,首先定义三个能区:①低能区,能量在 1~300keV;②中能区,能量在 0.1~20MeV;③高能区,能量大于 20MeV。低能区常用的闪烁探测器见表 4-5。

表 4-5　1keV ~ 300 keV 范围内常用的闪烁探测器

序号	闪烁体类型	核 反 应	中子能谱鉴别能力	n - γ 甄别能力	时间分辨率/ns
1	^{10}B - plug + NaIl	(n,α)	不能	不能	10
2	^{10}B - CH liquid	(n,α)	不能	能	400
3	^{10}B - CH	(n,α)	不能	不能	400
4	^{6}Li(EU) crystal	(n,α)	不能	不能	200
5	^{6}Li - glass	(n,α)	不能	不能	5
6	^{6}Li - CH liquid	(n,α)	不能	能	400
7	CH(D) crystal	(n,n)	能	能	2
8	CH(D) liquid	(n,n)	能	能	2
9	CH(D) plastic	(n,n)	能	不能	1

低能区中子探测器的研究,主要集中在 20 世纪 80 年代。20 世纪 80 年代以后,比较重要的发展主要是涂硼塑料闪烁体[14,15]和锂装载液体闪烁体[15-18]的出现。^{6}Li 装载玻璃闪烁体适用于低能区整个能量范围,有机闪烁探测器则适用于这个能区的高能范围(大于 0.1MeV)。表 4-5 中,涂硼塑料闪烁体和锂装载液体闪烁体的时间分辨率是指应用于探测低能中子(小于 100 keV)时的时间分辨率。由于中子慢化过程中会在 ^{10}B 或 ^{6}Li 原子上发生中子俘获,因此这些值会存在偏小或偏大的情况。在这一过程中(由低能光子)产生的反冲质子产生一个信号,这个信号通常都低于探测阈值。在高能入射中子的情况下,反冲质子信号可能在中子俘获脉冲之前或之后被探测到。

2. 中能区中子探测器

中能区(0.1 ~ 20MeV 范围内)中子常用的探测器示见表 4-6。测量中能区中子最主要是有机晶体,即液体和塑料闪烁体。近年来,有人开展了对有机凝胶闪烁体探测器的研制[19-22]。研究表明,有机凝胶闪烁体探测器与那些常用的有机闪烁体(如 NE213 BC501A 和 EJ305 等)有相近的性能表现;最重要的是液闪,不存在火灾隐患。因此,以后有机凝胶闪烁体探测器可能会特别有用。液氦和液氙探测器有一些特殊用途,比如第 8 序号探测器可以与中子偏振分析器合并在一起使用。

表 4-6　0.1MeV ~ 20MeV 范围内常用的闪烁探测器

序号	闪烁体类型	核反应类型	中子能谱鉴别能力	n - γ 甄别能力	时间分辨率/ns
1	^{6}Li(EU) crystal	(n,α)	不能	不能	200
2	^{6}Li - glass	(n,n)、(n,x)	能	不能	5
3	CH(D) crystal	(n,n)、(n,x)	能	能	2
4	CH(D) liquid	(n,n)、(n,x)	能	能	2
5	CH(D) plastic	(n,n)、(n,x)	能	不能	1

（续）

序号	闪烁体类型	核反应类型	中子能谱鉴别能力	n-γ甄别能力	时间分辨率/ns
6	CH(D) gel	(n,n)、(n,x)	能	能	2
7	Liquid³He	(n,n)、(n,x)	能	不能	2
8	Liquid⁴He	(n,n)	能	不能	2
9	Liquid Xe	(n,x)	能	未知	未知
10	Cs(Tl) crystal	(n,x)	能	能	未知

3. 高能区中子探测器

高能区(大于20MeV范围内)中子常用的探测器见表4-7。

表4-7　大于20MeV范围内常用的闪烁探测器

序号	闪烁体类型	核反应	中子能谱鉴别能力	n-γ甄别能力	时间分辨率/ns
1	CH(D) liquid	(n,n)、(n,x)	能	能	2
2	CH(D) plastic	(n,n)、(n,x)	能	不能	1
3	CH(D) gel	(n,n)、(n,x)	能	能	2
4	Liquid³He	(n,n)、(n,x)	能	不能	2
5	BaF_2 crystal	(n,x)	能	能	1
6	BGO crystal	(n,x)	未知	未知	未知
7	Cs(Tl) crystal	(n,x)	能	能	未知
8	$PbWO_4$ crystal	(n,x)	未知	未知	未知

有机闪烁体(表4-7中第1和第3序号)与氟化钡晶体(第5序号)是探测高能区中子主要的探测器。在高能区有三个因素变得非常重要:①探测过程中(n,n)和(n,x)两种反应的反应截面会发生变化,即使在有机闪烁体中,在氢原子上的弹性散射(n,n)比在碳原子上的(n,x)反应更加微弱;②在高能区,无机闪烁体如BaF_2上(n,x)反应的反应截面与^{12}C的反应截面相当,甚至更高;③相对有机闪烁材料来说,无机晶体材料一般都是高Z、高密度物质,因此每单位体积有更多的核子数与入射中子束反应,同时对中子探测过程中释放的带电核反应产物也具有更高的阻止本领。在这三个因素的联合作用下,会产生一些特殊的效应:①在高能区和同样物理大尺寸的情况下,无机闪烁体(如BaF_2)比有机闪烁体的探测效率更高;②减少了带电粒子从闪烁体中的逃逸(壁效应)。为此,在将来很可能其他无机闪烁体(如表4-7中第6和第8序号)也会成为常用的高能中子探测器。

4.4.5　新型探测器

1. 4H-SiC肖特基二极管探测器

碳化硅(SiC)是继以Si为代表的第一、二代半导体后发展起来的第三代半导体。它具有禁带宽度大、饱和电子漂移速度高、热导率大、抗辐射能力强,以及良好的化学稳定性等特点[23]。在核辐射探测方面,由于碳化硅器件相比于传统硅基半导体探测器具有优异的耐高温和抗辐照性能。近年来,各国研究者致力于其在带电粒子探测[24,25]和中子探测[26,27]等方面的应用研究,初步的实验结果显示了其良好的应用前景。

蒋勇等人[28]在 4H – SiC 肖特基二极管的中子探测器的研制上做了一些工作。采用耐高温、耐辐照的 4H – SiC 宽禁带材料研制$^6Li(n,\alpha)^3H$ 反应的中子探测器,并给出了基于 4H – SiC 肖特基二极管观测热中子信号的实验结果。制成的探测器具备良好的半导体 – 金属肖特基整流接触,在 10 ~ 600V 反向偏压下,漏电流维持在 6.4 nA 以下。对热中子场的测量表明探测器对热中子响应良好。

2. n、γ 混合场脉冲中子探测器

中子和 γ 辐射往往是伴随的,在测量中子时,必须消除 γ 辐射的干扰,在中子探测器的描述中,n、γ 甄别特性是探测器的重要参数之一。杨洪琼[29]等人利用三通道发生器产生的 γ 脉冲、中子发生器产生的 D – T 中子脉冲,对新型半导体脉冲中子探测器进行了研究,并与闪烁探测器对 D – T 中子脉冲的响应进行了比较。研究获得的结果证明,这种新型脉冲中子探测器,可用于 n、γ 混合辐射场的瞬态中子测量。

通常,PIN 电流型半导体探测器输出负脉冲信号。根据 PIN 探测器始终施加反偏压的原则,在 P 极加负偏压时,探测器输出信号为负脉冲,那么,在 N 极加正偏压时,探测器输出信号为正脉冲。这样,将两个探测器组合使用,当辐射同时穿过组合探测器时,可以达到正负脉冲抵消,即称为差分补偿原理。因此,使用相同的硅半导体材料,将外形尺寸、灵敏层厚度、死层厚度、结电容等参数相同的两个半导体硅片,采用特殊的制作工艺,组合成新型半导体探测器,将探测器的 4 个电极按照施加偏压和信号输出的原则进行特殊连接,为其提供偏压供电和信号输出,将此称为组合探测器。此外,也可以将组合探测器的电极分开,当作两个 PIN 半导体探测器单独使用。

新型脉冲中子探测器由组合探测器和安装在辐射入射端的中子辐射体(如 CH$_2$)组成,如图 4-5 所示。图 4-5 中,1 为 PIN 1$^\#$;2 为 PIN2$^\#$;3 为补偿线路;4 为调制器;5 为中子辐射体。

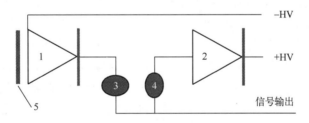

图 4-5　脉冲中子探测器的组成示意图

新型半导体脉冲中子探测器始终施加反偏压。当脉冲中子和 γ 辐射同时直接入射到探测器上时,由于中子和 γ 辐射均能穿过组合探测器,分别与组合探测器中的两个 PIN 电流型探测器作用,产生的脉冲波形在组合探测器的输出中相互抵消;只有中子在辐射体(聚乙烯薄膜 CH$_2$)上产生的反冲质子在探测器中形成的电子 – 空穴对对输出信号有贡献(反冲质子的能量完全沉积在第一个 PIN 中),而 γ 辐射在聚乙烯薄膜(CH$_2$)上产生的干扰完全可以忽略。因此,探测器的输出信号为负信号。换言之,当采用脉冲 γ 辐射标定脉冲中子探测器时,探测器的信号输出为"0";当采用脉冲中子辐射标定时,探测器的信号输出为负信号。

3. CVD 金刚石薄膜探测器

半导体固态探测器是 20 世纪 60 年代以来得到迅速发展的一种新型核辐射探测元件,它的特点是能量分辨率高、线性响应好、脉冲上升时间短、结构简单、探测效率高、工作电压低、操作方便[30]。自 70 年代以来,由于单晶硅拉制工艺的日趋完善,为半导体核辐射探测器的制造提供了良好的条件。单晶硅材料制造的探测器如 Au – Si 面垒探测器、粒子注入位置灵敏探测器、Si(Li) 探测器等是唯一适于宽能谱同时分析的探测器,因此在粒子物理的探测技术中得到了广泛的应用。但是在强的辐射环境中,硅晶格易受到辐射损伤,使探测器的漏电流增加,性能下降。另外,由热激发产生的本征导电性是随温度按指数增加的,由于硅的禁带宽度较小,因此由硅材料制造的器件不适合在高于 150℃ 的环境中工作。

金刚石作为探测器材料具有诸多优点:如禁带宽度大(5.5eV)、电阻率高(大于 $10^{11}\Omega \cdot cm$)、介电常数小(约5.7)、热导率高大[约 22 W/(cm·K)],探测器的噪声小、信噪比高,能在较高温度条件下工作;sp3 杂化 C – C 键结合能很高,具有很强的抗辐射能力,即使在大剂量高能粒子的辐照下,其晶格损失也很小;金刚石的电子、空穴迁移率高(约 $2200/cm^2 \cdot V^{-1} \cdot s^{-1}$ 和约 $1800/cm^2 \cdot V^{-1} \cdot s^{-1}$),电荷收集时间比硅快 4 倍,且电子、空穴的迁移率差距小,使得金刚石探测器响应速度快(约几纳秒),脉冲响应波形下降时间短,不存在"后台"问题[31]。

近年来,随着 CVD 金刚石制备技术的不断进步,尤其是同质外延单晶金刚石的 CVD 制备的逐渐成熟,国外已进行了大量的 CVD 金刚石中子探测器的理论和实验研究[32-38],如意大利罗马大学系统地开展了基于金刚石的中子探测器研制,发现研制的单晶金刚石探测器可实现同时分辨 JET 反应堆中的热中子和快中子,且能量分辨率小于 1%;在 JET 反应堆和 LHC 对撞机上的测试表明,单晶金刚石中子探测器的检测性能与目前广泛使用的硅探测器、聚变电离室探测器等具有非常好的一致性,有望替换这些探测器而在恶劣环境(高温、强辐射场和反应堆)下长期使用[32-37];法国 CENR 的 RD42 研究组系统对比了多晶金刚石和单晶金刚石的电荷输运特性,如电荷收集距离、电荷收集效率、载流子寿命、辐照损伤等,证明作为探测器材料,多晶金刚石由于存在大量无规则晶界造成辐生载流子的散射、俘获等,从而在探测器灵敏度、能量分辨率、抗辐射能力等方面均不及单晶金刚石[33,34];同时大量实验表明,单晶金刚石探测器在耐受 14MeV 快中子的辐射剂量达 $2 \times 10^{14} n/cm^2$ 时仍未见检测性能的退化,表明金刚石探测器在强辐射环境下具有较强的工作稳定性[35];此外,由于金刚石探测器的快的时间响应特性,它除了作为中子计数器以外,在中子能谱的测量方面也表现出一定的潜力,如通过飞行时间(TOF)下的计数率、聚变等离子体温度、脉冲高度谱等参数测量获取双参数图谱[36-38],在 ITER 的 D – T 聚变反应监测、控制,集成电路的单粒子效应的防辐加固等方面具有非常重要的意义。

随着对微观物质世界的认识需求不断进步,各种用于微观物质世界认识的大型反应堆、加速器等的能量需要急剧地提高,从而对辐射探测器也提出了更高的要求,如 ITER 中的 D – T 聚变反应就需要能长期耐受 $10^{14}/cm^2$ 剂量的中子辐射,而这一要求是目前硅探测器(即使通过外部冷却循环系统处理)无法达到的。

4.5　中子测量仪器

中子测量仪器是利用中子与探测器介质相互作用特性对中子进行测量的核仪器。由于中子探测器不是一类独立的自成系列的核探测器,而是几类核探测器在中子探测中的应用,其种类繁多。所以,根据不同的测量对象和需求,配置不同的探测器的中子测量仪器形状各异,大小差距很大,而且种类繁多。不过,根据中子测量仪器是否带有中子源,可将中子测量仪器分为有源中子测量仪和无源中子测量仪两大类。

4.5.1　有源中子测量仪

有源中子测量仪主要用平均中子能量为 0.3MeV 的^{241}Am – Li 中子源作为诱发裂变中子源,其发出的中子只能诱发^{235}U 发生裂变,所以由中子计数器探测,并由后续设备进行计数分析的中子主要是^{235}U 的诱发裂变中子,与^{238}U 含量基本无关。

1. 有源中子符合计数环

UNCL 由 20 根^{3}He 正比计数管分 3 面埋在聚乙烯中组成。探测器另一面为^{241}Am – Li 中子源,其中子探测效率为 12%。UNCL 主要是测量新燃料组件中^{235}U 含量,它应用于沸水堆(BWR)、压水堆(PWR)以及其他类型堆的燃料组件^{235}U 含量的确定,主要是为了衡算、关键点控制以及核保障的目的。

UNCL 也在移走^{241}Am – Li 中子源后可对一些有自发裂变中子的核材料进行无源测量。在轻水堆新燃料组件中,^{238}U 占有较大的比例,且^{238}U 的自发裂变率相对较高,因此可以通过无源的方式对新燃料组件中的^{238}U 进行粗略测量,然后结合有源方式测量得到的^{235}U 含量,可以测量组件中^{235}U 的丰度如下:

$$^{235}U(丰度) = {}^{235}Ug/cm \times ({}^{238}Ug/cm + {}^{235}Ug/cm)^{-1}$$
$$(4.17)$$

由于利用 UNCL 进行无源测量^{238}Ug/cm 有较大的不确定度,因此,该方法测量得到的丰度只能简单用来核实操作人员申报丰度值,不能进行准确确认。

2. 有源井型中子符合计数器

图 4 – 6 为有源井型中子符合计数器(AWCC)结构示意图。

该仪器由 42 根 Φ25.2mm × 500mm 的^{3}He 计数管分两环均匀埋置在聚乙烯慢化体内构成阵列式中子探测器;每只^{3}He 计数管充有 0.4MPa ^{3}He 气体,这些^{3}He 计数管共分为 6 组,每组为 7 根^{3}He 管并用导线连在一起后与前置放大器输入端相连;装置内共使用 6 只相互独立的前置放大器,其中子探测效率为 25%。AWCC 可以用来测量 UO$_2$ 散料样

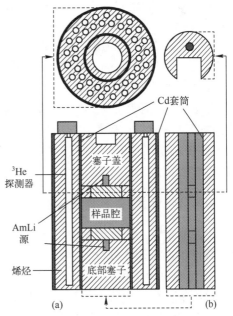

图 4–6　AWCC 基本结构示意图

品、高浓铀金属、铀铝合金废料、轻水堆燃料芯块和^{235}U Th 燃料等。AWCC 工作有两种测量模式:热模式和快模式。在快模式中,为了滤去入射的热中子,样品腔内装有一个镉桶。镉桶厚 0.5mm 左右,以吸收测量室慢化体返回的热中子,使得入射到待测物料上的中子都是较高能量的镉上中子。由于高能量的中子容易进入到待测样品的内部,这种模式适用于检测大质量物料,但是它的灵敏度低。热模式法测量是利用所有能量的中子,也包括了热中子。由于热中子诱发裂变截面大,所以该法灵敏度高,适合测量小质量样品。AWCC 兼有源/无源功能,移走^{241}Am – Li 源可进行无源测量。

3. 缓发中子计数装置

20 世纪 60 年代末,随着较大强度的^{252}Cf 源的生产而使之成为缓发中子和 γ 射线分析仪器使用的同位素中子源,并利用 1mg ^{252}Cf(约 2.5×10^9 n/s) 成功地研制了一台称为 Cf Shuffler 的时间识别测量装置。它由一个^{252}Cf 源、一个 U 形源转换管道、一个马达传输装置和在样品壁周围设置一系列^{3}He 正比计数管组成。其分析过程:由传输装置将放射源通过 U 形管道送入指定位置,照射样品几秒钟。然后,将放射源快速送回屏蔽室,在送回放射源的同时,接通^{3}He 探测器记录缓发中子,整个分析周期如此反复循环。一般计数周期约 10s,当然,最佳计数周期时间可随样品的各种特性而定。用^{252}Cf 中子辐射仪分析快增殖反应堆燃料棒时,不断移动燃烧棒,由 NaI 探测器或 Ge 探测器记录缓发 γ 射线达到分析之目的。

Cf Shuffler 仪在非破坏性分析中应用非常广泛,已进入最灵敏的分析仪器之列。它可测铀和钍的切削料、废料桶内的铀和钍、高浓缩废料和废容器;可测 mg 级到 kg 级的各种形状的样品,测量小容量内 1mg 的^{235}U 分析时间约 30min。在辐照装置内加 Ni 反射层和聚乙烯减速剂,可调节中子能谱以达到分析热中子或快中子之目的。图 4-7 为用于测量放射性废物具有有源、无源工作方式的大型 Shuffler 外形示意图。该装置通常采用^{252}Cf 中子源诱发超铀元素发生裂变,然后撤走^{252}Cf 中子源,测量裂变产生的缓发中子。它有大、中、小三种类型装置系统,主要用于测量退役核设施管道中滞留量、放射性核废物等。

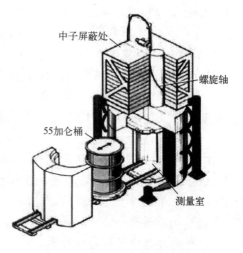

中子屏蔽处

螺旋轴

55加仑桶

测量室

图 4-7 缓发中子计数系统示意图

4.5.2 无源中子测量仪

无源测量仪不需要诱发中子源,样品本身就可以发射出中子,由中子计数器探测,并由后续设备进行计数分析。

1. 无源单中子积分计数器

单中子积分计数器中最具有代表性的是屏蔽式中子探测器。它是由聚乙烯圆柱体作减速剂,圆柱体内衬一层 Cd 屏蔽层,Cd 内放置两个^{3}He 正比计数管组成。为达到方向性和降低本底之目的,聚乙烯圆柱体呈 240° 的扇体放置在 Cd 屏蔽层的周围。当化学成分和同位素组分已知,利用相应的标准,用它可测量钚总量。分析 U、Pu 样品时,测量核素自发裂变和(α,n)反应产生的中子。

2. 中子符合计数器

符合计数用于记录同时(在分辨时间内)发生的彼此有关的两个或两个以上的事件。只有当符合电路的两个(或两个以上)输入端同时有输入信号时,符合电路才有输出。无源中子符合计数器的原理有别于单分子积分计数,它只探测自发裂变过程的伴随中子。由于符合法对低原子序数材料反应极灵敏,而且对中子本底变化也极灵敏,符合计数器的探测效率近似于单中子积分计数器的探测效率的平方,所以,在符合计数器的设计中,使用多个探测器的圆柱体几何形状可获得高于单中子积分计数的探测效率,即将样品置于探测器之中。一般是在六角形聚乙烯屏蔽层内设置 18 个 ^{3}He 探测器或更多探测器的桶式计数器,样品被放在探测器之中进行测量。在 Pu 同位素中,由于 ^{240}Pu 的自发裂变概率最大(是 ^{239}Pu 的 10^4 倍,^{238}Pu 的 25 倍,^{241}Pu 的 10 倍),所以,此法主要是测 ^{240}Pu 的自发中子。测定 Pu 总量通常借助于 γ 谱测量的同位素比,通过计算获得 Pu 总量。因此,往往是中子符合计数器与 γ 谱仪联合使用。

随着核电子技术的发展,桶式中子计数器已成为非破坏性分析的重要仪器之一,尤其是移位寄存符合电路的出现,具有比常规电路的符合计数率更高、死时间更短、测量 Pu 样范围更大的特点。还研制了一种使用塑料闪烁体的无源中子符合计数器,用于探测自发裂变的快中子和 γ 射线。

3. 便携式中子计数器

便携式中子计数器(SNAP)由 1 根或 2 根 ^{3}He 正比计数管组成,它适用总中子计数分析方法,主要应用在核材料衡算与控制、特殊核材料的搜寻、核材料发运/接受测量以及库房核材料的监视中。通常,SNAP 对中子的探测效率大约为 0.3%(在 30cm 处),其效率相对低些。

4. 高计数率中子符合计数器

高计数率中子符合计数器(HLNCC)由 18 根 ^{3}He 正比计数管组成,其中子探测效率为 17.5%。构成对核材料 4π 测量环境,中子分析方法和总中子法均可使用。该设备是对含钚物料中钚元素的偶数同位素自发裂变中子进行测量分析,以确定样品中钚含量,主要应用在钚材料的衡算核实工作中,在国际原子能机构视察及许多国家国内核材料衡算中广泛应用。

5. 多重性计数器

在 HLNCC 的基础上增加 ^{3}He 正比计数管的数量,提高探测效率,构成了多重性计数器(NMC),利用中子多重性分析技术对含钚材料进行无源测量分析。它具有很高的探测效率,不需要标样刻度,主要应用在钚物料衡算与控制、国际视察和核工厂废物测量中。通常,一个 5 圈 130 根 ^{3}He 正比计数管组成的中子多重性计数器,其中子探测效率约为 50%。

4.5.3　中子成像装置

中子成像装置就是利用中子成像原理构建的测量中子的仪器系统。虽然不同成像装置的成像原理有所差异,但是各类中子成像装置在结构上是类似的,主要包括中子源、准直器、探测器、成像设备以及图像重建软件等。其中软件部分主要是图像重建算法的应用,涉及图像处理技术,对于不同的成像装置具有通用性。

1. 中子透射成像装置

中子透射成像装置由两大部分组成,即中子源系统与成像系统。中子源系统为成像系统提供符合成像要求的入射中子束,主要包括中子源、准直器等。中子源系统组成结构如图 4-8 所示。

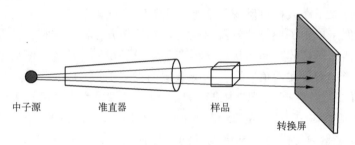

中子源　　　　准直器　　　　样品　　　　转换屏

图 4-8　中子源系统组成

其中系统对中子源的要求是系统搭建的难点。首先关注对于中子光源相干性要求,同轴轮廓相衬成像机理是菲涅尔衍射,即射线穿过物体时振幅和相位被调制,从而在物体后的传播方向上发生干涉,使得相位的变化转变为强度的变化。同轴轮廓法是一种投影成像,它得到的图像其实是这些干涉条纹的轮廓。同轴轮廓法相衬成像对光源的时间相干性(单色性)要求比较低,仅具有高空间相干性的多色热中子也可以采用这种方法实现相衬成像,这一点已由国外的一些相关实验证实。至于光源波长的大小对相干性的影响,可以肯定的一点是波长小的情况下相干性会差一些,但是对相位差灵敏度会提高,也就是说对于一些很薄的样品,中子穿过它产生的相位差很小,在这种情况下反而是波长小的光源比波长大的光源更容易将这些细小的相位变化产生的强度变化反映出来,所以热中子的波长是可能实现相衬成像的。

2. 相衬成像装置

相衬成像系统的结构与透射成像系统类似。主要组成部件包括中子源、准直器以及探测器等,系统结构如图 4-9 所示。

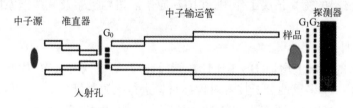

中子源　　准直器　　　　　　　　中子输运管　　　　　　　探测器

G_0　　　　　　　　　　　　　　　　G_1 G_2

样品

入射孔

图 4-9　相衬成像装置结构示意图

3. 冷中子成像装置

冷中子能量在 $0.001 \sim 0.005\text{eV}$ 范围内。利用某些结晶材料与冷中子的相互作用截面具有布拉格限这一性质,相对于热中子而言可以提高中子束对该类材料的穿透能力。从而使冷中子照相对这些材料有更大的检测厚度,同时由于不存在弹性散射,热中子照相中由于弹性散射带来的不利因素也不再存在,这些特点给冷中子成像技术带来很大的应用优势。由于冷源等因素的限制,冷中子成像在国际上还是一种较新的成像技术。其中瑞士国家实验室(PSI)对冷中子成像技术的研究较为深入,在其散列中子源 SINQ 上建有冷中子导管 CNR,能提供波长 0.18~1nm、强度为 10^8 n/(cm^2 · s)的冷中子束,建立了冷中子成像装置。美国洛斯·阿拉莫斯中子科学中心(LANSCE)在其冷中子成像装置上分别采用 7.5MeV、2.9MeV 和 1.5MeV 的中子对 Be 块和石墨螺钉组成的样品进行了照相实验。其他各国实验室在冷中子成像技术中也开展了大量的研究工作,主要参数如表 4-8 所列。

表 4-8　各国实验室冷中子成像装置主要参数

项　　目	德国 FRM-II	瑞士 SINQ	德国 HMI	美国 LANSCE	日本 Kyoto
中子源	20MW 研究堆	散列中子源	10MW 轻水堆	—	5MW 研究堆
中子产额/n·s^{-1}	8×10^{14}	6×10^{16}	10^{14}	—	
L/D	400~800	90~1100	70~500		
成像/cm×cm	40×40	5×5~22×22	3×5~15×15	6×6	
注量/n·cm^{-2}·s^{-1}	$2.3 \times 10^7 \sim 9 \times 10^8$	$\sim 10^8$	$10^7 \sim 2 \times 10^8$	2.1×10^6	
速度选择器	有	有	无	有	
冷中子能谱	可选	可选	连续谱	可选	
波长/nm	0.1~1	0.1~1	0.2~1.2	—	0.4~3
荧光屏	^{6}LiF/ZnS	^{6}LiF/ZnS:Ag	—	^{6}LiF/ZnS:Ag	^{6}LiF/ZnS:Ag
CCD	2048×2048	2048×2048	2048×2048	1024×1024	—

4.6　中　子　探　测

对于中子的探测,主要是通过对中子的数目和能量的测量来实现的。在核能的利用、放射性同位素的产生和应用核物理研究中都需要进行中子的探测。然而中子本身不带电,不会引起电离等作用,不产生直接的可观察效果。因此中子的探测是通过中子同原子核的相互作用,对反应的产物进行探测。对中子的探测方法较多,主要有中子能谱测量、中子通量测量、中子成像检测、中子活化分析等。

4.6.1　中子能谱测量

在核物理和中子学实验研究中,中子能谱测量技术是一种相当重要而难度又较大的实验技术。特别是在一些宏观实验中(如屏蔽基准实验和工程模拟实验),要求测量的能区宽(从几 keV 到接近 20MeV),同时具备探测效率高的特性,以适应穿过大样品的泄漏中子谱测量的需要。为此目的,国际上广泛采用三种谱仪,一种是飞行时间谱仪,主要适用于加速器中子源,具有精度高、数据处理简单的优点[39],但要求有一台束流大、脉冲宽度窄的高性能脉冲加速器和一个庞大的探测器屏蔽体,成本很高。另一种是质子反冲积分谱仪,可适用于反应堆、直流加速器中子源和放射性中子源等,具有通用性、结构简单、低成本等优点。其主要缺点是谱仪直接测量的是反冲质子积分脉冲幅度谱,为得到中子谱解谱比较复杂,而且中子谱的准确度在很大程度上取决于解谱中所用的探测器的中子响应函数的准确度,但随着计算机技术的发展,这已经不存在困难。由于核反应法所产生的粒子总能量与引起反应的中子的入射方向无关,因此,核反应法测量中子能谱不要求准直中子,特别适合于测量非点源中子能谱。

1. 飞行时间法

飞行时间法测量中子能量所根据的基本原理:不同能量的中子在飞越长度为 L 的距离时,由于飞行速度不同,飞越的时间也不同[39]。它与能量有下列近似的关系:

$$t = 0.0723L \cdot E^{-1/2} \tag{4.18}$$

式中 t——飞行时间(μs);

　　　L——飞行距离(m);

　　　E——中子能量(MeV)。

由式(4.18),固定飞行距离,测量中子的飞行时间,就可以定出中子的能量。在应用飞行时间法时,必须解决以下三个问题:①飞行距离规定后,要把中子从起点起飞的时刻定下来;②要把中子到达终点的时刻记下来;③要把这两个时刻之间相隔的时间—中子飞行时间测量出来。

图 4-10 为冷、热中子能谱的中子飞行时间谱仪的示意图。图 4-10(a)为飞行时间谱仪顶视图;图 4-10(b)为机械斩波器侧视图;图 4-10(c)为机械斩波器正视图;1 为限束狭缝;2 为机械斩波器;3 为飞行管;4 为探测器狭缝;5 为探测器屏蔽体;6 为光电;7 为开关;8 为电机;9 为机械斩波器侧面;10 为机械斩波器正面;11 为机械斩波器狭缝。

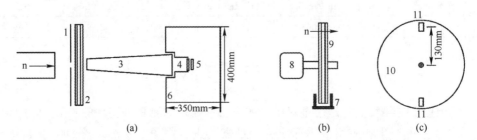

图 4-10　直接测量冷、热中子能谱的中子飞行时间谱仪的示意图

2. 反冲质子磁谱法

反冲质子磁谱仪利用核反冲法测量中子能谱,通过使中子在辐射体上产生反冲质子,采用磁分析法分析反冲质子的能谱,能够进一步推算出中子能谱。

中子谱仪的基本结构如图 4-11 所示,谱仪分为反冲组件、永磁铁和质子记录系统三

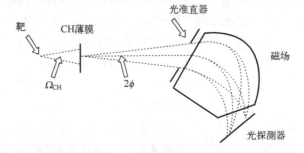

图 4-11　反冲质子谱仪结构示意图

个部分。反冲组件主要包括质子辐射体和质子准直狭缝及配套的支撑调节机构,谱仪探测效率由反冲组件的设置决定[40]。在金属衬底上制备一层 CH 薄膜作为产生反冲质子的辐射体,质子辐射体放置在离靶只有数十厘米的位置,聚变反应产生的中子和 CH 薄膜的氢原子发生弹性散射形成反冲质子。一方面,反冲质子穿过 CH 薄膜过程中的损失能量会使反冲质子的能量形成一定的展宽,薄膜的厚度不能太厚;另一方面,反冲质子的产生效率和 CH 薄膜厚度成正比,如果薄膜厚度太薄谱仪的探测效率将会很低,实际使用的 CH 薄膜厚度在几微米到几百微米之间。出射角度在 0° 附近的一些反冲质子能够通过质子准直狭缝进入磁铁,准直狭缝由 2mm 厚的 Ta 金属镂空制成,唐琦等人[41]通过模拟计算表明,数十 MeV 的反冲质子完全无法穿透 2mm 厚的 Ta 金属,狭缝的面积可以根据实际需要进行调节,以限制进入磁铁的反冲质子的能量展宽。

反冲质子进入磁铁后发生色散,不同能量的质子被聚焦在磁铁焦面的不同位置,质子在焦面上的空间分布将反映出质子的能谱,所以磁铁的色散性能和聚焦性能将影响谱仪的能量分辨率。磁铁采用具有较强磁性的钕铁硼材料制作,磁铁采用多级聚焦结构,磁铁内部磁场的空间分布具有一定梯度,通过这些手段提高磁铁的色散和聚焦性能,能够有效改善谱仪的能量分辨。谱仪将使用 CR – 39 径迹探测器作为质子探测器安装在磁铁焦面上记录质子的空间分布。

3. 核反应法

相比而言,核反应法所产生的粒子总能量与引起反应的中子的入射方向无关,因此,核反应法测量中子能谱不要求准直中子,特别适合于测量非点源中子能谱。

在此,将以 ^{6}LiF 夹心半导体谱仪来说明核反应法测量中子能谱的原理、特点及应用。由于 ^{6}LiF 夹心半导体谱仪具有体积小、时间响应快、结构简单、易于更换金硅面垒半导体探测器等特点,且在能谱测量时对中子场扰动较小,并在分辨率、探测效率和测量范围等方面具有优势,因此被广泛用来测量快中子能谱。研究中子与中间产物的作用而产生的带电粒子,通过测量带电粒子的数密度和能量来推导中子的数密度和能量。中子与 ^{6}Li 有如下反应:

$$^6\text{Li} + \text{n} \rightarrow \alpha + \text{T} + Q \tag{4.19}$$

当能量为 E_n 的中子与 ^{6}LiF 中的 ^{6}Li 发生反应时,生成能量为 E_α 和 E_T 的两个带电粒子 α、T,它们之间的能量满足:

$$E_n = E_\alpha + E_T + Q \tag{4.20}$$

式中　E_n——中子能量(MeV);

　　　E_α、E_T——核反应生成带电粒子 α 和 T 的能量(MeV);

　　　Q——核反应能(MeV)。

若 Q 已知,测出带电粒子 α 和 T 能量之和,由式(4.20)即可求出入射中子能量。

金硅面垒半导体探测器在测量带电粒子方面具有探测效率高、能量分辨率好、时间响应快等优点,因此,选用金硅面垒半导体探测器作为夹心谱仪的探头组成部分。将两块性能完全一致的金硅面垒半导体探测器相对放置,在其中 1 块的表面采用真空镀膜的方式镀一层 ^{6}LiF 薄膜,中子与其中的 ^{6}Li 反应生成的 α,T 粒子以相反方向发射,分别进入两块金硅面垒半导体探测器形成脉冲信号,两个信号幅度相加所得的"和"信号等于入射中子能量与反应能 Q 之和。^{6}LiF 夹心谱仪的主要特点如下:

（1）金硅面垒半导体探测器表面的 ^{6}LiF 镀层厚度将影响夹心谱仪的探测效率和能量分辨率，较厚的镀层对中子的探测效率高但能量分辨率低，而较薄的镀层能量分辨率高但探测效率低。

（2）能量分辨率一方面受涂层厚度的影响，另一方面也受金硅面垒半导体探测器表面的金层和两个探测器之间距离的影响，这就要求金硅面垒半导体探测器的金层尽量薄，且探测器须在一定真空度下工作，以减小空气对能量分辨率的影响。

（3）中子与 ^{6}Li 的反应能较高，可通过设定一定阈值甄别掉低能的 γ 本底（一般小于 0.05MeV）。当中子能量在 4MeV 以上时，中子易与硅基底作用而产生较强本底，因此，可采用不蒸镀 ^{6}LiF 的两块同样的金硅面垒半导体探测器作为本底探头测量本底谱。为准确扣除本底，要求效应探头和本底探头具有相同的结构、尺寸和探测性能。

（4）夹心谱仪的质量由探头的性能决定，而金硅面垒半导体探测器的组对选取又是影响探头性能的关键。因此，在选取用于组对的金硅面垒半导体探测器时要求：对同一能量的 α 粒子，要有相同的脉冲幅度输出、一致的半高宽、相同的死层，用于制作金硅面垒半导体探测器 Si 的含量也相同，电阻相同且大于 3kΩ，漏电流要尽量小（小于 10nA）。

4.6.2　中子通量测量

伴随 α 粒子法是测量 14MeV 中子通量的常用方法之一，它比较适用于中子产额 1×10^{10} 个/s 左右的情况。随着中子产额的增加，对于双叉管靶室，通常是采用加长 α 粒子监测管道长度和增加光阑道数的办法来抑制散射 α 粒子的影响，在更高的中子产额情况下，这种措施的效果也显得有限，对于通 D$^+$ 束和监测 α 粒子利用同一管道的单管靶室，α 监测结果受散射 α 粒子的影响就更加严重，其结果是测量的 α 粒子谱的低能部分增加，峰谷比变差，影响了中子通量测量的精度。对于中子产额高于 1×10^{11} 个/s 时，特别是旋转靶中子产额高达 10^{12} 个/s 情况下，反冲质子闪烁望远镜用于中子通量测量是一种好的选择，这是因为望远镜的效率一般是 10^{-7} 量级，同时 CH$_2$ 辐射体的 H(n,n)H 弹性散射截面研究比较透彻，效率计算可以得到相当准确的结果，通过测量反冲质子数就可以给出中子通量。以前建立的用于测量中子能谱的质子反冲望远镜的 ΔE 探测器都是用正比计数管，这是为了提高反应质子谱仪的能量分辨率，而用于中子通量测量，选择 ΔE 半导体探测器，使反冲质子穿过 ΔE 探测器时输出信号的幅度稍大一些，以便于和噪声区分开，使三重符合后输出的反冲质子分布受到偶然符合的影响减到最小。

4.6.3　中子成像检测

中子成像检测技术是一种无损检测技术，它利用中子束对物质的穿透作用，通过穿透物质后中子束强度在空间分布的变化和特定成像技术来获取被穿透物质的内部结构等信息的一种技术。中子不带电，能轻易地穿透电子层，与原子核发生核反应，因此其质量衰减系数与入射的中子能量和物质的原子核截面有关，和原子序数关系复杂。例如，中子对轻元素如 H、B 等质量吸收系数特别大，而对大部分重元素如 Fe、Pb、U 等质量吸收系数反而非常小，很容易贯穿。由于作用机理的不同，使中子照相具有下列 X 射线所没有的功能：①穿透重元素物质，对大部分重元素，如 Fe、Pb、U 等质量吸收系数小；②对某些轻元素，如水、碳氢化合物、硼等质量吸收系数反而特别大；③区分同位素；④能对强辐射物质形成高质量的图像等。

中子成像技术特别是在能够穿透许多金属、重金属检测内部有机物质状况上具有非常大的优势,因此中子照相技术是常规 X 和 γ 射线照相技术的补充,对一些特殊问题、特殊领域,如核工业,中子照相技术具有特殊的意义。

由于中子穿过物质时的质量衰减系数与入射的中子能量和物质的原子核截面有关,因此穿透物质后中子束强度在空间分布的变化既与所检测物质原子种类有关,又与中子能量有关。利用这种特性使得中子成像技术具有某些特定的优势:①唯一性。对含 H 物质及轻物质,利用中子照相很容易无损地检测其内部情况,而 X 射线照相则不易做到。②多样性。不同能量的中子与同一种核素的反应截面存在显著差异,根据这个特性,可以根据需要设计多种具有特殊用途的中子成像系统。③发展潜力。目前,在中子照相中应用最为普遍,技术也比较成熟。而冷中子、快中子、超快中子成像技术目前还存在一定的技术难点,因此中子成像技术具有巨大的发展潜力。

中子成像有多种分类方式,按入射中子能量可以分为冷中子照相、热中子照相、超热中子照相和快中子照相等;根据成像原理的不同,中子成像技术又可以分为以下两种:一种是基于中子穿过样品后,根据其在样品中衰减程度差异成像的中子透射成像技术;另一种是基于中子具有波粒二象性,穿过样品后相位发生变化的中子相衬成像技术。

1. 中子透射成像

中子透射成像是基于中子穿过样品时的衰减。中子透过物质时与物质的原子核发生相互作用,强度被减弱,从宏观的角度看,透射中子强度与入射中子强度之间存在以下的数学关系:

$$I = I_0 e^{-\Sigma t} \tag{4.21}$$

式中　I——透射中子的强度;

I_0——入射中子的强度;

t——试样在辐射方向上的厚度;

Σ——试样对中子的减弱系数(宏观截面)。

如果样品内部不均匀或有缺陷,则透射中子的强度就会发生变化,探测透射中子的相对变化就能反映出样品内部的情况。

2. 中子相衬成像

中子相衬成像方法是以中子的干涉衍射性质为基础,通过测量其相位变化来获得相关联的强度变化。根据其测量的具体物理量的不同可以分为三大类:干涉成像、衍射增强成像以及类同轴全息成像。这三大类别中,干涉成像是通过测量相位实现;衍射增强成像是通过测量相位一阶导数来实现;类同轴全息成像是通过测量相位二阶导数来获得其关联的强度物理量。

4.6.4　常用中子测量方法

4.6.4.1　无源中子测量

无源中子测量技术[42]是利用中子计数器直接对核材料发射中子进行测量。在核材料中,Pu 元素的偶数同位素如 ^{238}Pu、^{240}Pu 和 ^{242}Pu 具有很高的自发裂变中子率,因此测量钚材料采用无源方式进行。对于含钚物料,Pu 元素偶数同位素中 ^{240}Pu 丰度最大,因此一般都用等效$^{240}Pu_{eff}$来表示Pu元素中各偶数同位素总的自发裂变中子的能力,从而得到钚含量。对于含铀物料,因其自发产生中子较少,通常采用有源中子测量技术。

某些核材料由于自发裂变或(α,n)反应,而产生自发中子(U、Pu的各同位素均可发生此种反应),那么,通过样品内的这些中子被增殖、减速、折射,并被样品周围的吸收剂吸收而被记录,从而实现无源中子测量的目的。与γ射线法比较,中子更容易穿透高原子序数材料。因而,利用无源中子法分析大量非均匀Pu材料是其他方法无法比拟的。

无源中子系统只能探测来自元素的自发裂变中子(如^{238}Pu、^{240}Pu、^{242}Pu、^{252}Cf、^{242}Cm和^{244}Cm)以及入射α粒子与基体中低Z材料相互作用所产生的(α,n)反应的裂变中子数,而不是能谱。无源中子系统主要用于测定小于200 L桶装核废物中的^{240}Pu,可测量mg到kg量级范围的^{240}Pu。其钚总量可通过无源中子系统测定的^{240}Pu结合其他方法获得的Pu同位素丰度求得。无源中子系统设备比一般高分辨γ射线谱仪简单得多,比有源中子系统更加精确可靠、容易操作、更加便利。然而,γ射线谱法可测定同位素成分,而中子能量不包括同位素信息。因此,中子分析只是计数,而不是能谱。所以,无源中子法设备比一般高分辨γ射线谱仪简单得多。对于NDA仪器,最常用的中子探测器是气体正比计数管,典型的有^3He或$^{10}BF_3$探测器。选择这类探测器是由于其探测热中子的相对效率高,对γ射线不灵敏,可靠性好,以及其长期稳定性。根据它们的设备构成和探测机理,无源中子法分为积分计数法和符合计数法。

4.6.4.2 有源中子测量

有源中子测量技术[42]就是利用外部中子源诱发可裂变材料发生裂变,对发射出的裂变中子进行测量。^{235}U、^{239}Pu等核素具有很低的自发裂变中子率,但吸收中子后可以发生裂变反应,尤其是热中子反应截面更大(如^{235}U、^{239}Pu的热中子裂变截面分别为$5.182 \times 10^{-23}\ m^2$和$7.138 \times 10^{-23}\ m^2$)。对于含铀物料来说,通常采用有源中子符合方法进行测量分析,即利用$^{241}Am-Li$中子源发射出中子,诱发^{235}U发生裂变,产生2个或2个以上的裂变中子,通过测量2个中子的裂变计数,运用符合中子计数分析方法,确定核材料中^{235}U含量。本方法容易排除像(α,n)反应的单个中子干扰。

最初,有源中子分析只是用反应堆和正离子加速器作为中子源。直到现在,当需要对小样品进行灵敏的极限分析时,这一方法仍在使用。目前,在绝大多数应用中使用同位素中子源,这是因为它的尺寸、费用和强度更适合使用。到20世纪70年代,已有相当数量的有源中子仪器应用在核材料的分析上,而且增长迅速。有源中子法已成为核材料的非破坏性检测最有效的方法之一。在核废物的检测中,可测量mg到kg量级的铀和钚,一般经20min的测量其精度可达5%。最常用的同位素中子源及其特性列于表4-9。

表4-9 常用同位素中子源

中 子 源	近似平均能	最大特征强度/n·s^{-1}	半 衰 期
^{252}Cf	2MeV(裂变)	5×10^9	2.638a
$^{238}Pu-Li(\alpha,n)$	0.5MeV	2×10^6	86a
$^{238}Pu-Be(\alpha,n)$	5MeV	10^6	86a
$^{241}Am-Li(\alpha,n)$	0.5MeV	5×10^5	433a
$^{124}Sb-Be(\gamma,n)$	23keV	5×10^8	60d

1. 有源中子吸收测量

有源中子法的吸收测量与有源 γ,X 射线吸收测量法的基本原理相类似。当中子透射样品时,不同的核素对不同能量的中子的吸收是不同的,存在着对某一能量中子的共振吸收。因此,通过透射样品中子的前后强度测量,就可知样品内核素的含量。此类仪器主要是由中子发生器(中子管)和中子探测器组成,适用于测量重元素的同位素。虽然此仪器较为简单,但由于它的灵敏度不高,应用不多。

2. 有源中子诱发放射性测量

当以一定能量的中子射入样品时,可使样品内的某些原子核受到激发而产生裂变,发射更多的中子或伴随 β、γ 等粒子,通过对这些中子的测量就能获得样品中核素的信息。通常,测量裂变时产生的称为逆源中子的瞬发中子或缓发中子。测量(识别)逆源中子的方法有三类,即符合识别、时间识别和能量识别。

(1) 符合识别。此方法的分析原理与无源中子符合计数是一致的,只不过在样品外增加了中子源,靠外界中子激发样品,产生裂变,释放更多的中子。如果移去中子源,该仪器可作为无源中子符合计数器。分析中,通过符合电路必须将中子探测器记录的中子源发射的中子扣除掉,只记录样品内核素受激发射的中子。为了使辐照更均匀,一般还设置了样品旋转装置。该方法比无源中子符合计数法更具有实用性,分析所需样品量少,灵敏度高,分析结果可靠性好。常用仪器有固定式有源桶型符合计数器和便携式有源桶型符合计数器(无铝屏蔽层),测铀、钚一般配备 5×10^5 n/s 强度的 ^{241}Am – Li 中子源,可测量 mg 量级到 kg 量级各种形状的铀、钚样品。

(2) 有源中子时间识别。受中子辐照的原子核吸收中子形成不稳定原子核,这些不稳定的原子核则产生裂变,发射瞬发中子和缓发中子(半衰期 0.2 ~ 55s)。其绝大多数以瞬发中子的形式衰变,而缓发中子仅占裂变产额的少数。对于 ^{235}U,缓发中子与瞬发中子之比约为 1/120,^{239}Pu 的比约为 1/335。显然,有源中子符合识别探测的是瞬发中子,而时间识别测量的是缓发中子。

(3) 能量识别。即就是通过辐照中子与诱发中子的能量之差异,利用电子学电路的甄别技术,将来自中子源的中子甄别掉,只探测被测物裂变产生的中子。它主要用于核废料、废物的检测,一般在 20 s 的测量中精度可达 5%。1979 年美国 LANL 为分析火箭核燃料研制了一种小型的能量识别系统,它由两个小型 ^{226}Ra – Be(γ,n)源、12 个 ^{3}He 气体正比计数器、Ni 反射层和 Pb 屏蔽层组成。另外,此类能量识别逆源中子技术还适用于反应堆燃料组件和铀矿结构中子测井分析。

4.6.4.3　总中子测量

对于核材料来说,主要有以下几个方面产生中子:①核素自发裂变发射的中子;②吸收中子发生诱发裂变发射的中子;③(α,n)反应放出的中子。总中子分析法是对在探测器灵敏区内由中子反应所引起的所有脉冲进行计数。这种方法可以测量克级到千克级 ^{240}Pu$_{eff}$ 质量。对于纯金属钚来说,因为不存在轻元素,所以不可能有(α,n)反应放出中子,^{240}Pu$_{eff}$ 在总中子计数中的量为

$$^{240}Pu_{eff} = 2.43(^{238}Pu) + (^{240}Pu) + 1.69(^{242}Pu) \tag{4.22}$$

式中　^{240}Pu$_{eff}$——各偶数同位素总的自发裂变中子的能力;

^{238}Pu、^{240}Pu 和 ^{242}Pu——各同位素含量。

由式(4.22)可知,在已知样品各钚同位素丰度的情况下,可以得到钚总量。对于低浓铀金属来说,^{238}U 自发裂变中子在中子测量方面起到了重要的作用,因此对于低浓铀金属,可以通过刻度 ^{238}U 自发裂变中子数确定铀含量。

4.6.4.4 符合中子测量

符合中子测量是对时间相关的中子进行响应分析,即只对裂变中子进行分析,这种方法可以排除单中子影响。对于 Pu 样品,^{240}Pu$_{eff}$ 是与裂变中子符合计数相对应,^{240}Pu$_{eff}$ 在符合中子计数中的量为

$$^{240}Pu_{eff} = 2.52(^{238}Pu) + (^{240}Pu) + 1.68(^{242}Pu) \qquad (4.23)$$

当钚同位素丰度已知时,即可计算得到钚总量。该方法由于排除了各种无时间关联的随机中子干扰,所以比总中子方法得到的结果准确。对于高浓铀样,采用有源符合中子方法分析是最佳选择。利用不同形态高浓铀标样,采用有源符合中子计数做出刻度曲线。进行样品测量时,测量得到符合计数就可以从刻度曲线中计算出样品中 ^{235}U 含量。

4.6.4.5 三重符合测量

符合中子分析方法是对时间相关的中子进行响应分析,即只对裂变中子进行分析,这种方法可以排除单中子影响。中子辐射是钚材料的重要特征,主要包括自发裂变中子、诱发裂变中子和 (α, n) 反应中子等三类中子,尤其是 ^{240}Pu 通过自发裂变辐射出能量约为 2MeV 的中子,每次自发裂变发射的中子数目为 0 ~ 8 个或更多,表现出中子辐射的多重特征。中子在探测器中慢化、散射需要几微秒,在这段时间里,中子可能被样品及其基体、探测器结构材料所吸收;或者被直接散射出测量腔体,还有可能产生诱发裂变中子,使得这个物理过程变得非常复杂。t 时刻的中子数可用下式表达:

$$N_{(t)} = N_{(0)} e^{-t/\tau} \qquad (4.24)$$

式中　$N_{(t)}$——t 时刻中子数;

　　　　$N_{(0)}$——初始中子数;

　　　　τ——中子平均寿命,称为中子衰退时间。

中子衰退时间主要与装置的形状、尺寸、结构材料、效率等因素有关。对于大多数的测量装置而言,衰退时间都在 20 ~ 100μs 之间。正是由于中子衰退时间的存在,使得自发裂变产生的瞬发中子寿命可延长至几微妙的量级。对于一些大型的测量装置,中子衰退时间与中子间平均时间间隔相当,或者更长,这导致经放大、整形输出的脉冲序列中真符合脉冲被大量的偶然符合脉冲所覆盖。形成的脉冲序列中由自发裂变、诱发裂变中子引起的具有时间相关性;而由环境本底或 (α, n) 反应产生的,在时间上是不相关的。

对样品发射中子的测量受样品特性及探测器性能的影响,典型的影响因素如样品自发裂变率、诱发裂变率、样品中的 (α, n) 反应率、(α, n) 反应中子能谱、中子增殖系数和探测效率的空间分布、探测效率的能量响应、中子在样品中的俘获以及中子在探测器中的衰退时间等。

在三重符合技术中,为了获得分析表达式,对样品和仪器状态进行了合理简化,主要假设条件包括:①把被测样品视作点源;②探测器对裂变中子和 (α, n) 反应中子具有相同的探测效率;③中子增殖和探测效率具有良好的空间均匀性。同时,结合裂变

材料核参数、中子多重符合测量关键仪器参数、数学计算工具等建立了测量函数关系（点模型）：

$$S = F \cdot \varepsilon \cdot M \cdot v_{s1} \cdot (1 + \alpha) \tag{4.25}$$

$$D = \frac{F \varepsilon^2 f_d M^2}{2} \Big[v_{s2} + (M - 1) \frac{v_{s1} v_{i2}}{v_{i1} - 1} (1 + \alpha) \Big] \tag{4.26}$$

$$T = \frac{F \varepsilon^2 f_t M^3}{6} \Big[v_{s3} + (M - 1) \frac{3 v_{s2} v_{i2} + v_{s1} v_{i3}(1 + \alpha)}{v_{i1} - 1} + 3 \Big(\frac{M - 1}{v_{i1} - 1} \Big)^2 v_{s1} (1 + \alpha) v_{i2}^2 \Big] \tag{4.27}$$

式中　F——样品自发裂变率；

　　　ε——中子探测效率；

　　　M——中子增殖系数；

　　　α——(α, n)反应中子与自发裂变中子比值；

　　　f_d，f_t——双重符合因子和三重符合因子；

　　　v_{sj}——第 j 阶自发裂变中子分布矩；

　　　v_{ij}——第 j 阶诱发裂变中子分布矩。

从式(4.25)至式(4.27)得出：中子三重符合技术通过测量获得 S, D, T，运用数学迭代工具，可在不需要系列标准样品标定刻度的条件下，保证关注的典型钚样品三参量(m，M, α)解的准确性、完整性和独立性。

图 4-12 为三重符合技术分析流程。

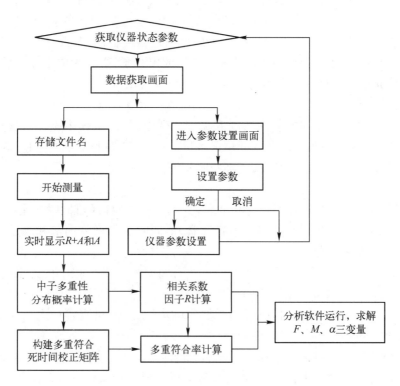

图 4-12　中子三重符合技术分析流程

4.6.5 中子活化分析

中子活化分析(NAA)又称仪器中子活化分析,它是基于由中子引发的核反应,通过鉴别、测试样品因中子辐照感生的放射性核素的特征辐射,进行元素和核素分析的放射分析化学方法。首次中子活化分析是 1936 年由匈牙利化学家赫维斯(Hevesy)等人引入的。他们用 Ra + Be 中子源通过 $Dy(n,\gamma)Dy$ 反应和气体电离探测器,成功地测定了 Y_2O_3 中含量约 0.1% 的 Dy。随着 NaI 探测器性能的提升和反应堆的发展,中子活化分析的元素数量、灵敏度都有了很大的提高。1960 年,当第一台高分辨率 Ge-γ 谱仪与计算机相结合的中子活化分析问世以后,中子活化分析得到了快速发展,广泛地应用于地球化学、宇宙科学、环境科学、考古学、生命医学、材料科学和法医学等领域[43]。

1. 方法原理

由于中子是电中性的,所以用中子辐照试样时,中子与靶核之间不存在库仑斥力,一般通过核力与核发生相互作用。核力是一种短程力,作用距离为 10fm,表现为极强的吸引力。中子接近靶核至 10fm 时,由于核力作用,中子被靶核俘获,形成复合核。该复合核一般处于激发态,其寿命为 $10^{-12} \sim 10^{-14}$ s,它通过发射特征辐射方式退激。那么,通过核探测器测量这些特征辐射,即可达到对被辐照样品进行元素和核素的定性或定量分析之目的。

中子与靶核碰撞时,有三种作用方式。①弹性散射:靶核与中子的动能之和在散射作用前后不变,这种作用方式无法应用于活化分析;②非弹性散射:若靶核与中子的动能之和在作用前后不等,则该能量差导致复合核的激发,引起非弹性散射,此时生成核为靶核的同质异能素,一些同质异能素的特征辐射可通过探测器测定,此作用方式可用于活化分析;③核反应:若靶核俘获中子形成复合核后放出光子,则称为中子俘获反应,即(n,γ)反应,这就是中子活化分析利用的主要反应。此外,(n,2n)、(n,p)、(n,α)和 (n,f)等反应也可用于中子活化分析。

中子辐照试样所产生的放射性活度取决于下列因素:①试样中该元素含量的多少,严格地讲,是产生核反应元素的某一同位素含量的多少;②辐照中子的注量;③待测元素或其某一同位素对中子的活化截面;④辐照时间等。

2. 主要特点

(1)多元素分析。理论上可以分析 80 种元素,对一个样品可同时测定 40~50 个元素的含量。尤其是对微量元素元素和痕量元素,能同时提供样品内部和表层的信息,突破了许多技术限于表面分析的缺点。

(2)灵敏度高,准确度、精确度高。NAA 法对周期表中 80% 以上的元素的灵敏度都很高,一般可达 $10^{-6} \sim 10^{-12}$ g,其精度一般在 ±5%。

(3)非破坏性。对一般送检样品不需要作破坏性处理,可直接送入反应堆照射,然后进行测量和分析。

(4)基体无关性。由于中子和 γ 射线的穿透性都很强,一般来说与送检样品的基体关系不大。但在辐照过程中,必须防止送检样品影响反应堆安全,如液体、气体等送检样品在辐照前必须进行辐照安全处理。

(5)样品量范围宽。可对 μg 至 kg 量级的样品进行活化分析。

（6）低污染。由于可对送检样品进行直接照射和测量，无丢失、无空白试剂影响。

（7）主要缺点：需要较大型的中子辐射装置（如反应堆、强中子源等），有放射性，而且试样需要对不同半衰期的核素进行分次测量，大部分元素的分析周期较长。检测不到不能被中子活化的元素及含量，半衰期短的元素也无法测量。此外，探测仪器也较昂贵。

4.7　应用实例

自 1932 年英国物理学家詹姆斯·查德威克（J. Chadwich）发现中子以来，对中子的探测及其测量技术的研究与应用，引起核科学界的广泛兴趣，大大促进了核科学和核技术的发展。尤其是在粒子物理、中子分析技术、核反应堆、辐射安全、核安保技术、宇宙射线检测等领域，中子测量技术得到了广泛应用。近年来，中子测量技术亦在工农业生产和医疗卫生事业中起着极其重要的作用。

4.7.1　核保障

中子测量技术是核保障领域非破坏性分析技术中重要方法之一[44]。利用该技术结合同位素组成信息可以对铀、钚材料进行定量测量。对核保障领域的铀、钚材料，可利用化学分析方法与称重相结合进行测量，此种方法测量准确度高，但测量时间长、取样需要具有代表性以及产生分析废物，通常很少采用。由于铀和钚材料都可产生裂变中子，利用中子探测技术并结合同位素丰度进行材料测量是核保障领域经常采用的手段。当前，中子测量技术是核保障领域中重要的研究课题，基于铀、钚材料发射的中子测量是对核材料进行核实、定量分析、实物盘存以及保障监督的重要技术基础。

铀、钚材料是核保障领域关注的主要对象。铀、钚的每个同位素都有各自的特征 γ 射线，可以通过 γ 射线方法得到其材料中同位素的组成，但仅用 γ 射线进行核材料的定量分析较为困难，特别是对于含量大的核材料和基体密度大的核材料更加困难。钚元素中偶数同位素具有很高的自发裂变中子率，而铀元素自发裂变中子率很低。表 4-10 列出了铀、钚各同位素的自发裂变中子率。在核材料中，^{235}U、^{239}Pu 都具有很高的热中子反应截面，与热中子发生诱发裂变放出裂变中子。铀、钚发生衰变发射 α 粒子，并可与材料内的基体轻元素（如 ^{17}O、^{18}O、^{19}F 等）发生 (α, n) 核反应放出中子。

表 4-10　铀、钚自发裂变中子产额

核　　素	自发裂变/$n \cdot s^{-1} \cdot g^{-1}$	核素	自发裂变/$n \cdot s^{-1} \cdot g^{-1}$
^{232}U	1.3	^{238}Pu	2.59×10^3
^{233}U	8.6×10^{-4}	^{239}Pu	2.18×10^{-2}
^{234}U	5.02×10^{-3}	^{240}Pu	1.02×10^3
^{235}U	2.99×10^{-4}	^{241}Pu	5×10^{-2}
^{236}U	5.49×10^{-3}	^{242}Pu	1.72×10^3
^{238}U	1.36×10^{-2}		

表4-11列出了铀、钚各同位素的(α,n)中子释放率。通过测量自发裂变中子和诱发裂变中子,配合已知同位素丰度可用于铀、钚的非破坏性定量测量。

表4-11 氧化态、UF_6/PuF_4态(α,n)反应的中子产额

核　素	氧化态/$n \cdot s^{-1} \cdot g^{-1}$	UF_6/PuF_4态/$n \cdot s^{-1} \cdot g^{-1}$
^{232}U	1.49×10^4	2.6×10^6
^{233}U	4.8	7.0×10^2
^{234}U	3.0	5.8×10^2
^{235}U	7.1×10^{-4}	8×10^{-2}
^{236}U	2.4×10^{-2}	2.9
^{237}U	8.3×10^{-5}	2.8×10^{-2}
^{238}U	1.34×10^4	2.2×10^6
^{239}Pu	3.81×10^1	5.6×10^3
^{240}Pu	1.41×10^2	2.1×10^4
^{241}Pu	1.3	1.7×10^2
^{242}Pu	2.0	2.7×10^2

4.7.2　核废物非破坏性分析

在核材料的生产、加工、运输、储存和使用中不可避免地会产生一定量的核废物。随着核事业的迅速发展和核材料的大量使用,各种核废物的大量产生和堆积,它已成为威胁人类生存、阻碍核事业发展的一大隐患。因此,必须及时对这些废物进行妥善处置。在处置这些废物之前,必须对其准确鉴别与测量,获得废物中所含核素及其核素的量,以便对沾污程度进行评估,制定相应措施对其进行处置。

由于核废物的特殊性,使得很难用常规取样方法进行分析,尤其是已被包装或存放多年的核废物,常规分析方法更是无能为力。显然,非破坏性分析(NDA)是最为行之有效的分析方法,而利用中子测量技术对桶装核废物进行测量正是用其所长[45]。

1. 无源中子法

根据设备构成和探测机理,无源中子法分为积分计数法和符合计数法。它们是由聚乙烯圆柱体作减速剂,圆柱体内衬一层 Cd 屏蔽层,Cd 内放置多个气体正比计数管(^{3}He 或$^{10}BF_3$探测器)组成。选择^{3}He 或$^{10}BF_3$探测器是由于其探测热中子的相对效率高、对 γ 射线不灵敏、可靠性好以及其长期稳定性。为达到方向性和降低本底之目的,聚乙烯圆柱体呈 240° 的扇体放置在 Cd 屏蔽的周围。无源中子系统设备比一般高分辨 γ 射线谱仪简单得多,比有源中子系统更加精确可靠、容易操作、更加经济。

当化学成分和同位素组分已知时,利用相应的标准样品,用无源中子系统可测量钚总量。分析 U、Pu 样品时,测量核素自发裂变和(α,n)反应产生的中子。高分辨 γ 射线谱法可测定同位素成分,而中子能量不包括同位素信息,因此,无源中子系统只能探测来自元素的天然裂变中子(如^{238}Pu、^{240}Pu、^{242}Pu、^{252}Cf、^{242}Cm 和^{244}Cm)以及入射 α 粒子与基体中低 Z 材料相互作用所产生的(α,n)反应的裂变中子数,而不是能谱。

无源中子系统主要用于测定小于 200 L 桶装核废物中的^{240}Pu,可测量 mg 至 kg 量级

范围的^{240}Pu,其钚总量可通过无源中子系统测定的^{240}Pu 结合其他方法获得的 Pu 同位素丰度求得。

2. 有源中子法

当以一定能量的中子射入样品时,射入中子可使样品内核素的原子核受到激发产生裂变,发射更多的中子或伴随β、γ 等粒子。通过测量这些中子或伴随 β、γ 等粒子,就能获得样品中核素的信息。通常,主要是测量裂变时产生的被称为逆源中子的瞬发中子或缓发中子。在核废料测量中,利用有源中子法测量的仪器,基本上选用中子源诱发放射性测量。其分析过程:由传输装置将放射源通过 U 不变形管道送入指定位置,照射样品几秒钟;将放射源快速送回屏蔽室;在送回放射源的同时接通探测器,当放射源在屏蔽位置上时,记录来自废物的缓发中子。整个分析周期如此反复循环,一般计数周期约 10s,当然,最佳计数周期时间可随样品的各种特性而定。

20 世纪 60 年代末,随着较大强度的^{252}Cf 源的生产而使之成为缓发中子和 γ 射线分析仪器使用的同位素中子源,LANL 利用 1mg ^{252}Cf(约 2.5×10^{9}n/s)研制了一台称为 Cf Shuffler 的时间识别测量装置。它由一个^{252}Cf 源一个 U 形源转换管道,一个马达传输装置和在样品壁周围设置一系列^{3}He 正比计数管组成。Cf Shuffler 仪在非破坏性分析中应用非常广泛,已进入最灵敏的分析仪器之列。可测含铀或钚量从 mg~kg 级的的切削料、废物桶内的铀和钚、高浓缩废料和废容器等各种形状的样品。如测量小容量内 1mg 的^{235}U,分析时间约 30min。在辐照装置内加 Ni 反射层和聚乙烯减速剂,可调节中子能谱,以达到分析热中子或快中子之目的。

到 20 世纪 70 年代,已有相当数量的有源中子仪器应用在核材料的分析上,而且增长迅速。有源中子法已成为核材料的非破坏性检测最有效的方法之一。在核废物的检测中,可测量毫克到千克量级的铀和钚,一般经 20min 的测量其精度可达 5%。

4.7.3　安全检查

在当前恐怖活动日趋严重的形势下,对公共安全领域爆炸物(常规炸药、液体炸药、塑料炸药)的现场快速检测是一项非常重要的工作。目前,应用于爆炸物现场检测的技术手段主要有金属探测仪、X 射线成像(透射成像、背散射成像、CT)技术、双能 X 射线成像技术等[46]。

金属探测仪是较早采用的一种查缉爆炸物的技术手段,主要采用交变电磁场来探测爆炸物中的金属部件及雷管等发火装置上的金属元器件和电池等,从而实现对爆炸物的探测。由于爆炸物制作工艺和技术水平的提升,现在爆炸物中的金属部件越来越少,液体炸药和塑料炸药的出现,使得单一的金属探测手段已经无法满足日益隐蔽化和多样化的爆炸物探测实战需要。

X 射线成像技术可以实现对常见行李箱中不同物品的密度分辨,对箱包夹层毒品藏匿具有显著排查效果,但无法识别物品的元素种类;另外,很多爆炸物密度与常见生活用品接近,因而,只从密度上探测爆炸物会经常发生漏检和虚警现象。双能 X 射线虽然可以识别等效原子序数,但不能识别物质种类。以上几种技术手段是目前常用的爆炸物查缉方法,但或多或少存在一些不足。为了确保对恐怖活动的精准打击,中子技术、激光拉曼光谱、核四极矩共振、毫米波及太赫兹等一批新技术在不同场合得到一定程度的应用。

其中,中子技术的应用前景较为广阔,目前在海关、港口、公路物流等领域正在逐步推广应用。

1. 爆炸物中子查缉原理

犯罪分子通常都是将炸药藏匿于行李内的普通物品中,而这些普通物品大多是有机物品。因此,行李检测中的首要任务是将行李中的普通有机物品与炸药区分开。炸药、毒品和有机物品通常都由 C、N、O 组成,但它们的含量却存在明显区别:炸药含 O 量高,含 N 量亦高,而普通有机物品不具有 N、O 含量均高的特点。炸药 O、N 含量高,而普通有机物品绝大多数 O、N 含量有较大差别。这种差别为区分爆炸物和普通有机物品提供了可能。中子感生瞬发 γ 谱测量是一种能够对较大体积的物品进行实时元素组成鉴别的技术,较适宜检测藏匿在手提行李、航空托盘和集装箱中的爆炸物。现在已经开展了多项关于中子技术在爆炸物检测中的研究,如热中子分析(TNA)、快中子分析(FNA)、脉冲快热中子分析(PFTNA)、伴随粒子成像(API)等。其中 PFTNA 法能同时测量快中子和热中子产生的 γ 能谱,实现全元素测量。PFTNA 主要采用脉冲宽度为 μs 量级、脉冲间隔约为 100μs 的氘氚脉冲中子发生器产生的脉冲快中子照射待测量物质,在快中子脉冲宽度内测量快中子引起的 C 和 O 的非弹性散射产生的 γ 射线来确定物品中的 C 和 O 的含量。在两脉冲间隔内通过测量热中子引的 N 和 H 俘获 γ 射线来确定物品的 N 和 H 含量,由物品中 C、N、O 和 H 四种元素的含量比就可以识别是否爆炸物及其类别,这种方法的优点在于信噪比较高。快中子分析方法以氘氚反应产生的快中子为探针,其能量达到 14MeV。这种快中子与 C、N、O 等元素原子核相互作用时,会产生非弹性散射。产生的 γ 射线主要有

$$n + {}^{14}N \rightarrow {}^{14}N + n, + \gamma + 5.11MeV \tag{4.28}$$

$$n + {}^{12}C \rightarrow {}^{12}C + n, + \gamma + 4.43MeV \tag{4.29}$$

$$n + {}^{16}O \rightarrow {}^{16}O + n, + \gamma + 6.13MeV \tag{4.30}$$

这些 γ 射线能量高,产生截面较大,易于测量,且强度与被测物品中相应的 C、N、O 的含量成正比。通过测量这些 γ 射线的能谱并确定其强度,可以得到炸药和有机物品中 C、N、O 的含量,进而将炸药从普通有机物品中区分开,实现爆炸物探测的目的。在快中子分析技术中,伴随粒子成像技术(API)具有独特的优势,它通过采用位置灵敏的 α 探测器测量氘氚反应时伴随中子产生的 α 粒子的位置,结合氘氚反应时的中子 n 和 α 粒子的时间关系,即可确定中子飞行距离,从而可以得到爆炸物的空间分布情况。API 的空间分辨率很大程度上依赖于小直径靶的中子管。API 法可以给出 C、N、O 三种元素含量的空间分布图和粗略轮廓,从而有效识别任意形状的爆炸物。这种方法具有较高的空间分辨率和较强的识别能力,但对中子发生器和测量系统的技术要求较高。

2. 爆炸物中子查缉设备系统

目前,针对大型车辆及集装箱的爆炸物中子探测设备在欧盟一些国家已经得到采用。从系统组成上来说,爆炸物中子查缉设备主要包括中子源、γ 射线探测仪、多道微机分析系统等几部分,对于 API 中子成像法,系统还需要配备高位置精度的 α 粒子探测器。

为了测准隐藏在行李中炸药所含 C、N、O,而不受周围物品中 C、N、O 产生 γ 射线干扰,检测系统必须是位置灵敏的,即必须把行李分成许多小区分布进行测量。实际应用中,需要在较短时间内完成爆炸物的检测,这就要求中子源强足够大。目前,对炸药的检

测精度在 500g 左右,检测时间 10min 左右。

为了实现对行李的大通量在线检测,这个时间必须缩短,需要中子源具有 10^{10} 个/s 以上的产额。目前,我国已经开展了中子产额 10^{11} 个/s 的中子管的研究,美国正在对 10^{14} 个/s 的中子管进行实验开发。另外,在安检中,对中子发生器的使用寿命也有较高的要求,目前国内使用的中子发生器的寿命大都在 2000h 左右,在中子产额和使用寿命方面都不能满足爆炸物在线检测的需求。

4.7.4　原油管道油垢测量

石油原油多采用管道运输。含蜡较高的原油,输送过程中管道内壁会逐渐生成油垢,影响输油能力,结垢严重时甚至会阻塞管道。因此,为了及时清除油垢,对管道内油垢厚度的监控十分必要。时飞跃等人[47]建立了利用中子探测技术对原油管道内油垢厚度的检测方法。

1. 方法原理

中子与 γ 射线相比,对铁的穿透效果更好,对油垢中 H 元素的响应更灵敏,这是使用中子测量的优越性。由于管道多埋在地下,为了减少测量前挖掘土方的工作量,散射法测量更有优势。为了研究较大油垢厚度范围内散射中子计数的变化,进行了进一步的实验测量工作。同时,为了克服实验条件的限制,使用了 MC 模拟,对相似几何条件下,使用 $^{241}Am-Be$ 中子源、^{252}Cf 中子源和 14MeV 中子源进行了模拟计算。

2. 实验测量

由于石蜡与油垢有相似的化学成分,因此在实验中石蜡被用来模拟油垢。使用 $^{241}Am-Be$ 中子源、锂玻璃探测器和微机多道谱仪等组成的实验装置,对 0~12.99cm 厚度范围内的石蜡进行测量。测量装置见图 4-13。

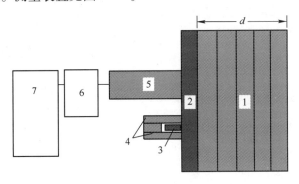

图 4-13　实验装置示意图

图中,1 为石蜡板;2 为铁板(模拟铁管壁);3 为 $^{241}Am-Be$ 源;4 为铁容器;5 为锂玻璃探测器;6 为放大装置;7 为微机多道谱仪。石蜡被加工成 30cm 长、15cm 宽、约 1cm 厚的方板,通过累加石蜡板得到不同的厚度(使用 d 表示测量的石蜡厚度)。实验中,d 分别为 0、1.35、2.49、3.42、4.48、5.73、6.68、7.80、8.36、8.88、9.74、10.45、11.12、11.72、12.37 和 12.99(单位:cm)。使用铁板模拟管道的铁壁,铁板厚度为 0.6cm。中子源的中心与探测器轴之间的距离(即源距)为 7cm。用 y 表示散射中子计数,$y(d)$ 表示对厚度为 d 的石蜡,选取多道谱仪中 320~1023 道间在 300s 的测量时间内的总计数。

3. 模拟计算

使用基于蒙特卡罗原理的 MCNP 程序,采用与实验装置相似的几何条件进行模拟计算。模拟中,各种材料的元素成分及密度设置如下:铁的密度为 $7.86g/cm^3$;用来模拟油垢的石蜡,C、H 原子数之比为 30∶62,密度为 $0.90g/cm^3$;空气中 N 与 O 元素质量比为 75.60∶23.05。

分别选取 $^{241}Am-Be$ 中子源、^{252}Cf 中子源和 14MeV 中子源进行模拟计算。$^{241}Am-Be$ 中子源:设置为半径 0.87cm、长 1.92cm 的圆柱体;^{252}Cf 中子源:设置为半径 0.39cm、长 1.00cm 的圆柱体;14MeV 中子源:设置为一靠近铁板的点源。

在模拟计算中,先对通过半径为 3cm 探测面、$0 \sim 1MeV$ 内不同能量区间的中子进行计数,考虑到锂玻璃探测器对不同能量中子的探测效率,计算探测到的中子计数为

$$y = 10^7 \cdot \sum_{i=1}^{N} y_i \varepsilon_i \tag{4.31}$$

式中　10^7——抽样粒子数;

　　　N——$0 \sim 1MeV$ 能量区间中子总数;

　　　y_i——第 i 个能量区间的中子计数;

　　　ε_i——第 i 个能量区间的探测效率。

因此在模拟计算中,散射中子计数 $y(d)$,表示对厚度为 d 的石蜡,中子源发射 10^7 个中子,考虑了探测效率后,在探测面处得到的中子的总计数。

4. 实验结果

由实验数据作图,见图 4-14(图中,y_r 为散射中子相对计数)。由图 4-14 可知,y_r 随着石蜡厚度 d 的增加而增长的趋势曲线呈 S 形。蒙特卡罗模拟计算的结果示于图 4-15。

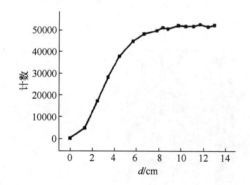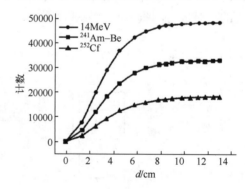

图 4-14　实验计数 y_r 对石蜡厚度 d 的响应　　　图 4-15　模拟计数 y_r 对石蜡厚度 d 的响应

由图 4-15 可知,对应相同的 d,^{252}Cf 中子源的 y_r 值最大,$^{241}Am-Be$ 源的次之,14MeV 中子源的最小。这是因为,从发射中子的平均能量来看,14MeV 中子源的最大,$^{241}Am-Be$ 中子源的次之,^{252}Cf 中子源的最小。中子能量越大,穿透能力越强,在石蜡中被慢化并被散射的份额越少,所以由于石蜡的厚度变化引起的散射中子计数的变化越小。由图 4-15 可知,模拟计算中,三种中子源所得到的 y_r 随 d 的增加而增长的趋势曲线与实验结果类似,也呈 S 形。S 形曲线可大致分为三部分:①在 d 较小时,y_r 随着 d 的增加而增长,但较缓慢;②随着 d 的继续增加,y_r 增长变快;③当 d 增加到一定厚度时,y_r 的增长又变缓,最后趋向饱和。对①和②或仅②的数据,可以考虑使用线性拟合得到拟合参数,在应

用时,将测量计数代入下式,反推即可得到 d 的值。对②和③第三部分,可以考虑采用下式拟合:

$$Y = Y_0 + Ae^{-x/t} \qquad (4.32)$$

式中　Y_0、A、t——拟合参数;

　　　X、Y——自变量和因变量,分别可用 d 和 y_r 代替。

应用式(4.32)拟合得到拟合公式时,将计数 y_r 代入反推即可得到 d 的值。但是,对于趋向饱和值的计数,反推得到的 d 值会有较大的误差。因此,定义一个物理量 d_m,称为可探测的最大石蜡厚度,表示对 y_r 值,使用式(4.32)拟合得到饱和值 Y_0,对应于 $0.9Y_0$ 计数的 d 的值。可以认为,使用式(4.32)反推得到的 d 值小于 d_m 时才是可靠的。

在选择中子源时,希望 y_r 和 d_m 越大越好。三种源比较,^{252}Cf 源的 y_r 值最大,14MeV 源的 d_m 值最小。但是,^{252}Cf 源的半衰期远小于 ^{241}Am – Be 源,使用寿命较短;14MeV 源主要是中子发生器,价格相对昂贵,且体积庞大,维护费用较高。考虑到这些价格、维护及半衰期等因素,最合适的还是 ^{241}Am – Be 中子源。

为了比较 ^{241}Am – Be 源的实验与模拟数据,对这两种情况的 y_r 数据经过归一化处理后,结果示于图 4-16(图中,■为实验 ^{241}Am – Be 源;●为模拟 ^{241}Am – Be 源;y_{rs} 为对 y_r 处理后得到的归一化计数)。由图 4-16 可知,两种 y_{rs} 数据总体上吻合较好。在 d 较小时,两种 y_{rs} 数据有一些差别。通过实验可知:①石蜡厚度 d 在 0～12.99cm 的范围内,计数 y_r 随 d 的增加而增长的趋势呈 S 形;②通过对三种源 y_r 和 d_m 值的比较,以及对价格、半衰期、维护等的分析可知,^{241}Am – Be 中子源更适合用于油垢厚度的测量;③使用 ^{241}Am – Be 源,模拟计算的结果与实验结果符合较好。

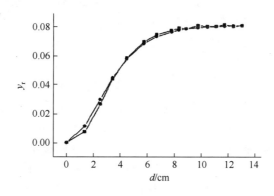

图 4-16　^{241}Am – Be 中子源的实验与模拟的归一化计数比较

4.7.5　中子成像技术

1. 透射成像技术

透射成像技术是现在最为成熟、应用最多的中子成像技术,在检测含氢材料、重金属组件结构、原子序数相近的不同元素以及放射性材料等方面应用广泛。快中子的穿透能力比热中子和冷中子强,快中子照相技术在厚重样品和某些关键部组件或整装件的现场检测等方面,弥补了冷中子、热中子和其他射线照相技术的不足,具有很大的发展潜力和较好的应用空间,且小型快中子源具有便于移动的特点;而冷中子由于与某些材料具有不同的布拉格限,使得冷中子成像在某些特殊的用途中具有非常好的成像效果。

2. 相衬成像技术

中子相衬成像在对中子衰减程度小或者衰减程度接近的材料成像中具有透射成像所不具有的优势。相衬成像对材料边界位置成像清晰。保罗·谢尔研究所(PSI)的Wellnitz教授利用中子相衬成像对于泡沫铝中气泡边缘进行研究,大多数铝泡沫中充满了空气,紧挨着的部分气泡会破裂,在加工过程中,由于冷却等环节,可能会产生不尽如意的气泡,从而影响了材料的力学性质。中子相衬成像是一个优秀的研究工具。

4.7.6 中子活化分析

中子活化分析被广泛用于:① 工业(如冶金、煤炭、水泥、玻璃、食品等);②农业(如农作物生长,元素分布调查等);③地球和宇宙科学(如研究元素在地质物质中的丰度和分布,岩石、矿物的形成和演化,矿藏资源考察分析等);④环境科学(如大气污染和水生环境中的污染研究,土壤环境背景值调查等);⑤生命科学(如痕量元素与疾病和健康关联的研究,组织和体液中痕量元素的含量测量,痕量元素代谢机制及生理、病理作用等);⑥考古学(测量陶瓷器、玻璃、银币、铜镜、燧石、骨头化石等样品中的微量元素和痕量元素)。

4.8　现状与展望

自1932年英国物理学家詹姆斯·查德威克(J. Chadwich)发现中子以来,对中子的探测及其测量技术的研究与应用,引起核科学界的广泛兴趣,大大促进了核科学和核技术的发展。中子及中子散射的应用进一步加深了人们对物质微观结构的认识。由于中子不带电,中子几乎不与核外电子发生作用,能轻易克服原子核的库能位垒与原子核发生相互作用。中子具有磁矩、穿透性强,能分辨轻元素同位素和近邻元素以及具有非破坏性,使得中子散射成为研究物质结构和动力学性质的理想探针之一,是运用多学科探测物质微观结构和原子运动的强有力手段。

长期以来,中子探测相关的研究在粒子物理、中子分析技术、核反应堆、辐射安全、核安保技术、宇宙射线检测等领域实现了广泛应用。如今,中子测量技术在核工程、科学研究、工农业生产和医疗卫生事业中起着极其重要的作用。

4.8.1 国防军事

自发现中子后,中子探测技术首先在国防军事领域达到了广泛应用。其应用不胜枚举,主要表现在:

1. 核科学研究与核材料生产

利用中子核反应可研究核结构、裂变物质、聚变材料和各种放射性同位素的生产。

2. 核参数研究与核武设计

通过各种能量的中子与物质相互作用的截面、角分布等与中子有关的核参数研究,达到对核反应堆和核武器的设计及试验的目的。

3. 军控核查

利用中子测量,达到军控核查之目的。

4.8.2　民用核科技

4.8.2.1　天然中子测量

研究表明,地－空界面的天然中子流主要来源于大气中子。通过对天然中子测量研究,可获得大气中子形成、大气中子的天顶角分布、大气中子随大气深度和纬度的分布、大气的能谱分布等重要信息。此外,对天然中子的测量还在以下几方面达到了广泛应用:

1. 测定地质介质含水率

该方法就是通过测量地－空界面上升中子流,获得地质介质含水率。即采用高灵敏度的中子探测装置,测量上升快中子流,其注量率可以反映被测地表介质含水率。

2. 预测大气瞬态变化

测量地－空界面天然中子流瞬态变化,从而监测时空内大气的物质组分变化与大气密度的变化。

3. 地震关联研究

长期观测表明,地－空界面天然中子流强弱与气象条件变化的关系很明显。地－空界面天然中子流增强与观测时期内地震的震级记录对比,似乎显示出一定的关联性。目前,其机理尚不明确。一种可能的解释是地震发生前、后岩石的形变引起氡气释放,氡及其子体的 α 衰变可能诱发原子核的(α,n)反应,从而可能造成地－空界面上的中子本底暴涨。

4. 辐射环境监测

通过对地－空界面天然中子辐射场的检测研究,可预测不同地区和不同地质景观下,环境中子辐射的生物效应,并推算中子辐射对总剂量的贡献份额。

4.8.2.2　中子活化分析

中子活化分析是借助中子源(核反应堆、加速器和天然放射源)照射待测物质,以此研究待测物质成分和含量的一种多元素定性定量的分析方法,是一种快速无损的检测技术。该方法在微量和痕量元素分析中占有重要地位。

1. 高纯材料检测

在超导合金中的材料成分和杂质成分分析、核裂变燃料中"有毒"元素、高纯半导体材料和其他高纯试剂中杂质元素含量分析等方面均可采用中子活化分析技术。对高纯半导体材料中 Za、Au、Ca、F、Cr、P、Ag、Zn 等杂质元素含量分析时,其检测元素含量可低至 $10^{-12} \sim 10^{-11}$。

2. 冶炼工业应用

用快中子活化分析技术可分析金属中的氧及其他多种杂质元素,也可用热中子活化分析技术分析各种冶金产品内的贵金属和稀有金属等。

3. 其他应用

中子活化分析技术还被广泛用于产品质量的分析控制和刑侦物证材料鉴定,以及环境、地质、生物、医学、考古等领域。

4.8.2.3　中子测水

中子探测技术可用于烧结料、铸造砂、焦炭、煤、化肥、纸张、水泥及建筑基地和路基等含水量的测定。

4.8.2.4　中子测井

中子测井技术主要用于勘探石油和测量有关的地球物理资料。

4.8.2.5　中子辐照

中子辐照技术用于材料改性、农作物育种及新品种培育、治疗癌症等。

4.8.3　探测器研发

中子作为研究物质微观结构的一个理想探针将在基础研究领域发挥重要的作用。当前应用较广泛的中子探测器涂硼管、含^{6}Li 半导体探测器以及^{3}He 管或多或少均存在一些问题,如涂硼管天然硼中^{10}B 的含量较低,导致热中子探测效率不高;^{3}He 管具有很高的热中子探测效率,但^{3}He 的成本极高,目前探测器用高纯^{3}He 基本依赖进口,高压^{3}He 的密封存在一定困难;含^{6}Li 半导体探测器的探测元不易做大,使其应用场景受到一定限制。

随着国内大型中子科学平台的建设,如中国散裂中子源(CSNS),其高通量中子源能穿透一切金属体,在金属疲劳、氢化、腐蚀、形变等研究方向具有独特优势。散裂中子源将是 21 世纪最有生命力、最活跃的学科,如材料科学、生命科学和一些工程技术应用领域,继续发挥它的重要作用。有关中子在科学研究中的强大用途都离不开中子属性的测量,有些场合需要大面积中子探测器,有些场合需要高效率的中子探测器,有时又需要快时间分辨的探测器。目前,中子探测器的研究开发应向着满足多用途的方向发展,有效降低成本,使中子作为一种性能极佳的探针得到更普遍的应用,已形成以下研发趋势:

1. 扩大量程

当前,对慢中子的探测有较多的探测器可供选择。而且,可用于慢中子探测的这些中子探测器的效率也较高。但是对于高能中子的探测,目前正致力于大规模集成化、宽量程、大通量中子探测系统的研发。

2. 增强适应性

对核反应堆来说,其环境温度和压强都是现有中子探测仪器难以承受的,而核数据准确的获取对于核反应堆的研究及工程开发是非常重要的,因此研发能在高温、高压等极端条件下工作的中子探测仪器意义非凡,金刚石薄膜探测器有望率先得到应用。

3. 提高分辨率

核信号有时对探测器来说是难以区分开的,因此对于核探测来说,核事件的误判是难以避免的。通过分析中子辐射、γ 辐射的特性,研发一套具有优良 n – γ 甄别性能的核探测综合系统,将会给核信息分析领域带来便利,在核探测技术持续发展领域有很迫切的需求。

4.8.4　大型测量装置研发

ITER 装置在 10min 持续运行中,其中子辐射强度变化范围为 $10^{12} \sim 10^{19}/\mathrm{s}^{-1} \cdot \mathrm{cm}^{-2}$,

强度跨 7 个量级,无疑对中子测量是一个严峻的挑战。ITER 中子测量的内容主要包括中子产额(堆功率)、中子能谱(等离子温度)、在线测量(运行控制)和中子照相(等离子体时空分布)等。在此类大型复杂的装置中,其中子测量技术向简单、实用的方向发展,需尽量减少与建造中的工程冲突。另外,由于探测器处于强辐射的环境中,其抗辐射能力受到考验。因此,探测器的抗辐射性能研究也是将来需要重点关注的方向之一。

中国散裂中子源是我国迄今最大的国家重大科技基础设施。散裂中子源是由加速器提供的高能质子轰击重金属靶而产生中子的大科学装置,通过原子的核内级联和核外级联等复杂的核反应,每个高能质子可产生 20 ~ 40 个中子。X 射线能"拍摄"人体的医学影像,而在材料科学、化学、生命科学、医药等领域,科学家们更希望有一种高亮度的"中子源",能像 X 射线一样拍摄到材料的微观结构。散裂中子源就是一个利用中子来探索微观世界的工具,当一束中子入射到所研究的对象上时,与研究材料中的原子核或磁矩发生相互作用被散射出来,通过测量散射出来的中子能量和动量的变化,可以获取在原子、分子尺度上各种物质的微观结构和运动规律。同步辐射产生的高亮度 X 射线,主要与原子外围的电子云发生相互作用,从而探知物质的微观信息;而中子是电中性的,它与电子云基本不发生相互作用,而主要与物质中的原子核相互作用。同步辐射和中子散射能够实现优势互补,已被许多学科用来准确地研究物质中原子的位置、排列、运动和相互作用等。散裂中子源项目在脉冲中子通量、中子能谱、中子强度随位置分布的测量等方面存在较强需求。

参考文献

[1] Tuli J K. Nuclear wallet cards(seventh edition)[M]. April 2005.

[2] 丁大钊,叶春堂,赵志祥,等. 中子物理学——原理、方法与应用[M]. 北京:原子能出版社,2005.

[3] 汲长松. 中子探测实验方法[M]. 北京:原子能出版社,1998.

[4] Eiki Kamaya,et al. Organic scintillators containing ^{10}B for neutron detectors[J]. Nucl Instrum &Meth,2004,A529:329 – 331.

[5] Michael Fitzsimmons,et al. Fabrication of boron – phosphide neutron detectors[R]. LA – UR – 97 – 1228,1997.

[6] Sinyanskii A A,Melnikov S P,Dovbysh L E. Nuclear – optical converters for neutron detection[R]. UCRL – PROC – 207175,2004.

[7] Nikolic R J,Cheung C L,Reinhardt C E,et al. Future of semiconductor based thermal neutron detectors[R]. UCRL – PROC – 219274,2006.

[8] (美)格伦 F 诺尔. 辐射探测与测量[M]. 北京:原子能出版社,1988.

[9] Lacy J L,et al. Novel neutron detector for high rating imaging applications[J]. Nuclear Science Symposium Conference Record,2002 IEEE,1:392 – 396.

[10] Basile E,et al. A New Configuration for a Straw Tube – Microstrip Detector[J]. Nuclear Science Symposium Conference Record. 2004 IEEE,1:596 – 600.

[11] Janusz,Marzec,et al. Transparency of the Straw Tube Cathode for the Electromagnetic Field[J]. IEEE Transactions on nuclear science,2002,49(2):548 – 552.

[12] 谢一冈,陈昌,王曼,等. 粒子探测器与数据获取[M]. 北京:科学出版社,2003.

[13] 陈伯显,张智. 核辐射物理及探测学[M]. 哈尔滨:哈尔滨工程大学出版社,2011.

[14] Abbes M,Achkar B,Ait – Boubker S,et al. The Bugey 3 neutrino detector[J]. Nucl Instr Meth,1996,A374:

164 – 187.

[15] Britvich G I,et al. A neutron detector on the basis of a boron – containing plastic scintillator[J]. Nucl Instr Meth, 2005,A550:343 – 358.

[16] Ait – Boubker S,Avenir M,Bagieu G,et al. Thermal neutron detection and identification in a large volume with a new lithium – 6 loaded liquid scintillator[J]. Nucl Instr Meth,1989,A277:461 – 466

[17] Aleksan R,Bouchez J,Boussicut M,et al. Pulse shape discrimination with a 100 MHz flash ADC system[J]. Nucl Instr Meth,1988,A273:303 – 309.

[18] Aleksan R,Bouchez J,Cribier M,et al. Mea – surement of fast neutrons in the Gran Sasso laboratory[J]. Nucl Instr Meth,1989 A274:203 – 206.

[19] Smith M B,Andrews H R,Bennett L G I,et al. Canadian high – energy neutron spectrometry system (CHENSS)[J]. This Workshop,2006,OA11.

[20] Gunzert – Marx K,Schardt D,Simon R S,Gutermuth F,et al. Re – sponse of a BaF$_2$ scintillation detector to quasi – mo – noenergetic fast neutrons in the range of 45 to 198 MeV[J]. Nucl Instr Meth,2005,A536:146 – 153.

[21] Renker D. Photosensors [J]. Nucl Instr Meth,2004,A527:15 – 20.

[22] Jonkmans G,et al. A Canadian high – energy neutron spectrometry system for measurements in – space[J]. Acta Astronautica, 2005,56:975 – 979.

[23] 吕红亮,张玉明,张义门. 化合物半导体器件[M]. 北京:电子工业出版社,2009.

[24] Napolia M D,Racitia G,Rapisardaa E,et al. Light ions respones of silicon carbide detectors[J]. Nuclear Instruments and Methods in Physics Research A,2007,572:831 – 838.

[25] Kalinina E V,Ivanov A M,Strokan N B. Performance of p – n 4H – SiC film nuclear radiation detectors for operation at elevated temperatures (375℃)[J]. Technical Physics Letters,2008,34(3):210 – 212.

[26] Manfredottic,Giudice A L,Fasolo F,et al. SiC detectors for neutron monitoring[J]. Nuclear Instruments and Methods in Physics Research A,2005,552:131 – 137.

[27] Dulloo A R,Ruddy F H,Seidel J G,et al. The thermal neutron response of miniature silicon carbide semiconductor detectors[J]. Nuclear Instruments and Methods in Physics Research A,2003,498:414 – 423.

[28] 蒋勇,吴健,韦建军,等. 基于 4H – SiC 肖特基二极管的中子探测器[J]. 原子能科学技术,2013,47(4): 665 – 667.

[29] 杨洪琼,朱学彬,杨高照,等. 用于 n、γ 混合场的新型脉冲中子探测器研究[J]. 物理学报,2004,53(10): 3322 – 3325.

[30] 沈沪江,王林军,夏义本,等. 金刚石薄膜在粒子探测器中的应用[J]. 量子电子学报,2003,20(5):513 – 519.

[31] 王兰. 电流型 CVD 金刚石探测器研制[D]. 北京:清华大学,2008.

[32] Murari A,Angelone M,Bonheure G,et al. New developments in the diagnostics for the fusion products on JET in preparation for ITER[J]. Rev Sci Instrum,2010,10E136:81 – 85.

[33] Richards J D, Cooper R G., Donahue N,et al. Visscher "Development of a neutron – sensitiveanger camera for neutron scattering instruments"[D]. Pro IEEE Nucl Sci Symp Conf Rec,2010:1771 – 1776.

[34] Gagnon – Moisan F,Zimbal A,Nolte R,et al. Characterization of single crystal chemical vapor deposition diamond detectors for neutron spectrometry[D]. Rev Sci Instrum,2012,0D906:83.

[35] Almaviva S,Milani E,Angelone M,et al. Thermal neutron dosimeter by synthetic single crystal diamond devices[J]. Applied Radiation and Isotopes,2009,67(7 – 8):183 – 185.

[36] Rhodes N J,Schooneveld E M,Eccleston R S. Current status and future directions of position sensitive neutron detectors at ISIS[J]. Nucl Instrum Meth,2004,A 529:243 – 248.

[37] Almaviva S,Marinelli M,Milani E,et al. Thermal neutron dosimeter by synthetic single crystal diamond devices[J]. Appl Phys,2008,054501:103.

[38] Kawaguchi N,Fukuda K,Yanagida T, et al. Yoshikawa "Neutron response of rare – earth – doped ^{6}LiF/CaF$_2$ eutectic

composites with the ordered lamellar structure"[J]. Proc IEEE Nucl Sci Symp Conf Rec,2010:1823 – 1826.

[39]　周裕清,陈渊,沈寄安,等. 20keV ~ 17MeV 中子能谱测量[J]. 核电子学与探测技术,1995,15(6):360 – 363.

[40]　余周香,刘蕴韬,梁峰. 中国先进研究堆中子飞行时间谱仪的设计与建造[J]. 原子能科学技术,2013,47(5):881 – 883.

[41]　唐琦,陈家斌,宋仔峰,等. 用于中子能谱测量的反冲质子磁谱仪[J]. 强激光与粒子束,2012,24(12):2831 – 2933.

[42]　杨明太. 核材料的非破坏性分析(续)[J]. 核电子学与探测技术,2002,22(1):88 – 92.

[43]　李德红,苏桐龄. 中子活化分析原理及应用简介[J]. 大学物理,2005,24(6):56 – 58.

[44]　蒙延泰,王效忠,祝利群. 中子测量技术在核保障中的应用[J]. 核电子学与探测技术,2008,28(4):707 – 711.

[45]　杨明太,张连平. 桶装核废物非破坏性分析[J]. 核电子学与探测技术,2003,23(6):600 – 604.

[46]　颜志国,成诚. 中子探测技术在安全检查中的应用[J]. 技术与应用,2010,11:48 – 52.

[47]　时飞跃,马加一,等. 用散射中子测量管道油垢厚度的实验与模拟[J]. 核电子学与探测技术,2009,29(6):1327 – 1331.

第5章 γ 测 量

5.1 γ射线简介

1900年,法国物理学家维拉德(Paul Ulrich Villard)在研究阴极射线和X射线中发现,有一种波长比X射线要短,具有比X射线还要强的穿透能力的核辐射,并命名为γ射线。它是继α、β射线后发现的第三种原子核射线。一百年多年来,核科学界对γ射线进行了较为深入的研究,并将γ能谱学发展成为核科学领域中一门独立学科。

5.1.1 来源

通常,γ射线是伴随α、β衰变产生的,当原子核发生α、β衰变时,往往衰变到子核的激发态。处于激发态的原子核是不稳定的,将向低激发态跃迁,同时放出γ射线,该现象称为γ跃迁或γ衰变。如^{60}Co发生β衰变产生1.17MeV和1.33MeV的γ射线(图5-1)。γ射线除了源于核衰变外,还可源于核裂变、中子俘获、中子非弹性散射、带电粒子核反应(含韧致辐射)等。γ射线无处不在,人类生存环境也存在大量源于宇宙和陆地的天然γ辐射。

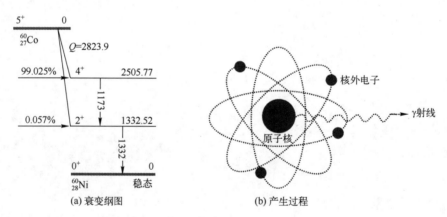

图5-1 ^{60}Co衰变纲图[1]和γ射线产生过程示意图

当裂变发生时,存在瞬发或缓发γ射线。通常,将在核裂变后随即(几十纳秒)发射的γ射线称为瞬发γ射线(Prompt Gamma-ray),由裂变产物衰变产生的γ射线则称为缓发γ射线(Delayed Gamma-ray)。例如,^{235}U热中子裂变后不同时间内产生的瞬发和缓发γ射线[2]。活化γ射线通常为中子活化,也分为瞬发或缓发两种类型,类似于裂变。如^{56}Fe中子非弹性散射伴随瞬发846.9keV γ射线[3],由^{27}Al(n,p)^{28}Al反应产生的^{28}Al发射1.779MeV缓发γ射线。

5.1.2　基本特性

1. 核衰变伴随产物

γ 发射是核跃迁或粒子湮灭过程中从原子核发射的电磁波，即 γ 射线来源于核内，而 X 射线来源于核外（原子核外电子受激发产生）。通常，γ 射线是放射性核素发生 α 衰变或 β 衰变或核反应时的伴随产物。不过，同核异能态的原子核向基态退激时将发射 γ 射线，如 $^{111m}Cd \rightarrow {}^{111}Cd$。

γ 衰变表示为

$$X^* \rightarrow X + \gamma \tag{5.1}$$

式中　X^*——高激发态原子核；

　　　　X——低激发态或基态原子核；

　　　　γ——具有一定能量的 γ 射线。

2. 波粒两重性

γ 射线是一种波长小于 0.01nm 的电磁波（X 射线波长为 0.01~10nm），具有波粒两重性。天然放射性核素系列辐射的 γ 射线能量一般为几十 eV 至几 MeV。

3. 核表征性

核衰变产生的 γ 射线都显示出某核素或核反应的特征信息。特定核素能级间能量差是特定的，尽管核衰变发射 γ 射线能量可能有一种或几种，但发射的 γ 射线能量大小和发射概率却是一定的，这就意味着对母核具有表征性。

4. 可吸收性

当强度为 I_0 的 γ 射线通过厚度为 d 的材料时（图 5-2），会被材料吸收，其强度会变弱。

发生吸收衰减表示为

$$I = I_0 \cdot \exp^{-\mu_m \cdot \rho \cdot d} \tag{5.2}$$

式中　I——衰减后强度（s^{-1}）；

　　　　I_0——初始强度（s^{-1}）；

　　　　μ_m——质量衰减系数（cm^2/g）；

　　　　ρ——吸收材料的密度（g/cm^3）。

当一束 γ 射线入射物质时，一部分 γ 射线会与物质原子发生光电效应、康普顿效应或正负电子对效应

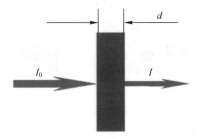

图 5-2　γ 射线吸收示意图

等。γ 射线要么被吸收，要么被散射改变了原能量和方向，从原 γ 束中消失；而另一部分未与物质发生作用的 γ 射线将穿过物质，其能量不变。因此，γ 射线不存在射程这个概念。常用半吸收厚度（$d_{1/2}$）或平均自由程（$\bar{R}$）表示物质对某能量 γ 射线的吸收情况，其定义分别为：γ 强度衰减到原来的 1/2 或 1/e 时所需物质厚度。测量高活度样品时，通常利用其可吸收性，以适宜的材料吸收降低其强度，处于适宜测量的强度区间。

5. 强穿透性

γ 射线穿透力远大于 α、β 粒子，γ 射线能量总体远高于 X 射线，其穿透能力也强于 X 射线，工业中可用来探伤、测厚或流水线的自动控制。随着 γ 射线能量增加，其穿透能力越强。通常用能量较高或能量范围较宽的射线源，如 ^{60}Co 和 ^{152}Eu 等。尽管低能 γ 射线穿

透能力弱,然而也可以利用这一特性,如一种测厚仪正是利用低能 γ 射线(^{241} Am 59.5keV)的相对较弱穿透特性来测量薄板厚度。在低水平 γ 测量时,环境和外界因素的干扰是需考虑的重要因素,为此通常用屏蔽衰减方式降低或几乎消除其干扰,所用屏蔽室的主要材料为质量序数较高的钨或铅等,其质量通常在吨量级。

6. 可探测性

γ 射线与适宜的敏感材料作用会产生电子 – 离子对、闪光或电子 – 空穴,以及可能的衍射特性等促成其可探测性。γ 射线探测包含 γ 能谱、γ 总计数、γ 剂量和 γ 照相等。γ 能谱测量即测量其计数随能量的分布,可以获得许多详细的特征信息。γ 总计数测量在 γ 能谱测量可获得,也可测量平均输出电流,从而确定入射 γ 射线的强度,测量平均输出电流可获得 γ 剂量,可评估总的 γ 剂量率和辐射场分布,在剂量防护上需要;测厚仪用总计数(或某能量的总计数)即可。γ 照相可以获得被测对象的二维分布热点源图像。本章主要介绍 γ 能谱测量,X 射线测量在此也不再赘述。

对于低能 γ 射线(长波),可以利用布拉格晶体衍射法测定其波长(类似于波散型 X 荧光光谱仪)。对短波(高能)γ 射线,由于其波长远小于点阵间距,晶体衍射法就不适宜了,更好的方法是测量 γ 光子的能量以确定其波长。由晶体(闪烁晶体、半导体)、光电倍增管和电子仪器组成的 γ 测量系统(γ 谱仪)是探测 γ 射线能量和强度的常用设备。γ 相机可利用光(γ 射线)小孔成像的光学特性,目前可获得热点源二维分布图像,也可同时获得 γ 能谱。γ 能谱测量在核辐射探测领域表现最为活跃,可以定性和定量分析被探测对象中放射性核素,还用于核反应实验研究(原子核激发态能级、衰变纲图、半衰期、反应类型、摩尔质量、反物质研究)等,以揭示核结构和物质结构。在核工业、核医学及科研领域得以广泛应用,与人们日常生活息息相关,如食品、环境安全和核能等。随着核军工和核电等核事业的不断发展,γ 射线测量将在核安全、核设施安全、核废物处理处置、核事故应急等方面发挥更大的作用。

7. 辐射损伤

人体受到 γ 射线照射时,γ 射线可以进入人体的内部,并与体内细胞发生电离作用。电离产生的离子能侵蚀复杂的有机分子,如蛋白质、核酸和酶,它们都是构成活细胞组织的主要成分,一旦遭到破坏或损伤,人体内的正常生化反应会受到干扰,严重的可以使细胞死亡,危害生命。为此,在使用强的 γ 射线源和 γ 测量时要注意辐射防护,总体原则就是屏蔽、衰减、远距离和短时间操作。γ 射线同样对病变细胞有杀伤力,医疗上用放射性核素来诊断和治疗肿瘤或癌症[4]。

5.2　γ 射线与物质相互作用

γ 射线与物质的相互作用主要有三种方式[5]:光电效应、康普顿散射和电子对效应。次要的相互作用有相干散射、光核反应、光致裂变和核共振反应等。光子能量在 100keV ~ 30MeV 范围内,这些次要相互作用方式的份额小于 1% ,为此,介绍三种主要的作用方式。

5.2.1　光电效应

γ 射线与衰减材料(γ 射线路径上材料)核外电子相碰时,会把全部能量交给电子,光子被吸收,使电子电离成为光电子,即光电效应,其作用过程见图 5-3。γ 射线能量(E_γ)大于壳层电子的结合能才可能发生光电效应。衰减材料核外电子束缚程度越高,光电效应发生概率越大,通常 K 层电子发生光电效应。光子能量较低且衰减吸收材料原子序数较大时,发生光电效应的概率较大。核外电子壳层出现空位,会产生内层电子的跃迁并发射 X 射线特征谱。高能 γ 射线($E_\gamma > 2\text{MeV}$)的光电效应较弱。

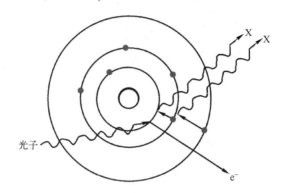

图 5-3　光电效应示意图

5.2.2　康普顿散射

γ 射线的能量较高时,除上述光电效应外,还可能与核外电子发生弹性碰撞,电子反冲射出,γ 射线的能量和运动方向均有改变,从而产生康普顿效应,其作用过程见图 5-4。仅对单一能量 γ 射线而言,发生康普顿效应的反冲电子为任意方向,散射电子能量差异也较大,散射光子能量也是多样的。应用相对论、能量和动能守恒定律,可以推导出这种碰撞中散射光子和反冲电子的能量与散射角之间的关系。在实际测量的 γ 能谱中,通常都存在康普顿效应,可能对测量产生较大影响,降低或消除的理想方法是反符合测量,反康 γ 谱仪正是利用了这一原理。

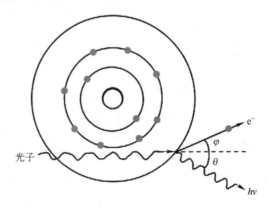

图 5-4　康普顿效应示意图

5.2.3　电子对效应

在衰减材料原子核库仑场作用下,γ 射线可转变成正负电子对,实现能质转换,这个过程称为电子对效应,其作用过程见图 5-5。产生电子对所需的最小能量为

1.02MeV,还随 γ 光子能量的增高而增强。电子对效应正比于衰减材料吸收体的 Z^2(Z 为原子序数)。

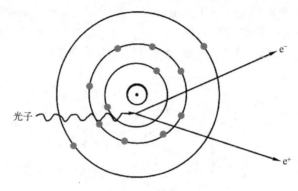

图 5-5　电子对效应示意图

5.2.4　效应关系

　　γ 射线与物质作用的产物(光电子、康普顿散射电子、正负电子对、俄歇电子、湮没光子、特征 X 射线等)将继续与衰减材料物质发生各种相互作用,直到能量全部耗尽为止。发生光电效应、康普顿散射、电子对效应与其能量和衰减材料原子序数的关系见图 5-6[6]。

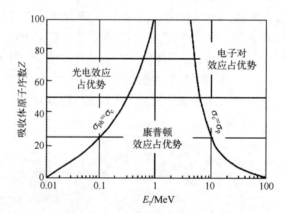

图 5-6　三大效应与能量和原子序数的优势区域

　　图 5-6 示出的 γ 射线与物质的相互作用是竞争关系,也可能同时存在。分析 γ 射线与物质相互作用的主要三种效应,可以得出以下结论[7]:

　　(1) 对于低能 γ 射线和原子序数高的吸收物质,光电效应占优势,正比于 Z^4/E_γ^3。

　　(2) 对于中能 γ 射线和原子序数低的吸收物质,康普顿效应占优势,正比于 Z/E_γ。

　　(3) 对于高能 γ 射线和原子序数高的吸收物质,电子对效应占优势,正比于 $Z^2 \cdot \ln E_\gamma$。

　　γ 射线与常用的碘化钠(NaI)和高纯锗(HPGe)两种探测器作用见图 5-7。其中,图 5-7(a) 为 γ 射线与碘化钠(NaI)探测器作用及三种效应的关系,图 5-7(b)为 γ 射线与高纯锗(HPGe)探测器作用及三种效应的关系。

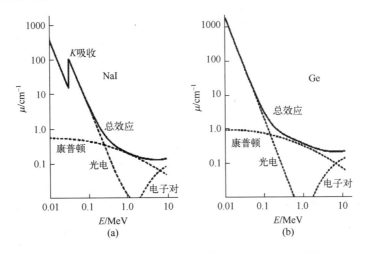

图 5-7　γ 射线与 NaI 和 HPGe 作用及三种效应的关系

5.2.5　吸收截面

吸收截面是指入射粒子被靶核吸收的概率。在 γ 射线探测技术中,γ 射线具有较强的穿透力,在路径上以散射方式损失能量,通过吸收体后射线强度衰减,衰减因子与路径上的材料及本身能量相关。γ 射线与物质的相互作用主要体现为光电效应、康普顿效应和电子对效应等,发生任意一种相互作用都具有一定的概率,用相互作用截面物理量来表示作用概率的大小(单位:b/原子,$1b = 10^{-24}\ cm^2$)。用 σ_{ph} 表示光电效应截面,σ_c 表示康普顿散射截面,σ_p 表示电子对效应截面,σ_i 表示其他效应截面。用 σ 表示 γ 射线与物质相互作用的总截面,其关系为

$$\sigma = \sigma_{ph} + \sigma_c + \sigma_p + \sigma_i \tag{5.3}$$

单质对某一能量 γ 射线的质量衰减系数(μ_m)与总截面(σ)的关系为

$$\mu_m = \frac{N_A}{M}\sigma \tag{5.4}$$

式中　μ_m——质量衰减系数;

　　　N_A——阿弗伽德罗常数;

　　　M——物质的原子量;

　　　σ——γ 射线与物质相互作用的总截面。

化合物或均匀混合物的质量衰减系数为

$$\mu_m = \sum_{i=1}^{n} w_i \mu_{mi} \tag{5.5}$$

式中　n——化合物或混合物中元素个数;

　　　w_i——第 i 种元素的质量百分比;

　　　μ_{mi}——第 i 种元素的质量衰减系数。

线性衰减系数(μ,亦称物质的衰减系数)与质量衰减系数的关系为

$$\mu = \mu_m \cdot \rho \tag{5.6}$$

式中　μ——线性衰减系数;

　　　μ_m——质量衰减系数;

ρ——吸收材料的密度(g/cm^3)。

截面数据库在常用工具书中或互联网上可以查询,其能量不是连续的,可以用插值法获得具体能量的截面值,用于计算 γ 射线与物质的相互作用程度。通常用蒙特卡罗法(MC)模拟光子的输运过程,光子与物质相互作用是重要的内容之一。

5.3　γ 探 测 器

γ 探测器是 γ 谱仪的核心部件。基于 γ 射线与探测介质的光电效应、康普顿效应和电子对效应,探测其次级电子,从而实现对 γ 射线的探测。由此,能与 γ 射线发生相互作用的各种材料都可以被用来做成探测器。目前,多数探测器是根据 γ 射线使物质的原子或分子电离或激发的原理制成的。把 γ 射线在物质中损失的能量转变为电流、电压信号,并提供给后续的信号处理电路进行处理和记录。根据探测器工作介质以及发生效应的不同,γ 射线探测器可分为气体电离探测器、闪烁探测器和半导体探测器等。气体电离探测器是利用 γ 射线在气体介质中产生的电离效应;闪烁探测器是利用 γ 射线在闪烁物质中产生的发光效应;半导体探测器是利用 γ 射线在半导体中产生电子和空穴。

5.3.1　气体探测器

气体探测器就是以气体作为探测介质的探测器。气体是带电粒子的良好的探测介质,初期常用于带电粒子的探测。随着气体探测器的发展,其性能稳定,结构简单,容易制备成各种形状,使用方便、成本低廉,为此,适用于 X – γ 射线探测的气体探测器也得以发展。现在广泛应用于工业、深空探测、X 射线荧光探测、环境放射性探测和核医学等领域。

1. 基本结构及原理

气体探测器基本结构如图 5-8 所示。

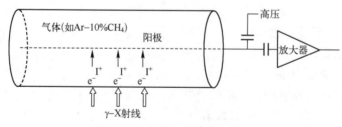

图 5-8　气体探测器结构示意图

当射线进入气体探测器灵敏区时,与气体介质发生相互作用,损失能量并使气体介质产生电子 – 离子对,电子和正离子在探测器的电场中漂移并在输出电路产生电信号。对于气体探测器更为详细的介绍,见本书第 2 章 2.3.1 节,在此无需赘述。

2. 分类

各种类型气体探测器的主体功能结构基本类似,按不同的工作条件,气体探测器分为三类:电离室、正比计数管和 GM 计数管。此三类气体探测器都可以用作 γ 射线的探测器,只是其探测效率太低。这是由于气体的密度小,对 γ 射线的吸收本领小,尤其对高

能 γ 射线,它和气体的原子直接相互作用概率很小。气体计数管对高能 γ 射线的探测,往往是靠 γ 射线在计数管的金属内壁上打出次级电子引起气体的电离激发而产生计数的。而对 30keV 以下的射线,气体有较大的吸收本领,不过,其能量分辨率较低。因此,可用分光晶体和布拉格衍射原理将射线分为单能射线后再检测,可实现准确测量某能量射线的强度。另外,GM 计数管可用于 γ 射线计数探测,常用于剂量探测。

5.3.2　闪烁体探测器

1. 基本结构及原理

闪烁体探测器是以闪烁体作为探测灵敏原件。闪烁体是由一定数量的闪烁物质以某种适当形式组成的、对致电离辐射灵敏的元件。闪烁物质在光致电离辐射作用下,能以闪烁方式发出光辐射的物质。闪烁探测器是利用射线与闪烁体作用,原子分子激发后退激时会发出荧光的原理,将光信号变为电脉冲来实现探测辐射粒子的目的。闪烁探测器不仅可用于 γ 射线、X 射线的能量和强度测量,还可用于带电粒子和中子的测量。对于闪烁体探测器更进一步详细介绍,见本书第 2 章 2.3.2 节,在此无需赘述。

2. 探测器类别

闪烁体种类很多,从化学成分上可分为无机闪烁体和有机闪烁体。无机闪烁体是在某些无机盐晶体中掺入少量激活剂而成。常用的无机闪烁体有以铊(Tl)作激活剂的碘化钠 NaI(Tl)和碘化铯 CsI(Tl)、以钠(Na)作激活剂的碘化铯 CsI(Na)、以银(Ag)作激活剂的硫化锌 ZnS(Ag)、以及溴化镧 LaBr$_3$(Ce)和玻璃闪烁体等。有机闪烁体大部分是芳香族碳氢化合物,如蒽($C_{14}H_{10}$)晶体等。在辐射作用下能发光的物质有很多种,但大部分不能成为闪烁体。理想的闪烁体应具有发光效率高、线性好、发射光谱与吸收光谱不重叠、发光衰减时间短、良好的加工性能及合适的折射率等[8]。完全理想的闪烁体是不存在的,可以根据应用需要来权衡选择合适的最佳闪烁体。一般,无机闪烁体的光输出产额及线性比较好,但发光衰减时间较长;而有机闪烁的发光衰减时间短得多,其光产额较低。常用的闪烁体有 NaI(Tl)、CsI(Na)和 LaBr$_3$(Ce)等,其优缺点列于表 5-1。目前,LaBr$_3$(Ce)闪烁体比 NaI(Tl)闪烁体实用性更强,二者性能比较结果列于表 5-2。

表 5-1　几种常用闪烁体优缺点

名称	适用范围	优点	缺点
NaI(Tl)	低能 γ	发光效率较高,易制成大单晶,常温使用	会潮解,需密封防潮
CsI(Tl)	高能 γ	发光效率较高,常温使用	会潮解,需密封防潮
CsI(Na)	高能 γ	发光效率高,常温使用	会潮解,需密封防潮
LaBr$_3$(Ce)	低能 γ	发光效率高,能量分辨较好,常温使用	会潮解,需密封防潮

表 5-2　LaBr$_3$(Ce)与 NaI(Tl)比较结果[9,10]

探测器类型	原子序数	密度 /(g/cm^3)	光产额 /(光子/keV)	衰减时间 /ns	能量分辨	
					射线能量/keV	半宽度/keV
LaBr$_3$(Ce)	57-35(58)	5.08	63	16	662	20
NaI(Tl)	11-53(81)	3.67	38	250	662	46

5.3.3 半导体探测器

半导体探测器是以半导体材料为探测介质的辐射探测器。半导体探测器的前身可以认为是晶体计数器。早在1926年就有人发现某些固体电介质在核辐射下产生电导现象,后来相继出现了氯化银、金刚石等晶体计数器。但是,由于无法克服晶体的极化效应问题,迄今为止只有金刚石探测器可以达到实用水平。半导体探测器发现较晚,1949年开始有人用 α 粒子照射锗半导体点接触型二极管时发现有电脉冲输出,到1958年才出现第一个金硅面垒型探测器。20世纪60年代初,锂漂移型探测器研制成功后,半导体探测器才得到迅速的发展和广泛应用。20世纪70年代中期,高纯锗探测器诞生并沿用至今。

1. 基本结构及原理

半导体探测器工作原理类似于气体探测器,区别在于探测灵敏介质不同,因此半导体探测器亦称为"固体电离室"。当入射粒子进入半导体探测器的灵敏区时,即产生电子 – 空穴对。然后,电子与空穴在电场作用下分别向两极运动,并被电极收集而给出电脉冲,其原理见图5-9。

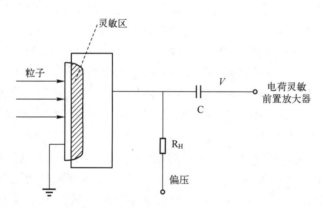

图 5-9　半导体探测器工作原理示意图

在半导体探测器中,入射粒子产生一个电子 – 空穴对所需消耗的平均能量为气体电离室产生一个离子对所需消耗的 1/10 左右。这就是半导体探测器具有很高能量分辨率的主要原因。半导体探测器的灵敏区应是接近理想的半导体材料,而实际上一般的半导体材料都有较高的杂质浓度。因此,为了做出合乎要求的探测器,必须对杂质进行补偿或提高半导体单晶的纯度。

2. 探测器类别

半导体探测器应用最为广泛,其种类繁多。按探测敏感材质可分为硅、锗和化合物(碲化镉、砷化镓、碘化汞、硒化镉等)半导体探测器。按探测对象可分为带电粒子、重离子、中子、X 射线和 γ 射线等探测器。按获取信息可分为具有幅度分辨性能的探测器、作为计数和剂量监测用探测器、快时间响应的探测器和位置灵敏探测器等。按制备灵敏探测介质工艺可分为均质体电导型探测器、结型(面垒结、扩散结、离子注入结)探测器、锂漂移探测器和特殊类型探测器。

3. 能量分辨

在 γ 能谱测量中,半导体探测器能量分辨率明显优于其他探测器(图 5-10)。不同类型的半导体探测器的能量分辨比较结果见表 5-3。

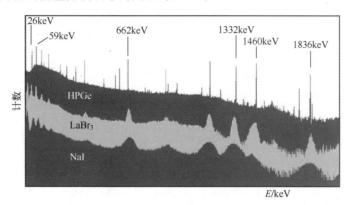

图 5-10 HPGe 探测器与闪烁探测器的能量分辨比较

表 5-3 半导体探测器性能比较[11]

探测器 类型	原子序数	密度 /g·cm^{-3}	禁带宽度 /eV	平均电离能 /eV	能 量 分 辨	
					射线能量/keV	半宽度/keV
Si(Li)	14	2.33	1.12(300K)	3.61(300K)	5.9	0.15~0.25
					115	1
					1 000	2
Ge(Li)	32	5.33	0.74(77K)	2.98(77K)	5.9	0.15~0.25
					662	0.8
					1 330	1.3
HPGe	32	5.33	0.74(77K)	2.98(77K)	5.9	0.15~0.25
					122	0.63
					1 330	1.75
HgI$_2$	80,53	6.3	2.13(300K)	4.22(300K)	5.9	0.18(LN),0.38(RT)
					122	约10
					662	15
					1 330	22
CdTe	48,52	6.06	1.47(300K)	4.23(300K)	5.9	1.1
					122	10
					662	20
					1 330	25
GaAs	31,33	5.3	1.42(300K)	4.35(300K)	5.9	2.5
					122	1.18~2.95
					662	15
					1 330	22

5.3.4 高纯锗探测器

如上所述,高纯锗(HPGe)探测器属于半导体探测器的一种。由于在 γ 能谱探测中基本上以 HPGe 探测器为主,而且应用十分广泛,因此有必要作为特例,对 HPGe 探测器做进一步详细介绍。

5.3.4.1 HPGe 基本结构

图 5-11 为 HPGe 探测器剖面图。HPGe 探测器在 γ 能谱探测中使用最为频繁,其原因有:①HPGe 探测器灵敏物质(锗)的纯度极高,耗尽层厚度大(5~10mm),能量分辨率高(见表 5-3,表中 LN 表示液氮制冷温度,RT 表示室温);②探测效率显著提高,目前相对效率可高达约 250%;③在低温下工作,可在常温下存放,使用较方便;④其生产工艺稳定、相对简单。随着液氮循环利用和电制冷技术发展,HPGe 探测器生命力会更强。

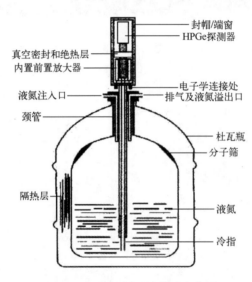

图 5-11 HPGe 探测器装置示意图

5.3.4.2 HPGe 探测器类别

半导体探测器基于外电极加偏压(PN 结)分为 P 型探测器和 N 型探测器。P 型探测器又称普通电极同轴探测器,其外电极上加正偏压。N 型探测器又称反电极同轴探测器,外电极上加负偏压。按美国国家标准(ANSI) IEEE Std 325-1986[12],HPGe 探测器按两电接触极面位置(几何形状)分为平面型探测器(图 5-12)和同轴型探测器(图 5-13),同轴探测器再细分为普通电极型、反电极型、锂补偿型和井型等。

图 5-12 平面型探测器

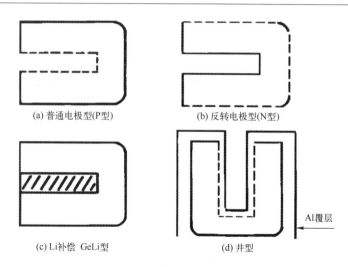

(a) 普通电极型(P型)　　　　(b) 反转电极型(N型)

(c) Li补偿 GeLi型　　　　　(d) 井型

图 5-13　同轴型探测器

1. 平面型 HPGe 探测器

平面型探测器为平行的圆饼形状,厚度较小,适用于低能 γ 射线(约 300keV 以下)探测,其噪声较低,能量分辨率较好。同轴半导体探测器的两电接触极面是部分或全部同轴的,其体积较大,效率较高。

2. P 型 HPGe 探测器

高纯 P 型探测器锗外部为 n + 连接,内部以镀金属或 P 型离子注入方式接触连接,正偏电压由外部二极管提供。P 型探测器端面材料典型厚度在 0.3μm ~ 0.7mm。

3. N 型 HPGe 探测器

该类型探测器外部为 p + 连接,以镀层金属或离子注入方式进行外部连接。内部连接以典型的锂扩散方式,非注入连接。负偏压由外部二极管供给。N 型探测器端面材料典型厚度约为 0.3μm。适宜于 X 射线和 γ 射线探测。薄型外部接触连接具备反康普顿屏蔽作用。N 型同轴探测器抗中子损伤能力强于 P 型同轴探测器,退火恢复能力也好于 P 型高纯锗探测器。

4. Li 补偿型 HPGe(Li) 型探测器

该探测器是由锂离子补偿的 P 型探测器,需要一直在液氮冷却条件下工作或闲置。

5. 井型 HPGe 探测器

一般用普通的探测器,井型封端伸进内部电极,井型洞面向端窗。放射性样品完全置于电极内部活性探测体积内进行测量。最近,非同轴型 HPGe 探测器已经商用化,其直径较大,对于能量较低的 γ 射线具有更好的探测效率。

5.4　γ 谱 仪

通常,γ 谱仪是指基于定量测量 γ 射线能谱的辐射仪,亦称 γ 谱测量系统,在科研、核能、环保、探矿、医疗、安全和军事等领域应用十分广泛。

5.4.1　基本结构

γ 谱仪是获得样品辐射的 γ 能谱的测量设备,可判别核素的种类及测量其活度。γ

谱仪主要由探测器、电源(偏压电源和低压电源)、脉冲放大器、多道脉冲分析器和数据处理输出设备等部件所组成,见图5-14。当γ放射性核素衰变发射的γ射线进入探测器灵敏体时,由光电转换(电子离子对、闪光或电子-空穴)形成脉冲,经紧靠探测器的前置放大器将脉冲进行初级放大后,脉冲进入脉冲放大器再次进行数十倍放大、成形。经放大、成形后的脉冲进入由计算机控制的多道脉冲幅度分析器,按脉冲幅度的高低将不同幅度的脉冲分别寄存在不同的道址内,形成γ能谱。γ能谱经数据处理后,输出分析结果。

早期γ谱仪是一个庞大的系统,主要涉及高压、放大器、多道分析、数据处理系统等。目前,这些庞大的系统高度集成于与砖头相当大小的电子学系统(或称数字化γ谱仪,见图5-14虚线框),实现了便携式测量,使用和维护非常简便。

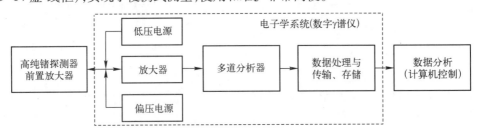

图5-14 γ谱仪组成示意图

最常用的探测器为高纯锗(HPGe)探测器,其次为碘化钠(NaI)探测器。图5-15显示了用四种γ探测器(NaI探测器、CdZnTe探测器、CdTe探测器和HPGe探测器)记录钚的γ能谱图。由图5-15可知,高纯锗探测器的能量分辨率明显优于其他探测器。在不同应用场景,应根据具体情况和需要,选配γ谱仪辅助设备,包括屏蔽准直器、吸收衰减片、激光测距仪等,以获得γ能谱探测理想效果。

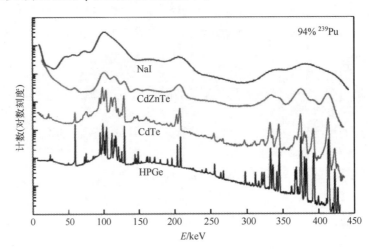

图5-15 半导体探测器与NaI探测器测量γ谱

5.4.2 分类

为满足各种测量需求相继诞生了多种γ测量系统,其分类较为繁杂。另外,γ谱仪还可与α谱仪、中子测量系统、量热器或γ相机集成,形成专用的综合测量系统。

（1）按安装或工作位置,可分为航天(航空)γ 测量系统、车载 γ 测量系统、实验室型 γ 测量系统、便携式 γ 测量系统以及水环境中 γ 测量系统。

（2）按道址,可分为单道和多道(特定道)测量系统,多道已发展到 32k 道。

（3）按能量分辨,可分为高分辨 γ 测量系统和低分辨 γ 测量系统。

（4）按探测器,可分为气体探测器 γ 测量系统、闪烁体探测器 γ 测量系统和半导体探测器 γ 测量系统。其中气体探测器测量系统应用范围窄,闪烁体和半导体 γ 测量系统应用宽泛得多。

5.4.3　NaI(Tl)γ 谱仪

NaI(Tl)γ 谱仪由 NaI(Tl)探测器、电子学和控制处理单元构成。碘化钠 γ 谱仪的成本较低,探测效率较高,常温使用,其重量、体积较小(易于便携),适宜于能量较低的 γ 能谱测量。

通常,晶体尺寸为 $\Phi 75mm \times 75mm$ 的碘化钠 γ 谱仪是作为其他 γ 谱仪本征探测效率的刻度标准。稳谱技术成功应用于该谱仪的测量,其稳定性明显增强,可适较长时间测量。不过,其能量分辨率较低、易吸潮、高能区效率低是碘化钠谱仪的天生缺陷。稳谱、防潮和解谱技术是碘化钠 γ 谱仪的发展趋势。

5.4.4　HPGe γ 谱仪

HPGe γ 谱仪由 HPGe 探测器(含制冷单元)、电子学和控制处理单元构成。HPGe γ 谱仪又分固定式 HPGe γ 谱仪和便携式 HPGe γ 谱仪。HPGe γ 谱仪的能量分辨率较高、晶体不吸潮、可室温存放、稳定性高,适宜于宽能量范围(10keV ~ 3MeV)的 γ 能谱测量,定性定量分析可靠性高。

随着 HPGe 大体积单晶制备技术发展,目前市售 HPGe γ 谱仪的本征探测效率已高达 200%,克服了早期效率低的不足。不过,HPGe 探测器需要低温工作,其重量、体积相对较大,便携和时间响应稍差,另外成本高。显然,在不弱化性能指标的前提下,降低购置和运行成本是 HPGe γ 谱仪的发展趋势,目前非同轴大面积晶体、电制冷和液氮循环技术已经商用化应用,期待进一步发展。

5.4.5　低本底反康普顿 γ 谱测量系统

低本底反康普顿 γ 谱测量系统的探测器组件由 HPGe 主探测器、NaI 环形探测器和 NaI 塞子探测器共同构成反符合屏蔽探测器,其余组件为铅屏蔽室、电子学反符合线路、多道分析器、谱分析软件、计算机和打印机等。通常,该系统的峰康比在反康模式下优于 1000:1;在 40keV ~ 2MeV 能量范围积分总本底可小于 $0.5s^{-1}$,特别适用于低活度样品测量。

低本底反康普顿 γ 谱测量系统的工作原理:当高能辐射(例如初级宇宙射线)贯穿主探测器与反符合屏蔽探测器,两个探测器都有信号输出时,后面的反符合电子学线路就会使这些信号不被谱仪记录,从而起到抑制或屏蔽本底信号的作用。同样,当被测样品放出的 γ 射线入射到主探测器,其中发生康普顿效应的光子将产生非全能峰信号。与此同时,其将同时被散射而进入到反符合屏蔽探测器而产生信号,后面的反符合电子学线路就会使这些信号不被谱仪记录,从而起到抑制康普顿效应、提高峰康比的作用。

5.4.6　多通道能谱测量系统

多通道能谱测量系统实际上是 γ 谱仪和 α 谱仪的结合体,主要由铅室、探测器、前置放大器、高压电源、线性放大器、模/数转换器、存储器、计算机和绘图仪等组成。该系统有 16384 道,分成了 4 个 4096 道,其中 3 个用作 γ 谱的测量,1 个用作 α 谱的测量。

多通道能谱测量系统的探测器组件配置了 P 型、N 型和井型三种 HPGe 探测器和两种 α 探测器:①P 型锗探测器主要用于测量天然放射性本底和低于本底的 γ 放射性核素;②N 型锗探测器主要用于测量人工放射性核素和低能的 γ 射线;③井型锗探测器主要用于样品极少的 γ 放射线测量;④PIPS 探测器 A 主要用于浓度极低的 α 放射性核素分析;⑤PIPS 探测器 B 主要用于一般浓度的 α 放射性核素分析。

多通道能谱测量系统的五种探测器可同时或单独进行 γ 谱或 α 谱的测量,数据采集、存储、刻度、寻峰、数据处理绘图等全部程序化。主要用于微量元素(核素)的测定,通过对天然的和人工的放射性核素的 α 或 γ 射线的测量,以达到对元素定量分析的目的。

通常,多通道能谱测量系统的检测限可达 3.7×10^{-3} Bq,对于活化样品可分析 30 ~ 50 个元素、含量范围(10^{-6} ~ 10^{-9})g/g,可分析 9 ~ 10 种稀土元素,稀土总量小于 5×10^{-6} g/g,一次可处理 200 条谱线。由于它具有操作简单、灵敏度高、准确性好、需要量少(一般为数毫克至数十毫克)、样品非破坏性、与化学组分无关、多元素分析等特点,因此,可适应各种样品的放射性核素的准确分析,已广泛应用于环境监测、环境地球化学、地质学、空间科学、医学、考古、工农业生产等各个领域。

5.4.7　主要性能测试

γ 谱仪的性能体现了谱仪的基本特性和适用范围,是购置和选用 γ 谱仪的依据。最常用的 γ 谱仪是闪烁 γ 谱仪和半导体 γ 谱仪,都存在多种型号的探测器,其主要性能包括探测效率、能量分辨、峰形参数等。

1. 探测效率

探测效率是表征探测器对 γ 射线的探测本领的重要指标之一。探测效率可以分为两大类,即绝对探测效率(ε_{sp})和本征探测效率(ε_{in})。影响探测效率的因素很多,主要取决于探测器的类型。对 γ 谱仪性能而言是本征效率,在实际应用中,常常会用到绝对探测效率。

本征探测效率是探测器探测记录到某 γ 射线的脉冲计数与其射到探测器灵敏体积中的数目之比。半导体 γ 谱仪的探测效率常常用相对探测效率来表示,即相对于 NaI(Tl)探测器(Φ75mm×75mm,^{60}Co 1.33MeV,探测距离 $d = 25$cm)。而绝对探测效率是探测记录到的某 γ 射线的脉冲计数与其放射源发射的该 γ 射线的数目之比,它与本征效应、几何效应、吸收效应和记录效应紧密相关。

2. 能量分辨率

能量分辨率是表征 γ 谱仪对相近能量 γ 射线的分辨本领,即探测器能够分辨的两个粒子能量之间的最小值,也是 γ 谱仪的重要指标之一。其定义为测量单能峰分布的峰值1/2 处的宽度,亦称为半宽度(ΔE),缩写符号为 FWHM,以能量单位表示,见图 5-16。在单峰构成的分布曲线上,峰值 1/2 处曲线上两点的横坐标间的距离。

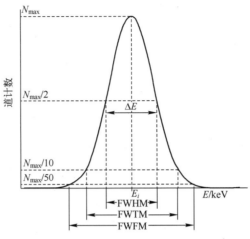

图 5-16　能量分辨率示意图

由于存在涨落因素与能量相关,因此用相对能量分辨率更为确切,即能量分辨率(η),其定义为

$$\eta = \frac{\Delta E}{E_i} \times 100\% \tag{5.7}$$

式中　η——能量分辨率(%);

　　　ΔE——半宽度值(keV);

　　　E_i——全能峰的能量(keV)。

3. 峰形参数

峰形表征全能峰形状特性,可鉴别一个能峰是单能峰还是重峰。全能峰近似高斯分布,峰形指标依据就是高斯分布函数。峰高的 1/10、1/20 和 1/50 处宽度,其缩写符号分别为 FWTM、FWSM 和 FWFM(类似于 FWHM,参见图 5-16)。通常用以 FWTM、FWSM 和 FWFM 与 FWHM 之比来表示峰形参数。按高斯分布函数计算标称值分别为 1.83、2.08 和 2.38。对于已知单能峰,γ 测量计算结果应靠近标称值。不同的 γ 谱仪会存在一定差异,针对特定的 γ 谱仪,测量已知单能峰的峰形指标,可作为判断是否为单能峰的判据。实际测量样品时,若测得峰形指标明显超出判据范围,就可以判断存在重峰。值得注意的是,必须控制测量死时间不能太大,否则,峰形会展宽,影响判断结果。

4. 峰康比

峰康比表征 γ 谱仪在高能 γ 射线的康普顿连续谱影响下,对低能 γ 射线的探测能力,峰康比越大,这种能力越强。其定义为单能谱线的峰道计数与康普顿连续谱平坦部分的平均道计数之比。

测量峰康比,通常用 ^{60}Co 的 1.33MeV γ 射线全能峰的峰高,与能量范围为 1.04 ~ 1.90MeV 的康普顿连续谱的平均高度之比表示,符号用 P/C。对于 HPGe 探测器峰康比为数十或上百,而 NaI 探测器通常不大于 10,显然 HPGe 优于 NaI 探测器,尤其测量低能强度较弱的特征峰,优势更为明显。

5. 能量非线性

能量非线性(D_E)是在一定能量范围内,实测能量与标称能量的偏离,通常用相对百分数表示,定义为

$$D_E = \frac{|E_0 - E_1|}{E_0} \times 100\% \tag{5.8}$$

式中　D_E——能量非线性(%);

　　　E_0——标称能量值(keV);

　　　E_1——实测能量值(keV)。

γ谱仪的能量非线性与探测器的类型、放大系统和脉冲幅度模拟数字转换相关联,它直接影响γ谱仪识别γ射线能量和鉴别核素的能力。NaI(Tl)闪烁γ谱仪在低能区域的脉冲幅度偏大,其能量非线性程度较大。目前,NaIγ谱仪稳谱技术得以发展,已有商用化的稳谱仪。而HPGe γ谱仪的非线性程度较小(不大于1.0%),通常使用高纯锗γ谱仪来鉴别γ射线能量和核素种类。

6. 重复性

重复性表征仪器在较短时间内的稳定性。在同样的测量条件下,对同一能峰重复测量结果的一致程度,用相对标准偏差(RSD)表示,其重复测量次数不小于6,其表达式如下:

$$\text{RSD} = \sqrt{\frac{\sum_{i=1}^{N} (S_i - \bar{S})^2}{(n-1) \cdot \bar{S}}} \tag{5.9}$$

式中　RSD——相对标准偏差;

　　　S_i——第i次测量的峰面积;

　　　$\bar{S}$——n次测量的平均峰面积;

　　　n——重复测量次数。

7. 不稳定性

在较长时间内(一般要求不小于8h),用同一测量参数对同一测量对象进行多次测量,其测量结果的极差(RR)为不稳定性,定义为

$$\text{RR} = \frac{S_{max} - S_{min}}{\bar{S}} \times 100\% \tag{5.10}$$

式中　RR——测量结果的极差;

　　　S_{max}——多次测量值中最大峰面积;

　　　S_{min}——多次测量值中最小峰面积;

　　　$\bar{S}$——多次测量平均峰面积。

不稳定性表征仪器在较长时间内的稳定性。仪器的不稳定性直接影响能量分辨率、道漂移、能峰变形,扰乱γ谱解析,致使分析结果可靠性降低。仪器的不稳定性除与仪器本身硬件相关外,也与测量环境温度和湿度相关,控制实验室环境条件是必要的。由于高纯锗γ谱仪受环境影响较小,因此相对适宜于便携野外测量。

8. 时间分辨率

时间分辨率是指探测系统能够分辨的两个脉冲之间的最小时间间隔。探测器的时间分辨性能越好,分辨两个接续事件的能力越强,偶然符合概率越低。基于γ能谱分析

的符合、反符合测量技术中涉及时间分辨。时间分辨性能最好的是塑料闪烁体探测器,其值不到纳秒,常用于快符合测量事件中。碘化钠闪烁体的时间分辨性次之,在反康 γ 谱仪中得以应用。

9. 最大计数率

最大计数率是指 γ 谱仪保持正常工作的状态下,能够允许通过的最大计数率,它也是一个 γ 谱仪的重要指标(对强活度测量尤其重要)。γ 谱仪最大计数率表征 γ 谱仪获取数据的速度,与探测器的电荷收集时间、脉成形时间、幅度模拟数字时间及数据存储时间等因素相关,与电子学系统直接关联。

当计数率超过最大计数率时,脉冲严重堆积、计数大量损失、损失补偿不可靠。异常表现为测量死时间偏大,峰形畸变、能量分辨率变差、峰位漂移,甚至无法继续测量。最大计数率越高,数据获取越快,可大大缩短了测量时间,有利于强活度样品或多核素样品的测量。该指标测试方法,通常递增源强度,直至总计数或某能峰计数达到高位区间平台,此时计数率为最大计数率。在实际测量强活度时,通常需要使用适宜屏蔽材料,保持适宜百分死时间。对 HPGe 探测器通常要求死时间不大于 20% 。对特定的 γ 谱仪在测试最大计数率时,可同时获得适宜百分死时间区间。

5.5　γ 能谱分析

在 γ 能谱测量中,由于各种探测器性能、测量条件以及被测物质差异很大,在某一时刻探测到的谱数据是孤立的,而单个数据并不能反映出被测物质的根本性质,这就要求对采集的能谱数据进行综合分析,即 γ 能谱分析。也就是说,γ 能谱分析是对 γ 谱仪记录、获取的 γ 能谱信息进行数据处理和提取,从而达到对被测 γ 放射性物质进行定性和定量分析的目的。

5.5.1　γ 谱构成

γ 射线与探测介质原子作用产生光电子、康普顿电子或正负电子对,次生电子再电离激发探测介质产生电脉冲,获得脉冲幅度谱,即 γ 谱,它是由连续谱和特征峰组成。不同能量 γ 射线存在不同的连续谱和特征峰,使得 γ 谱很复杂,再加之次生 γ 射线或 X 射线作用,以及逃逸和峰效应等,γ 谱更为复杂。在实际 γ 测量工作中,基于谱峰构成和具体样品进行识别和分析。

1. 特征峰

能量为 E_γ 的 γ 射线在探测器内发生光电效应或累计效应,其能量全被探测器吸收,产生的电脉冲幅度正比于 γ 射线能量 E_γ,在脉冲幅度谱上 E_γ 位置出现明显的能峰为特征峰,亦称全能峰或光电峰。基于特征峰探测(能量和强度),用于放射性核素识别和活度测量。

2. 连续谱

在康普顿散射中,反冲电子获得 γ 射线一部分能量,散射角 θ 不同,反冲电子能量也不同,其能量(E_e)为 $E_\gamma^2(1-\cos\theta)/[m_e c^2 + E_\gamma(1-\cos\theta)]$,散射光子能量($E_\gamma'$)为 $E_\gamma/[1+E_\gamma(1-\cos\theta)/m_e c^2]$。为此,由康普顿反冲电子产生的脉冲幅度谱是连续的,称为康

普顿连续谱。康普顿散射会增加γ谱的本底,能量越高、γ射线越丰富,低能区域本底越高、峰形越复杂,峰强度解析准确度和弱峰分析灵敏度都下降。

3. 反散射峰

当康普顿效应散射角为180°时,γ射线与电子碰撞后,沿反方向散射回来,而反冲电子则沿入射方向飞出,这种现象称为反散射。此时散射光子能量最小,$E'_{\gamma min}$为$E_{\gamma} \times (1 + 2E_{\gamma}/m_e c^2)^{-1}$,其值约为200keV。在γ谱中约200keV处会出现隆起峰,即反散射峰,在NaI(Tl)γ谱中比较明显。

4. 逃逸峰

逃逸峰存在两种情况:一种为单、双逃逸峰;另一种为X射线逃逸峰。当E_{γ}能量大于1.02MeV的γ射线与探测器灵敏介质可发生电子对效应时,能量损失,产生两条运动方向相反的γ射线(能量为511keV),其中一条或两条从探测器灵敏介质逃逸,γ谱中显示能量差值为1.02MeV的能峰为双逃逸峰,能量差值为0.511MeV能峰为单逃逸峰。测量^{24}Na的γ谱是典型例子(图5-17)。

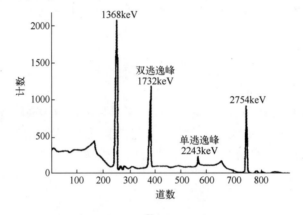

图5-17 ^{24}Na 的 γ 谱

X射线逃逸源于探测器内光电效应结果而发射的X射线光子从探测器敏感部分逃逸。在γ谱中出现能量为$E_{\gamma} - E_X$的能峰。通常在低能端才能观察到X射线逃逸峰。如NaI(Tl)探测器探测^{77}Se的γ谱(图5-18),162keV为^{77}Se的特征峰,碘K_{α}X射线能量为28keV,为此,产生162 - 28 = 134(keV)碘的特征X射线逃逸峰。对锗探测器而言,其K_{α}特征X射线能量为7keV,在以锗探测器获得的γ谱中,低能区某特征峰(E_i)左侧可能存在7keV的X射线逃逸峰,通常见于平面锗探测器获得的γ谱中(图5-19)。

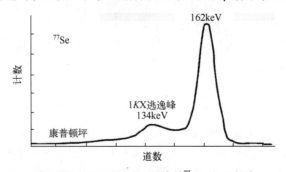

图5-18 NaI(Tl)探测器获得^{77}Se 的 γ 能谱

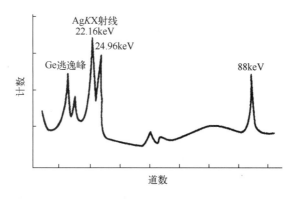

图 5-19　HPGe 探测器的 γ 能谱

5. 诱发 X 射线峰

γ 射线与探测灵敏介质以外的材料物质（包装体、衰减材料、屏蔽体等等）会发生光电效应。光电效应辐射 X 射线逃逸并被探测器探测到，在 γ 谱上呈现出 X 射线峰。如用镉作为衰减材料时，会产生 23.2keV 的 X 射线，通常在邻近探测器端放置薄铜片，以衰减次生 X 射线。

6. 湮没 γ 峰

E_γ 能量大于 1.02MeV 的 γ 射线与探测器灵敏介质发生电子对效应，正电子淹没辐射光子被探测到，呈现在 γ 谱上为 511keV 的湮没 γ 峰。β^+ 湮没也能产生 511keV 湮没 γ 峰。湮没峰半宽度与 β^+、e^+ 特性和物质微观缺陷相关，与缺陷程度呈正向关系。故可用湮没 γ 峰来分析物质内部缺陷，^{22}Na 是最常用的 β^+ 辐射源。

7. 韧致辐射谱

当存在能量较高的 β 射线时，受源物质或周围物质阻止减速，将产生 $0 \sim E_\beta$ 的韧致辐射，呈现出随能量下降的连续谱。在 β 衰变产生较高能量 β 射线的核素的 γ 谱中，韧致辐射特征明显。

8. 和峰

和峰分为级联和峰、偶然和峰两种。当核素衰变存在两支级联 γ 射线时，会同时被探测灵敏介质吸收，在 γ 谱上呈现出级联和峰，其能量为两种能量之和。γ 与 γ 射线、γ 与 X 射线、γ 与湮没光子等相关级联都可能产生级联和峰，多次级联组合更多，可基于衰变纲图预测可能的组合。级联和峰强度（I）与源强（I_0）和探测效率相关，即 $I = I_0 \cdot \varepsilon_1 \cdot \varepsilon_2$。对一特定测量对象和 γ 谱仪而言，探测距离是决定级联和峰的关键因素。探测距离越大，级联和峰的强度就越低。实际测量时，根据需求调整适宜的测量距离，就可以利用或避免和峰效应。

偶然和峰是在高计数率情况下 γ 射线偶然加和形成，任意两能量都可能加和，与测量系统时间特性关联，强度依赖于计数率大小，与探测距离无关。

9. 本底谱

测量实际样品获得的 γ 谱，除被测样品有关外，还包含环境本底谱。环境本底主要来源于测量现场附近的核材料或核污染辐射，土壤、岩石、建筑材料中辐射，以及宇宙射线等，γ 射线探测器都会不同程度地响应这些本底辐射。康普顿散射在本底中所占份额较高,选择探测器的适宜位置及采取屏蔽措施可大幅度降低康普顿散射本底。

野外环境本底与实验室存在差异,主要是陆地地质背景、天然辐射差异引起的。在实验室测量时,可以采用屏蔽方式减少环境本底,结合反符合技术可以将本底降至更低(图5-20)。图5-20中,图(a)为铅室外;图(b)为铅室内;图(c)为铅室内反符合。

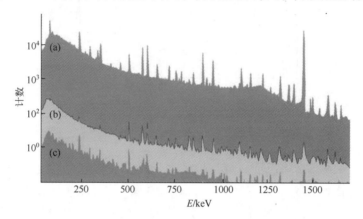

图5-20　实验室不同测量方式的本底谱示意图

值得一提的是,探测器敏感材料本身可能含一定量的放射性物质,以及探测器、屏蔽体或衰减片可能被活化产生新的放射性核素,也会存在本底,如 LaBr$_3$ 探测器含^{138}La(图5-21[13])。

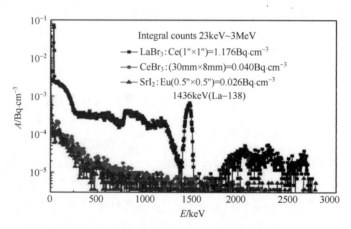

图5-21　几种探测器(单位体积)本底谱

5.5.2　能谱数据处理

γ射线进入探测器被记录后,经核电子学处理、转换成信号脉冲,再经多道脉冲分析器处理、记录,形成γ能谱。但此γ能谱数据必须经一定的数学方法处理,才能得到实验要求的最终结果。能谱的数据处理大致可以分为两个步骤。首先进行峰分析,即由能谱数据中找到全部有意义的峰,并计算出扣除本底之后每个峰的净面积。第二步是放射性核素的活度或样品中元素浓度的计算,即由峰位所对应的能量识别出被测样品中含有哪些放射性核素或被激发的元素,并且由峰的净面积计算出放射性核素的活度或元素在样品中的浓度。采用不同的物理实验方法,使用不同的探测器时,能谱的数据处理方法也有所不同。

随着计算机技术的发展,对 γ 能谱的处理已开发了许多应用软件,且正在不断完善。作为普通用户无需编程,直接引用专用程序即可。在此,仅简单地介绍在各种能谱数据处理中经常用到的峰分析方法,包括谱数据的光滑处理、寻峰和定峰位、本底扣除、净峰面积计算和复杂 γ 谱解析。

5.5.2.1　谱光滑处理

由于射线和探测器中固有的统计涨落、电子学系统的噪声的影响,谱数据有很大的统计涨落。在每道计数较少时,相对统计涨落更大。谱数据的涨落将会使谱数据处理产生误差,其主要表现为在寻峰过程中丢失弱峰或出现假峰、峰净面积计算的误差加大等。为此,在进行 γ 谱的定性和定量处理之前,先采用某种光滑方法对谱做预处理。由于相邻各道的计数之间具有一定的相关性,所以利用某种数学方法可消除、减少谱数据中大部分统计涨落,这类数学方法就称为谱光滑法。但平滑之后的谱曲线应尽可能地保留平滑前谱曲线中有意义的特征,峰的形状和峰的净面积不应产生很大的变化。

目前,对 γ 谱数据光滑有多种方法,但应用最广泛的是最小二乘移动光滑方法。该方法是在仪器谱上所要光滑的一点的两边各取 m 个点,连同本身共有 $2m+1$ 个点,以该点为中心,取 n 次多项式对此谱段作最小二乘法拟合多项式的一般表达式如下式:

$$\bar{y}_{nsm}(i) = \frac{1}{N_{sm}} \sum_{K=-m}^{m} C_{Ksm} y_{(i+K)}$$ (5.11)

式中　y_{nsm}——用 n 次多项式拟合第 i 道的第 s 阶微分;

C_{Ksm}、N_{sm}——常数,它们与谱无关,可从有关文献中查到;

$m=(m'+1)/2$,m' 为光滑时每曲线段所取的点数。

对于光滑的最佳点数取决于拟合区的形状。若 m' 太大,则光滑后会把峰展平,谱的原始特征受到破坏;但 m' 太小则光滑效果差,往往光滑后统计涨落依然存在,也无法显露出能谱的有意义的特征。因此必须选取合适的光滑点数,这可由误差理论定出。通常,选用比被光滑谱区的值小 1~2 道的点数进行光滑为最佳。

对上式进一步简化,得到三点光滑、五点光滑和七点光滑公式如下:

(1) 三点光滑:

$$\bar{y}_m = \frac{1}{4}(y_{m-1} + 2y_m + y_{m+1})$$ (5.12)

(2) 五点光滑:

$$\bar{y}_m = \frac{1}{16}(y_{m-2} + 4y_{m-1} + 6y_m + 4y_{m+1} + y_{m+2})$$ (5.13)

(3) 七点光滑:

$$\bar{y}_m = \frac{1}{64}(y_{m-3} + 6y_{m-2} + 15y_{m-1} + 20y_m + 15y_{m+1} + 6y_{m+2} + y_{m+2})$$ (5.14)

式中　$\bar{y}_m$——平滑后谱数据;

y_m——原始谱数据。

以上三个光滑公式的优点是权因子都是正数,平滑之后的谱数据不可能出现负值,从而提高了平滑之后的谱数据的可靠性。这在原始谱数据中本底很小、峰很高及其峰的宽度很窄时是非常重要的。如果平滑之后的谱数据出现了负值(这显然是不合理的),可能使后续的计算程序在运行时产生错误。

需要指出是,需要对谱数据光滑多少次应考虑到改善谱的统计涨落、减少谱形畸变两个因素,根据谱数据的具体情况决定。在谱数据中各道计数较低、统计涨落较大的情况下,平滑次数可以多些;在谱数据中各道计数较大,或者谱形比较复杂的情况下,为了减少谱形的畸变,节省计算时间,光滑次数应当少一些,一般不多于 3 次。

5.5.2.2 寻峰和定峰位

在谱数据中精确地计算出各个峰的峰位是能谱分析中最关键的问题。在谱的定性分析中,只有正确地找到谱中全部峰的位置,才能根据主峰和各验证峰的能量来决定在被测样品中是否存在某种核素。在定量分析中,尤其是用最小二乘法函数拟合进行重峰分析时,一般使用迭代法。峰位作为迭代参数的初值,如果峰位的误差很大,或混入了假峰,漏失了真峰,则会造成迭代次数增多,甚至不收敛,使迭代失败。

峰位的确定是 γ 能谱定性分析的基础,一般是先找峰,然后定峰位。判断寻峰方法好坏的主要原则:①在高的自然本底或康普顿坪上寻找弱峰的本领,不要把弱峰丢失掉;②在对弱峰灵敏的前提下,不要把本底的统计涨落误认为是峰;③能判断是单峰还是重峰,若是重峰,需判断其组成数目,能区分是全能峰还是康普顿边缘;④占用计算机的内存量小,运算速度快。

最简单的寻峰方法是目视法。分析人员可以根据已掌握的 γ 谱学知识和实践经验从获得的 γ 仪器谱上利用光标直接找出峰位。常见的利用计算机寻峰方法有逐道比较法、导数法、对称零面积变换法。

1. 逐道比较法

若峰位在 k 道,峰左右两侧的峰谷分别在 L 和 R 道,峰的底宽为 $2w = R - L + 1$,峰谷计数比 $S = 2y_k/(y_L + y_R)$。在所找的谱段内,峰顶和峰谷处的计数应有如下关系式:

$$y_k \geqslant y_{k\pm1} \geqslant y_{k+2}; y_L \leqslant y_{L\pm1}; y_R \leqslant y_{R\pm1} \qquad (5.15)$$

利用上式逐道比较,若找出满足上式的峰顶 k 道及其左右的峰谷 L 和 R 道后,还要利用 $2w$ 和 S 作进一步峰判定。对 Ge(Li) 谱而言,可选定当 $2w$ 适当大(如大于 2.5FWHM)和 $S > 1.2$ 时就作为真峰处理。S 的大小选择不是绝对的,若要在高本底上选出弱峰,则需要选定小些,但这时也容易混入假峰。此方法适于寻找较强的孤立单峰,对弱峰和重峰的分辨本领弱。其算法简单,运算快。

在确定有峰后,还需进一步确定峰顶的位置。可采用二阶插值多项式法计算,其步骤是:在找出峰道 k 后,选取三点 $(k-1, y_{k-1})$、(k, y_k)、$(k+1, y_{k+1})$,确定一个二次三项式 $y = a + bx + cx^2$。然后求出该二次三项式的极值点,即 $x_p = -b/2c$,为所求之峰位。

2. 导数法

根据高斯函数的特点,在峰区附近特别是经过峰顶时,谱的各阶导数有特定的变化,利用这个性质可以寻峰。因为一阶导数在峰前沿是大于零的,在峰后沿是小于零的,在峰顶处一阶导数为零。因此,当连续几道的一阶导数明显地由正逐渐地转变为负时,可认为存在峰并取峰位一阶导数等于零的道数(图5-22)。图5-22 中,图(a)为光滑谱;图(b)为一阶导数;图(c)为二阶导数。

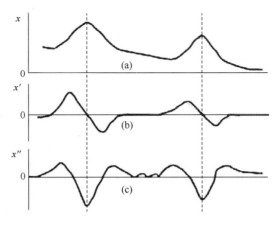

图 5-22　导数法寻峰

也可以利用二阶导数来寻峰,因为二阶导数在非峰顶处常围绕零值上下波动。而在峰顶附近,二阶导数明显地不等于零。并且对峰中心来说,二阶导数随道数的变化是对称的。当道数从峰的左侧经过峰位转到右侧时,二阶导数先是为零然后变负,在峰曲线上拐点处二阶导数为零,而到峰顶时,二阶导数有相当大的负值,然后再对称地变化过去。利用这个特点可以更容易地寻峰和定峰位。在峰的两侧,二阶导数的过零处表示了该峰曲线的拐点,从而表明了该峰的宽度,将这一宽度与谱仪在该位置的分辨率相比较,便能判别该峰是单峰还是重峰。判别是康普顿边缘还是全能峰,主要看二阶导数的对称性,对康普顿边缘来说,看不到二阶导数的对称性。

3. 对称零面积变换法

对称零面积变换寻峰法是以面积为零的对称窗函数与能谱数据进行卷积变换和处理的方法,变换后的能谱数据 $\bar{y}_i$ 表示为

$$\bar{y}_i = \sum_{j=-m}^{m} C_j y_{i+j} \qquad (5.16)$$

式中　$\bar{y}_i$——变换后的能谱数据;

　　　C_j——窗函数,具备 $\sum_{j=-m}^{m} C_j = 0$ 和 $C_j = C_{-j}$ 的特性。

对于线性本底的变换为零,有峰的地方变换结果为正的极大值,极大值位置为峰址。对称零面积变换的函数可以选择方波函数、高斯函数和高斯函数的二阶导数等。

由于高斯函数的标准差和变换函数的点数随 FWHM 变化而变化,因此可实现自适应寻峰效果。当变换谱与它的标准偏差之比出现正极值且超过给定的峰阈值($2\sigma_{本底}$ ~ $3\sigma_{本底}$)时,则极值对应的道址为峰位置,其精确道址可由重心法求得。对称零面积法可具备很强的弱峰识别能力和排除假峰的能力。

5.5.2.3　本底扣除

在谱定量分析的过程中,为了计算某种能量射线的强度需要求出峰的净面积。为了计算峰的净面积,必须扣除峰区内的本底。这里的本底是指由被测射线与探测器(或其周围介质)通过不同的物理过程产生的或被测样品在射线的作用下通过不同的激发过程而造成的干扰。例如,在 γ 能谱分析中,一般利用光电峰的面积来计算核素的活度。但

是光电峰常常叠加在更高能量的 γ 射线的康普顿电子谱上。各种更高能量的 γ 射线在探测器中产生的康普顿电子谱叠加在一起构成了本底谱。

扣除本底的方法可分为两种：①全谱本底扣除法，即求出本底谱在整个测量能区中的分布模式，从整个谱数据中逐道减去本底在该道的计数，得到不包含本底的谱数据；②峰区本底扣除法，即在包含有感兴趣峰的一个很窄的谱段中，认为本底谱是按直线或多项式规律分布，在这个谱段中从谱数据中逐道减去由直线或多项式分布模拟的本底数据。通常，这两种方法都只适合于由 Ge(Li)、Si(Li) 等能量分辨率较高的探测器的能谱。在谱的定量分析中，首先用全谱本底扣除法扣除本底，然后再进行寻峰、重峰分析等操作。这样可以提高谱定量分析的精度，提高测量系统对弱成分的灵敏感度。但是这种方法的计算工作量比较大。在探测器的能量分辨率比较高，峰区的宽度不大时，使用峰区本底扣除法也能得到比较好的精度。因而峰区本底扣除法是目前 Ge(Li)、Si(Li) 探测器测谱定量分析中最广泛使用的一种方法。

1. 全谱本底扣除法

使用全谱本底扣除法扣除本底必须首先求出在整个谱的范围内各道的本底值，然后逐道由谱数据中减去各道的本底计数，才能得到扣除本底之后各道谱数据。在某些物理测量中，可以写出本底谱分布的解析表达式。全谱本底扣除法的具体方法步骤如下：

（1）光滑处理：对谱数据进行光滑处理。

（2）分割：将整个谱分割成若干个相邻的谱段，每个谱段的宽度取为整个谱中峰的平均 FWHM 的 3 倍或 5 倍。在每个谱段中找出谱数据的最小值，记录最小值所对应的道址。为避免丢失可代表本底谱的数据点，该步骤可用不同的谱段宽度重复地进行 2 次。第一次谱段宽度为 3FWHM，第二次为 5FWHM。

（3）剔除：剔除重峰区中两个峰之间的谷点。当多个峰重叠，重峰区较宽时，可能会把重峰区中峰谷误认为是本底点（图 5-23）。因此，在步骤（2）中找出的各最小点的距离小于 2FWHM 时，把相邻的两个点中计数高的那一点作为重峰区中的峰谷予以剔除。

（4）连线：将找到的最小点用直线连成本底曲线。如果在任一 0.5FWHM 的区间内，直线段上的各个点都高于谱数据，则认为这个线段不属真实本底谱，须加以修正。如图 5-24 所示，A、B、C 点是第二步中找到的最小点，虚线为连接而成的本底谱曲线。在 BC 区间内（BC > 0.5FWHM），由直线连接而成的本底谱中的各点都比谱数据大，则在本底谱与谱数据之间相差最大的点 D 插入一个新的最小值。用直线连成修正之后的本底谱如图中实线所示。进行上述修正可以使由直线连成的本底谱更接近于真实的本底谱。

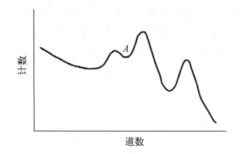

图 5-23　重峰区的谱曲线

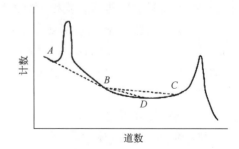

图 5-24　极小值方法修正本底谱

（5）修正：在每个区间内由谱数据和直线本底之差计算积分函数,把积分函数规一化,使它和直线本底叠加之后,在区间的两个边界上（即上两步骤中找出的最小点）本底数值维持不变。然后再一次采用步骤（4）中的方法对本底谱进行修正。

（6）再光滑：对上述步骤计算出的本底谱数据进行光滑处理,得到较为符合实际情况的本底数据。

2. 峰区扣除本底法

当探测器的能量分辨率比较高、能谱峰比较窄时,最常用的方法是峰区内扣除本底的方法。首先在峰位的两侧找出峰区的左、右边界道址 m_L 和 m_R。由于峰区的宽度很窄,可以用通过 m_L 道和 m_R 道两点谱数据的一条直线来模拟峰区内本底的分布（图 5-25 中的虚线）。另一种方法是在峰区外每侧各取若干点,用多项式对这些点进行函数拟合,用拟合所得的多项式来模拟峰区内本底的分布。由谱数据逐道地减去用直线或多项式模拟的本底数据,得到扣除本底之后的谱数据。可见,在探测器能量分辨率很差、峰很宽时（例如用 NaI 探测器测得的 γ 谱）,用这种方法将会产生很大的误差。使用峰区内扣除本底的方法扣除本底时,若要获得较好的精度,关键在于峰区左、右边界道址的选择。若峰区选得过窄,则用来模拟本底的直线偏高,扣除本底之后的谱数据偏小。当峰区选得过宽时,峰区的左右边界道可能落在邻近的另一个峰的尾部上,也会造成本底扣除的误差。

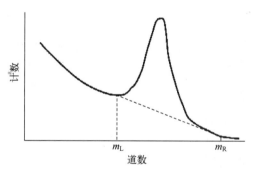

图 5-25　用直线来模拟峰区的本底分布

5.5.2.4　净峰面积计算

在能谱分析中,γ 射线照射量率几乎都是根据其能谱上特征峰的面积来确定的,因此,准确地确定峰面积显然十分重要。所谓峰面积是指构成这个峰的所有脉冲计数,但峰面积也可以是指与峰内的脉冲数成比例的数。确定峰面积有很多方法,它们原则上可分为两类：第一类为计数相加法,即把峰内测到的各道计数按一定公式直接相加。一般来说,这种方法比较简单,但只适于确定单峰面积。第二类为函数拟合法,即使所测到的数据拟合于一个函数,然后积分这个函数得到峰面积。它比较准确,也适于计算重叠峰,但拟合计算的工作量较大,一般要在计算机上才能完成。

1. 计数相加法

按照本底扣除和边界道选取方法的不同,计数相加法又可分为全峰面积法、Covell 法和 Wasson 法。此三种方法的比较示于图 5-26,其中,图（a）为全峰面积法；图（b）为 Covell 法；图（c）为 Wasson 法。

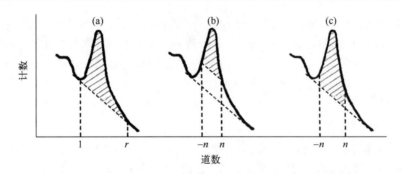

图 5-26　三种峰面积计算方法

（1）全峰面积法，也称 TPA 法。该法要求把属于峰内的所有脉冲计数相加起来。本方法中，本底是按直线的变化趋势（直线本底）加以扣除，见图 5-26(a)。具体的计算步骤如下：①确定峰的左右边界道。一般可选在峰两侧的峰谷位置，或者选在本底直线与峰底相切的那两道上。设峰的左边界道数为 L，右边界道数为 R，则峰所占道数为 $R-L+1$。②求出峰内各道计数（还未扣除本底）的总和 T，即以 L、R 为左右边界道的峰曲线下所包围的面积。③计算本底面积 B。由于假设峰是落在一个本底为直线分布的斜坡上，因此本底面积 B 可按一块梯形面积计算：

$$B = (y_L + y_R)(R - L + 1)/2 \tag{5.17}$$

求出峰内净计数即峰面积，以 N 表示：

$$N = T - B = \sum_{i=L}^{R} y_i - \frac{1}{2}(y_L + y_R)(R - L + 1) \tag{5.18}$$

式中　　B——本底面积；

y_L——峰左边道能谱数据；

y_R——峰右边道能谱数据；

L——峰的左边界道数；

R——峰的左边界道数；

N——峰内净计数；

T——峰内未扣除本底的总计数；

y_i——第 i 道能谱数据。

在峰面积的确定中，有多种原因会引起误差。在 TPA 法中主要来自两方面：①本底按直线变化趋势加以扣除是否正确。这要看峰区本底计数变化的实际情况。这个本底不仅限于谱仪本身的本底计数，还包括样品中其他高能量 γ 射线康普顿坪的干扰。在测孤立强峰或单一能量的射线时，峰受其他射线干扰小，按直线本底考虑问题不大。在测多种能量射线时，则峰可能落在其他谱线的康普顿边缘或落在其他小峰上，按直线本底考虑就会造成很大误差，可采用非线性处理本底。在实际工作时，应该对本底情况有足够分析，要小心处理。在 TPA 法中，由于对峰所取用的道数较多，本底按直线考虑容易偏离实际情况。因此本方法容易受到本底扣除不准的影响。②计数统计误差。为了减小统计误差，计算本底面积时边界道计数可取边界附近几道计数的平均值。以上两种误差都与计算峰面积时峰占的道数有关。为了减小误差，峰的道数不宜取得太多，故又提出其他方法。与其他方法相比，TPA 法虽有不足之处，但它利用了峰内的全部脉冲数，受峰的漂移和分辨率变化的影响最小,同时也比较简单,因此仍是一种常用的方法。

(2) Covell 法。科沃(Covell)建议,在峰的前后沿上对称地选取边界道,并以直线连接峰曲线上相应于边界道的两点,把此直线以下的面积作为本底来扣除,见图 5-26(b)。设峰中心道用 $i = 0$ 表示,左右边界道分别用 $i = -n$ 和 $i = n$ 表示,则所求峰面积为

$$N = T - B = \sum_{i=-n}^{n} y_i - \left(n + \frac{1}{2}\right)(y_{-n} + y_n)$$
$$= y_0 + \sum_{i=1}^{n-1} (y_{-i} + y_i) - \left(n - \frac{1}{2}\right)(y_{-n} + y_n) \tag{5.19}$$

此方法中,由于计算峰面积的道数减少同时又利用在峰中心附近精度较高的那些道上的计数,因此相对地提高了峰面积与本底面积的比值。与 TPA 法相比,结果受本底不确定的影响相对较小,理论上是较优越的。本方法中,边界道 n 的选择对结果的精度有较大影响。n 要适当选取。n 选得太大,会失去计算峰面积时采用道数较少的优点,但若 n 选得太小,则也容易受到峰漂和分辨率变化的影响,同时,n 太小则基线较高,从而又会降低峰面积与本底面积的相对比值。

总之,Covell 法与 TPA 法各有优缺点,前者受本底不确定影响较小,但易受分辨率变化影响,后者则相反。

(3) Wasson 法。瓦生(Wasson)在以上两法的基础上提出了一种较理想的方法。该法仍把峰的边界道对称地选取在峰的前后沿上,但本底基线选择较低,选择得和 TPA 法一样,见图 5-26(c)。这样,峰面积为

$$N = \sum_{i=-n}^{n} y_i - \left(n + \frac{1}{2}\right)(b_{-n} + b_n) \tag{5.20}$$

式中　b_{-n} 和 b_n——左右边界道对应于在 TPA 法中本底基线上的高度。

在此方法中,峰取用的道数较少,基线又低,因而进一步提高了峰面积与本底面积的比值,本底基线的和计数统计误差对峰面积准确计算的影响较小。受分辨率变化的影响与 Corell 法相同,不如 TPA 法好。

(4) Sterlinski 法。斯特令斯基(Sterlinski)提出,可取各种数值的边界道,分别按 Covell 法计算峰面积,然后把它们相加起来作为该峰的峰面积,其峰面积为

$$N = \sum_{i=1}^{n} N_i$$
$$= ny_0 + \sum_{i=1}^{n=1} \left(n - 2i + \frac{1}{2}\right)(y_{-i} + y_i) - \left(n - \frac{1}{2}\right)(y_{-n} + y_n) \tag{5.21}$$
$$= ny_0 + \sum_{i=1}^{n} \left(n - 2i + \frac{1}{2}\right)(y_{-i} + y_i)$$

这就是 Sterlinski 法计算峰面积的一个公式。可以看出,按此法所计算的峰面积并非峰上的一块实际面积,但它确是正比于射线强度的一个量。这是因为,计算中用到了具有各个边界道的按 Covell 法所计算的峰面积,它们都是正比于射线强度的,因而它们的总和即 Sterlinski 法所确定的峰面积也是正比于射线强度的。指出这一点是重要的,因为是通过峰面积来确定射线强度的,只有当所确定的量(作为峰面积)正比于射线强度时,这

样的确定才有意义。在方法实际使用时,当然要求谱仪刻度和测量样品所采用的峰面积计算方法是相同的。在比较各个峰面积大小时,当然也要在同一个峰面积计算方法下进行。

(5) Quittner 法。为了较准确地扣除本底,在某些情况下希望使用非直线的本底基线。Quittner 法中,本底谱用三次多项式来描述,如下式:

$$b_i = a_0 + a_1(i - L) + a_2(i - L)^2 + a_3(i - L)^3 \tag{5.22}$$

式中 i——道序号;

   b_i——第 i 道上本底计数;

   L——距离中心为 l L 的左侧参考道;

   $a_0 \sim a_3$——4 个待定系数。

为确定这些系数,除 L 外,再找一个距峰中心为 lR 的右侧参考道 R,找出在 L 和两道上的本底值 P_L 和 P_R,并求出本底谱在这两道的斜率 q_L 和 q_R(图 5-27)。

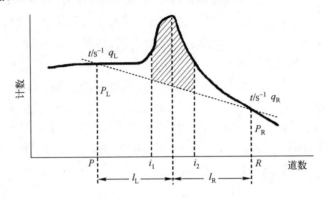

图 5-27   非线性本底扣除

用上式的导数式子,将在 L 和 R 道上的本底值 P_L 和 P_R 以及导数值 q_L 和 q_R 代入,得到关于 $a_0 \sim a_3$ 的一组方程式并从中解出 $a_0 \sim a_3$。将其代入上式得

$$
\begin{aligned}
b_i = &\, p_L + q_L(i - L) \\
&+ \left[\frac{-(2q_L + q_R)}{l_L + l_R} - \frac{3(p_L - p_R)}{(l_L + l_R)^2} \right](i - L)^2 \\
&+ \left[\frac{q_L + q_R}{l_L + l_R} + \frac{2(p_L - p_R)}{(l_L + l_R)^2} \right](i - L)^2
\end{aligned} \tag{5.23}
$$

则峰面积为

$$N = \sum_{i = i_1}^{i_2} (y_i - b_i) \tag{5.24}$$

式中 i_1、i_2——计算峰面积的边界道址;

   y_i——第 i 道上的计数。

该方法由于对本底谱的形状做了较细致的考虑,因此可得到较高精度的结果。特别是当谱峰的道域较宽以及本底面积接近或大于净峰面积时,该方法是可取的。本方法需要峰之间有较大距离,并且计算量较大。

另外,还可以提出其他一些方法,例如把 Wasson 法和 Sterlinski 法结合起来。这些方法中,除前几种方法外,其他方法现已较少使用。这是由于计算机技术的发展,现可使用其他精度更高的方法,如下面所述的函数拟合法。但这些方法中的某些考虑,如非直线本底的扣除,在其他某些场合下仍是有意义的。

2. 函数拟合法

若能根据所测量的峰区数据,把峰用一个已知的函数来描述,并把函数中有关的参数(如峰高、半宽度等)都求出,那么这个峰面积就可以通过积分运算求出。例如,假设一个峰能用一个高斯函数来描述,即在峰区各道计数 $y(x)$ 与道数 x 的关系如下式:

$$y(x) = y_0 e^{-(x-x_0)^2/2\sigma^2} \tag{5.25}$$

式中　x_0——峰中心道数;

　　　y_0——峰中心道计数,即 $y_0 = y(x_0)$;

　　　σ——描述峰分布宽窄的一个参数(均方根差),它与半高宽度(FWHM)的关系为

$$FWHM = 2\sqrt{2\ln2}\,\sigma = 2.36\sigma \tag{5.26}$$

若描述峰的这些参数 y_0、σ 等都是已知的,则峰的面积 N 可通过积分计算得到,如下式:

$$N = \int_{-\infty}^{\infty} y(x)\,\mathrm{d}x = \int_{-\infty}^{\infty} y_0 e - (a - a_0) = \sqrt{2\pi}\sigma y_0$$

$$= \frac{1}{2}\sqrt{\frac{\pi}{\ln2}}(FWHM)y_0 = 1.065(FWHM)y_0 \tag{5.27}$$

式中的峰高和半高宽度可以有不同方法求出。最直观的一种方法是在画出谱的峰形后对本底(穿过峰底的一条直线或曲线)加以扣除,然后从峰形上测出 y_0 和 FWHM。另外一种方法是根据半高宽度刻度曲线求出相应于所求峰的半高宽度,然后用图解法在峰形上找出宽度与这个半高宽度相等之点,由此可测量此半高宽度以上至峰顶的距离,该值的 2 倍就是该峰的峰高。

事实上,实际峰形与高斯函数的描述有很大的差异,特别是在峰的低能侧一边。这由很多原因引起,例如对 NaI(Tl))谱仪,原因可以是小角度散射的 γ 射线、碘逃逸峰的存在、边缘效应、光收集的损失等。为了准确计算峰面积就必须先找出能够确切地描述峰形的函数形式。假定这个函数形式已选定,求峰面积可再分两步进行:第一步是使所测到的峰区数据拟合于一个已知函数,函数中的参量要用非线性最小二乘法求出;第二步是积分这个函数或利用已得到的积分公式将参量代入求得峰面积。这种方法称为函数拟合法。

5.5.2.5　复杂 γ 谱解析

复杂 γ 谱的形成主要有以下几种原因:①被测对象本身是多种放射性核素的混合样品,样品放出的 γ 射线谱是复杂的;②γ 能谱测量系统的能量分辨本领的限制,尤其是 γ 射线探测器的本征能量分辨本领的限制,相距很近的峰叠加在一起,形成了重峰;③γ 能谱测量系统环境物体对 γ 射线的散射本底。其根本原因是一定能量的 γ 射线与物质相互作用时,由于散射与吸收使 γ 射线的谱成分发生变化。

对于复杂 γ 谱,用计算单峰净面积的方法不能计算出重峰中各个组分峰的净面积。这时必须对复杂谱进行解析才能求出各个组分峰的净面积,从而计算出各种射线的能量和强度,确定混合样品中各种核素的含量。将复杂 γ 能谱进行解析,得到各种射线的能量和强度,从而进一步确定样品的组成核素和含量。这一解析工作也称为解谱。复杂谱中的各道计数可以看成是各种能量的射线在该道产生的计数的线性叠加。由这个原理

出发,形成了几种不同的解谱方法。目前,这些解谱的方法也正在不断地完善与发展之中。这些解谱的方法大致可分为两类:

(1) 使用标准谱,包括剥谱法、逆矩阵法和最小二乘法解谱等。

(2) 不使用标准谱,常用的是函数拟合法。

用标准谱的方法解谱时,首先必须知道被测样品中存在着哪几种核素,分别单独测出每种核素的标准谱。可以认为被测样品谱是各标准谱的线性叠加。计算出被测混合样品中各种核素强度的比例关系。为了保证线性叠加的假定成立,测量时应满足以下条件:

(1) 标准谱和样品谱是在相同的测量条件下获得的,谱仪的分辨率、探测效率和能量刻度在前后测量中没有显著变化。

(2) 谱仪的响应性能不随计数率显著改变。即当某核素强度增加后,其能谱的各道计数都分别按强度比例线性增加,整个谱形仍与标准谱相似。实际上这只有使计数率保持在某个上限范围内,可忽略脉冲堆积的和峰效应时才是成立的。由于这些因素的限制,标准谱方法解谱大多用于不太复杂的谱的解析。

通常,由 Ge(Li)、Si(Li)等能量分辨率比较高的探测器测得的 γ、X 射线能谱的解析使用函数拟合法。在这种方法中,首先把谱划分成若干个谱区间,每个谱区间包含若干个有意义的峰。在每个谱区间中写出表征谱形的谱函数解板表达式。由测得的谱数据计算出谱函数中的各个参数。由这些参数可以计算出这个谱区间内每个组分峰的净面积,从而求出样品中各核素的强度。函数拟合法解谱的最大优点是不必预先知道样品中含有的核素的种类。此外,在测量系统的计数率等测量条件变化使谱形有较大的改变的情况下,这种方法仍然能够达到比较满意的精度,既不需要标准谱,也提高了谱数据处理的自动化程度。这些优点使函数拟合法解谱得到了广泛的应用。

5.5.3　能谱解析软件

解析 γ 谱是 γ 定量分析的基础,无论核素定量分析、同位素分析、原子比、材料年龄、材料厚度测量、相似度比较等,均是需要准确解析被测对象的 γ 谱中感兴趣的特征峰强度。核辐射分析技术中的 γ 能谱分析技术从 20 世纪 60 年代进入计算机程序分析开始,经过七八十年代,计算机 γ 能谱分析技术达到成熟阶段。国际上形成各种有各自特色的 γ 谱分析程序,并有许多商用软件,如通用的 Genie2000、Inter Winner、Gamma Vision,以及专用的 PC/FRAM、MGA++ 等。

1. 通用 γ 谱解析软件

目前,商用 γ 测量系统均标配了解析软件,集测量控制和解析于一体。这些标配解析软件也一直在发展升级,均具备平滑、寻峰、能量刻度、核素识别、峰面积计算、本底扣除、分析报告、批处理等功能,可适用于常规 γ 测量与解析。Genie2000 和 Gamma Vision 的界面分别见图 5-28 和图 5-29。

2. 专用 γ 谱解析软件

由于铀和钚自身特性和应用敏感性,因此发展了专用于分析铀和钚的同位素丰度和年龄的 γ 解析软件。铀和钚同位素丰度分析软件是美国武器实验室的科学家长期从事铀和钚材料 γ 能谱研究的结晶,相继推出了适用于不同形态铀和钚的同位素和料龄分析软件。适用于钚 γ 谱分析的有 GRPAUT[14]、MGA[15-17] 和 PC/FRAM[18-22] 等软件,适用于

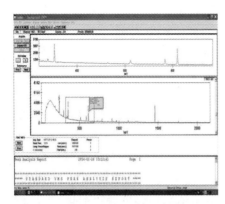

图 5-28　Genie2000γ 谱分析软件界面

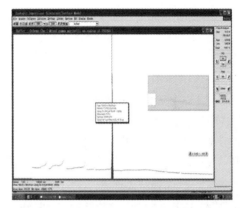

图 5-29　Isotopic Supervisoryγ 谱分析软件界面

浓缩铀 γ 谱分析的有 MGAU 和 MGA++（由 MGA 和 MGAU 组成的软件包）等软件,这些软件为铀和钚的同位素或料龄无损测量提供了可靠的工具,得以广泛应用。表 5-4、表 5-5 和表 5-6 分别列出了用 MGA、MGAU、PC/FRAM 软件对相关的铀和钚的同位素标准物质的 γ 能谱进行计算得到的同位素丰度结果,与标称值相符。

表 5-4　MGA 计算结果与 CBNM 标称值对照表[23]

CBNM 源	238Pu		239Pu		240Pu		241Pu		241Am	
	标称值/%	误差/%	标称值/%	误差/%	标称值/%	误差/%	标称值/%	误差/%	标称值/%	误差/%
93	0.01	-7.8 (6.7)	93.49	0.02 (0.06)	6.31	-0.29 (0.91)	0.15	-2.21 (0.85)	0.18	-1.5 (0.78)
84	0.07	-1.8 (1.0)	84.57	0.01 (0.08)	14.24	0.01 (0.44)	0.76	-0.69 (0.37)	0.48	-0.85 (0.40)
70	0.82	0.01 (0.60)	74.41	-0.01 (0.22)	18.56	0.15 (0.75)	4.11	-0.40 (0.54)	2.61	-0.89 (0.52)
61	1.16	0.26 (0.70)	63.67	-0.19 (0.37)	25.86	0.43 (0.73)	5.04	0.07 (0.61)	3.21	0.23 (0.59)
注:计数时间为 600s;括号内的值表示测量不确定度										

表 5-5　MGAU 计算结果与标准对照结果[24]

样品235U 含量范围	测量值与标称值之比（MGAU V4.2）			
	比　值	不确定度/%	比　值	不确定度/%
吸收介质	无不锈钢		不锈钢(4~8mm)	
贫化铀	1.003	5.7	1.052	27.5
天然铀	0.998	2.7	1.018	15.2
1wt% ~5wt% 235U	1.003	0.9	1.024	4.8
10wt% ~20wt% 235U	1.003	0.8	0.998	1.9
25wt% ~75wt% 235U	1.003	0.7	20wt% ~50wt% 235U	20wt% ~50wt% 235U
>90wt% 235U	1.009	2.1	0.989	7.3
注:比值和不确定度结果是分析大量样品的平均值				

　　PC/FRAM 和 MGA(MGAU)都是无需刻度而直接用于分析钚同位素丰度的软件。两者分析的能区不同,MGA 分析的能区比 PC/FRAM 窄,能量偏低,为此,MGA 仅适宜于平面锗探测器采集的 γ 谱,道增益限定为 0.075keV/ch;而 PC/FRAM 分析的能区较宽,其道增益通常限定为 0.125keV/ch,率先实现适宜于同轴锗探测器,同样适宜于平面锗探测器。对于高燃耗的钚,两者的分析精度基本一样;对于低燃耗的钚,在"裸"样品的情况下,MGA 分析给出的 Pu 和 U 的精度高于 PC/FRAM;在有屏蔽的情况下,PC/FRAM 的分析精度高于 MGA。两套软件分析样品质量的上限一致,下限则 MGA 更低。这是由于MGA 分析能区的特点所决定的。其中,最具有影响力的软件是 PC/FRAM 软件,它是美国洛斯·阿拉莫斯国家实验室开发的。以铀钚同位素标准物质对这些软件分析结果进行检验,由于这些软件分析得到的铀和钚的同位素丰度结果具有准确可靠的特点,因此这些软件已经在国际上得到了广泛的应用。

表 5-6　PC/FRAM 软件分析钚同位素结果[22]　　　　（单位:wt%）

样　　品		$^{238}Pu(\sigma)$	$^{239}Pu(\sigma)$	$^{240}Pu(\sigma)$	$^{241}Pu(\sigma)$	$^{241}Am(\sigma)$
PuO_2 (4.23g)	测量值	0.1085(0.0008)	79.747(0.17)	18.756(0.17)	0.724(0.001)	1.699(0.002)
	标称值	0.1086	79.506	18.990	0.724	1.689
PuO_2 (2.21g)	测量值	1.302(0.004)	64.883(0.22)	24.250(0.24)	4.963(0.015)	5.214(0.043)
	标称值	1.300	65.073	24.051	4.929	5.074
Pu 金属 (8.67g)	测量值	0.0063(0.0009)	95.377(0.12)	4.548(0.12)	0.0618(0.0002)	0.155(0.0027)
	标称值	0.0060	95.418	4.510	0.0586	0.165
MOX (小球)	测量值	1.106(0.007)	64.596(0.20)	26.486(0.21)	3.477(0.020)	1.480(0.006)
	标称值	1.107	64.777	26.262	3.510	1.394
Pu-239 (纯物质)	测量值	0.00031	99.964	0.0325	0.0029	75μg/g Pu
	标称值	0.0000	99.979	0.0210	0.0001	3μg/g Pu
Pu-240 (纯物质)	测量值	0.1027	0.0084	99.860	0.0001	13.6μg/g Pu
	标称值	0.0119	0.023	99.935	0.00098	20.2μg/g Pu

5.5.4　效率刻度

　　当用 γ 谱法分析测定放射性活度时,通常有两种定量分析法,即相对法(有标比较分析)和绝对法(无标理论计算)。另外,还有一种为自校正(自刻度)的方法。

　　1. 相对法

　　相对法亦称有标比较分析法,要求被分析对象与标准样品之间在物理量和几何量等方面保持一致,即要求测量样品和标准的探测效率相同,则可计算出样品的活度(A)。

$$A = \frac{I}{I_0}A_0 \tag{5.28}$$

式中　A——样品的活度;

　　　　I——测量样品的强度;

　　　　I_0——测量标准的强度;

　　　　A_0——标准的活度。

由于溶液样品相对容易制备对应的标样(参照样),因此,相对法在溶样样品测量中得以应用,如测量溶液中某核素(如钚溶液中 ^{241}Am[25])、或加入放射性核素用来测量分离效率等。而对于其他众多分析对象,制备与之一致的标准(参照样)非常困难,为此,相对法应用范围较窄。

2. 绝对法

绝对法亦称无源效率刻度法,是根据探测对象内 γ 辐射的分布情况,采用 MC 模拟 γ 射线输运过程,计算探测器对探测对象特征 γ 射线的全能峰的绝对探测效率(ε_{sp}),通过实际测量获得 γ 射线的全能峰计数率 n_0,依据核衰变规律计算出探测对象内放射性物质的放射性活度(A)或放射性物质的量(m)。

在 γ 能谱中,探测器探测到的某一特征 γ 射线全能峰的计数率(n_0)可表示为

$$n_0 = N \cdot \lambda \cdot P \cdot \varepsilon_{sp} \tag{5.29}$$

式中　n_0——全能峰的计数率;

$\quad\quad$ N——特征 γ 射线所属核素的原子数;

$\quad\quad$ λ——特征 γ 射线所属核素的衰变常数;

$\quad\quad$ P——特征 γ 射线所属核素的特征 γ 射线绝对强度;

$\quad\quad$ ε_{sp}——γ 探测器对特征 γ 射线的全能峰的绝对探测效率。

被探测对象中放射性物质的质量(m)为

$$m = \frac{M \cdot n_0}{\lambda \cdot P \cdot N_A \cdot \varepsilon_{sp}} \tag{5.30}$$

式中　m——样品中放射性物质的质量(g);

$\quad\quad$ M——测量放射性核素的原子量(g/mol^1);

$\quad\quad$ N_A——阿弗加德罗常数(mol^{-1})。

绝对探测效率与探测器的探测效应、几何效应、吸收效应等密切相关。探测效应与探测器灵敏材料、尺寸、结构关联,必须充分掌握探测器相关信息(包括死层厚度);几何效应即探测器灵敏介质与放射源位置的关系,准确获取和描述位置关系至关重要;吸收效应即 γ 射线与路径上材料发生的相互作用,也包含自吸收效应。准确模拟绝对探测效率会受到诸多影响因素制约,如测量对象的复杂性、源分布的多样性和可变性,尤其是源分布对测量结果影响非常严重,它与几何效应和吸收效应密切相关,模拟不同源分布情况,会存在几个量级的差异。测量对象不同,源分布迥然差异,自吸收和基体吸收效应差异也非常大。基于上述原因,γ 谱法无损测量核素的量一直是一个热点研究领域,主要涵盖无源效率刻度和 γ 谱准确解析。

3. 自校正法

被测对象的 γ 能谱中 γ 能峰比较丰富,可以优选出能量相近的特征能峰对(一组感兴趣的来自于不同核素的特征 γ 特征峰),若二者能量相近则可假定探测效率相同,基于二者的衰变常数、绝对强度和 γ 测量获得的计数率,即可计算出二者的原子比:

$$\frac{N_1}{N_2} = \frac{\lambda_2 \cdot P_2 \cdot \varepsilon_{sp_2} \cdot n_{0_1}}{\lambda_1 \cdot P_1 \cdot \varepsilon_{sp_1} \cdot n_{0_2}} = k \cdot \frac{\varepsilon_{sp_2}}{\varepsilon_{sp_1}} \cdot \frac{n_{0_1}}{n_{0_2}} \tag{5.31}$$

对于能量相近者,可假定 $\varepsilon_{sp_1} \cong \varepsilon_{sp_2}$,则式(5.31)简化为

$$\frac{N_1}{N_2} = k \cdot \frac{n_{0_1}}{n_{0_2}} \tag{5.32}$$

对于能量相差较大者,其对应的绝对探测效率必然不同,也可根据相对效率曲线获得两种能量的绝对探测效率之比,从而获得原子比。

需要进一步说明的是,自校正法通常用于被测样品中核素原子比或同位素丰度的测量,但前提是在较高能区能量接近的能峰对;对于低能区,即使是能峰对的能量非常接近(10keV 以内),其效率也会存在差异;另外,若是能峰对的能量太接近,又将受限于 γ 探测器能量分辨率。

5.6 应用实例

自 1900 年法国物理家维拉德发现 γ 射线以来,γ 射线的探测与应用成为一项经久不衰的产业,γ 测量技术已广泛应用于国防军事、国民经济和社会生活的各个领域,特别是在核工业、农业、核医学和生物学方面取得了巨大的成果和效益。

5.6.1 放射性核素鉴别

吴伦强等人[26]采用 $3\sigma_{本底}$ 法判断能峰存在,基于核素的特征 γ 射线鉴定了活化铝片中的放射性核素,以两次测量进行了验证。测量获得的 γ 能谱见图 5-30 和图 5-31,定性鉴别结果见表 5-7。

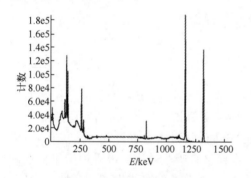

图 5-30 首次测量 γ 能谱

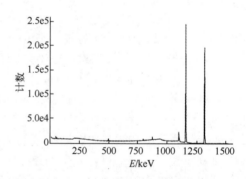

图 5-31 再次(660d 后)测量 γ 能谱

表 5-7 定性鉴别结果

测量时间	存在核素	备注
首次	^{141}Ce、^{58}Co、^{60}Co、^{51}Cr、^{59}Fe、^{173}Hf、^{181}Hf、^{65}Zn	—
660d 后	^{46}Sc、^{60}Co、^{58}Co	短半衰期核素殆尽

5.6.2 核反应鉴别

Steve Fetter 等人[27]报道了苏联巡航导弹的 γ 能谱中存在 846.9keV 特征峰,鉴别为钚材料裂变中子与 ^{56}Fe 发生非弹性散射瞬发 γ 射线,即 ^{56}Fe(n,n'γ);还存在 2223.2keV 特征峰,鉴别为 ^{1}H(n,γ) 的瞬发 γ 射线,见图 5-32(a)。还鉴别了 478.4keV 特征峰为 ^{7}Li (n,n'γ) 瞬发 γ 射线,^{7}Li 源于巡航导弹或由 ^{10}B(n,α) 反应产生,见图 5-32(b)。用 $3\sigma_{本底}$ 法鉴别了铀、钚以及衰变子体核素(图 5-32)。

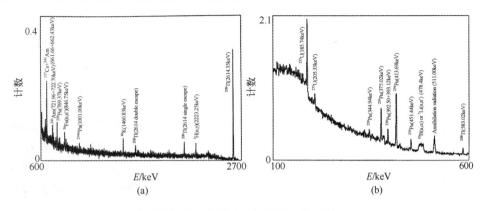

图 5-32　苏联巡航导弹的 γ 能谱图

　　γ 谱法用于放射性核素或核反应鉴别具有直观和快速的特性,不过,也可能存在"不确定"或漏判的情况。漏判主要是特征 γ 射线强度太弱所致,用 $3\sigma_{本底}$ 法判定时,需要结合实际测量条件和被测样品物理特性给出下限或置信度。"不确定"情况出现概率较小,当所测得的特征 γ 射线能量在探测器分辨范围内涵盖了两个或以上核素,且次强峰都太弱,不能直接确定或排除某个核素时,会出现这种情况。"不确定"也界定在较小范围。若一定要确定某一核素,可以更换能量分辨率更好、探测效率更高的探测器,优化测量条件再次测量,结合可能的 X 射线、短半衰期冷却放置测量法,进行深入确认或排除;如上述操作还不能满足要求,可以取样进行化学法鉴定。

5.6.3　均匀源活度测量

　　可视为源均匀分布的样品并不多,如均匀溶液、点源(近似点源)、标准源、棉纱类轻基体小样品等。对于源分布均匀的样品,可以采取相对法和无源效率刻度法进行测量。

　　1. 相对法

　　(1) γ 射线能谱法测定钚中的 ^{241}Am:在现行美国材料试验学会标准中有 γ 射线能谱法测定钚中的 ^{241}Am 的方法(ASTM C1268 – 15)[25]。它适用于钚金属、氧化物和其他固体样品中 ^{241}Am 的测定,^{241}Am 量值范围为 10 ~ 100ng。单个实验室分析结果的精密度为 3% ~ 5%。其基本原理为样品溶解为试液,配置适宜的 ^{241}Am 标准溶液,以 γ 相对测量法获得样品中 ^{241}Am 的含量。为此,γ 测量标准溶液和试液的测量条件必须一致:γ 射线探测器、容器物理特性、测量距离、摆放位置以及环境条件等,任何一个条件发生变化,就必须重新刻度。该标准规定了扣除 ^{237}U 衰变产生的 γ 射线对 59.5keV 特征 γ 射线干扰的方法,也介绍了误差来源以及诸多注意事项。

　　该标准方法属破坏性分析,存在料损,仅适用于均匀溶液,也会产生二次放射性废液,标准溶液和样品溶液中 ^{241}Am 的量值差异较大时,需要反复调整。不过,与 α 谱法相比较,其优势在于:可直接测定钚溶液,勿需分离、制样片,工作效率较高;测量时受钚样品的干扰较低。

　　(2) γ 谱法无损测量均匀溶液中的特殊核材料:在现行美国材料试验学会标准中有 γ 射线能谱法无损测量均匀溶液中的特殊核材料的方法(ASTM C1221 – 10)[28]。它适用于均匀溶液中铀、钚放射性核素量的测定,量值范围为数 mg/L ~ 数百 g/L。在适宜范围内分析结果的精密度不大于 1%，偏差不大于 0.5%[29,30]。其基本原理为样品溶解为试液，配制一组标准(不少于 3 个，涵盖样品可能的浓度范围)，标定核素特征 γ 射线计数率(校正后)与已知核素浓度之间的关系，以透射源进行衰减效应校正，基于标定关系测量获得样品中核素浓度。特别提示:测量样品与标定的几何、物理(吸收体、容器)和仪器条件应完全一致，否则，需要重新标定。该标准推荐了分析 ^{235}U 和 ^{239}Pu 适配的透射源和计数率校正源，见表 5-8。该标准方法仅适用于均匀溶液，若分析固体样品，与 ASTM C1268-15 一样，属破坏性分析，存在料损，也会产生二次放射性废液，标定时所用标准溶液浓度通常需要反复调整。不过，与化学法相比较，其优势在于可直接测定溶液，勿需分离、制样，工作效率较高。该标准方法提供了两种方式(圆柱体和平板)测量圆柱形样品基体吸收衰减校正的方法，具有较高的参考价值。

表 5-8　推荐的分析 ^{235}U 和 ^{239}Pu 适配的透射源和计数率校正源

分析目标核素		透　射　源		计数率校正源	
种　　类	特征峰/keV	种　　类	特征峰/keV	种　　类	特征峰/keV
^{235}U	185.7	^{169}Yb	177.2　198.0	^{241}Am	59.5
^{239}Pu	413.7	^{75}Se	400.1	^{133}Ba	356.3
^{239}Pu	129.3	^{57}Co	122.1　136.5	^{109}Cd	88.0

2. 无源效率刻度法

吴伦强等人[31]实际测量了装满 ^{235}U 溶液(均匀)的不锈钢管道(R50δ2.5)容器的 γ 能谱，获得 185.7keV 的净计数率 n_0，基于容器材料、尺寸、测量距离和 γ 测量系统，MC 模拟计算获得 185.7keV 的绝对探测效率 ε_{sp}，从而计算出不锈钢管道容器中的 ^{235}U 的质量。测量结果(表 5-9)与标称值(0.2228g)一致。与相对法比较，无源效率刻度法勿需标准，可以快速准确测定放射性物质的量，不过也需要准确描述测量条件和探测器，以及被测对象容器和材料。测量条件和探测器是明确的，不过存在测量对象容器材料不清楚的情况，可借助其他方法判定，也可以通过 γ 透射源实现校正。

表 5-9　γ 无损测量 ^{235}U 的结果

管道材料	源　分　布	ε_{sp}	n_0/s^{-1}	m_{U-235}/mg	$U_{0.95rel}/\%$
不锈钢	均匀	5.03×10^{-4}	4.97	216.2	3.2

5.6.4　非均匀源活度测量

1. 管道中放射性核素测量

吴伦强等人[31]探讨了测量管道内 ^{235}U 的量的影响因素，指出主要的不可控影响因素为源分布，给出了消除或降低源分布影响的技术和方法，模拟与实测逼近法获得源分布函数，实现了测量管道参照源(约 50mg)的不确定度不大于 5%。作者以自主开发的 MC 无源刻度软件，模拟了铝管道内壁 ^{235}U 的 185.7keV 光子在假定的系列源分布指数函数和探测条件下的绝对探测效率(ε_{sp})。图 5-33 和图 5-34 分别示出了 ε_{sp} 与探测距离(d)的 $\varepsilon_{sp}(d)$ 曲线和 ε_{sp} 与垂直平移探测器距离的 $\varepsilon_{sp}(v)$ 曲线。

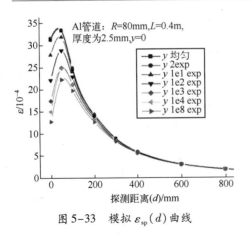

图 5-33　模拟 $\varepsilon_{sp}(d)$ 曲线

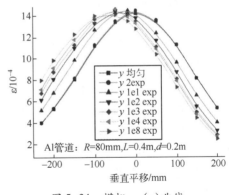

图 5-34　模拟 $\varepsilon_{sp}(v)$ 曲线

曲线 $\varepsilon_{sp}(d)$ 表明：ε_{sp} 与管道的源分布密切相关，探测距离越近，源分布影响越大，可存在数量级的差异，这正是几何效应所致。同样，探测器垂直平移时，ε_{sp} 与管道的源分布也密切相关。用实测的 $n_0(v)$ 曲线和 $n_0(d)$（图 5-35 和图 5-36）与模拟系列源分布函数的 $\varepsilon_{sp}(v)$ 曲线和 $\varepsilon_{sp}(d)$ 曲线逼近，在一定的置信度下均可获得源分布函数（约 10 倍指数），从而实现较准确测量。

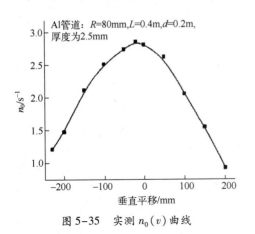

图 5-35　实测 $n_0(v)$ 曲线

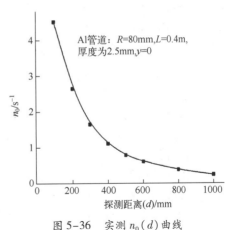

图 5-36　实测 $n_0(d)$ 曲线

2. 过滤器中放射性核素测量

张连平等人[32]介绍了基于空气过滤理论，分析了过滤器中放射性物质的大致分布。随后与文献[31]类似，根据模拟和实测逼近获得了单组过滤器的源分布，实现了单组过滤器中放射性物质（mg 量级以上 ^{235}U）无损测量，不确定度小于 20%。过滤器通常会串联初级和次级两组过滤器，在线测量或整体拆卸后测量、单一分别测量时，干扰屏蔽是不可避免的问题。作者探讨了两次整体测量的方法，基于过滤器的源分布和实际测量条件，可以模拟初级和次级过滤器的绝对探测效率，设定两个过滤器贡献权重，两次测量的总效率由模拟效率和权重列两等式，测量计数率比与总效率比相等，再加上权重因子和为 1，联立这 4 个等式解方程组，解析非负解，从而实现两次整体测量两级过滤器中总放射性核素的量，其测量不确定度小于 21%，与单独良好屏蔽的测量结果基本一致。模拟与实测逼近法适用于源分布具有一定规律的被测对象中放射性核素滞（残）留量的无损测量，如核设施通排风系统管道、过滤器和手套箱等，在核设施退役源项调查、核设施现场监测、核材料控制和衡算中得以应用。

3. 铀废料中总铀量测定

杨明太等人[33]建立了用γ谱法直接测定固体铀废料(直接法)和液体铀废料(溶样法)中的总铀量的测试方法。该方法以U_3O_8标准物质作内标,选用^{235}U的185.7keV γ射线作为^{235}U的特征能峰,建立^{235}U总量与其特征能峰强度关系曲线,用γ谱仪直接测定固体铀废料或溶液废料(将固体铀废料转化为溶液)中的^{235}U,再结合质谱法测得铀同位素丰度求得铀废料中的总铀量。

在该方法中,直接法适用于小容器内氧化粉、切屑、残渣、小碎片、淤泥等铀废料的测定,铀源的分布以及样品与标样基体的不一致性影响较大;溶样法适用于各种可用化学试剂溶解的铀废料的测定,测量时间为15min,其准确度和精密度均优于直接法。溶样法是将非均匀的物料转换为均匀的溶液,必然测量结果更准确。然而,如同前所述,标样与样品溶液的一致性控制依然非常重要,对于难溶解样品或不能溶解的样品就显得无能为力了,需要发展非破坏性分析技术,如下所述。

4. 低密度废料和废物中特殊核材料测量

在现行美国材料试验学会标准(ASTM C1133-10)[34]中有无源γ射线分段扫描法非破坏性分析低密度废料和废物中特殊核材料的方法,适用于封装于柱状容器中的低密度废料或废物中特殊核材料(SNM)的非破坏性分析,分析的核素通常为^{235}U、^{239}Pu和^{241}Am等,核素量从100g至几百g。标准还附加了一些限定条件,如:含感兴趣核素的颗粒必须小,可忽略自吸收的影响(不适用于大块物料测量);在每个分段物项中基体材料足够均匀,以保证衰减校正的可靠性。该方法也可分析物项分段内γ衰减和核素浓度的垂直分布,自动化程度较高。

以分段γ扫描仪(HPGe、同轴型、推荐在122keV处FWHM优于0.85keV)测量感兴趣核素的特征γ射线强度来分析感兴趣的核素的量。该标准推荐了分析U、Np、Pu和Am适配的透射源和计数率校正源,见表5-10。测量方式为旋转分段测量,可减少基体密度和核素分布(源分布)不均匀的影响。测量过程中,需要对测量获得的强度(计数率)进行衰减和损失校正。以电子模块、放射源进行监控,校正由系统死时间和脉冲堆积引起的计数率损失;每段的平均线性衰减系数以透射源来校正计算;相同因素影响可以基于实物或参照源比较,如测量^{239}Pu和总钚量,可以用已知参照源的比值、核素分析值确定总量。测量过程中需要注意本底空白和透射源的干扰,谱解析时不可忽视和峰的干扰。

表5-10 推荐的分析 U、Np、Pu 和 Am 适配的透射源和计数率校正源

分析目标核素		透 射 源		计数率校正源	
种类	特征峰/keV	种类	特征峰/keV	种类	特征峰/keV
^{235}U	185.7	^{169}Yb	177.2 198.0	^{241}Am	59.5
^{238}U	1001.1	^{54}Mn	834.8	^{137}Cs	661.6
		^{60}Co	1173.2 1332.5		
^{237}Np	311.9	^{203}Hg	279.2	^{235}U	185.7
^{238}Pu	766.4	^{137}Cs	661.6	^{133}Ba	356.3
^{239}Pu	413.7 129.3	^{75}Se	400.1	^{133}Ba	356.3
^{241}Am	662.4	^{75}Se	400.1	^{133}Ba	356.3

5. LaBr$_3$(Ce)闪烁体三维 SPECT 成像表征核废物测量

表征核废物中放射源的三维分布对其安全处置和核材料衡算都有重要意义[35]。印度的巴巴原子中心(BARC) Purnima 实验室开发了表征废物桶的 3DSPECT(单光子发射计算机体层摄影术)成像装置。SPECT 提供了分析基体中 γ 射线源的分布和属性的非入侵性技术。比较说明了 LaBr$_3$(Ce)探测器比 NaI 的能量分辨率和探测效率要高,比较适宜于分辨^{239}Pu 等核素的 γ 特征峰,选配了 6 个阵列的 LaBr$_3$(Ce)探测器,可以对类似^{239}Pu 具有相近 γ 能峰的放射性同位素成像。基于 SPECT,实验探讨了 LaBr$_3$(Ce)探测器核废物桶模型成像,设计了 A、B、C 3 个^{137}Cs 参照源于模拟废物桶(Al:$\Phi300\text{cm} \times 600\text{cm}$,以棉纤维和棉手套填充,其平均吸收系数为 0.05cm^{-1})中不同位置,以^{152}Eu 为透射源,插值法获得^{137}Cs 662keV γ 射线的基体吸收系数,其探测效率(0.02)由实验获得。样品台旋转升降测量获得数十个成像,以 SPECT 重建源的三维分布,重建结果见图 5-37 和表 5-11。初步实验结果表明,LaBr$_3$(Ce)探测器可用于探测废物桶的 3D 活度分布。将来将致力于多种基体材料的^{239}Pu 源的测量研究,最终用于实际废物桶的测量。该技术已经纳入回收衰减(Filtered Back)项目规划,基于 Novikov 的重建程序进行衰减补偿。

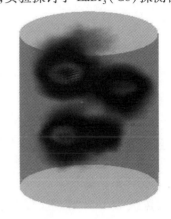

图 5-37　桶中的源的重建三维图像

表 5-11　重建结果与标称活度比较

源	源位置/像素号	源位置/mm(x,y,Z)	标称值/MBq	测量值/MBq	相对误差/%
A	(10,6,5)	(95.5, -13.6,112.5)	26.7	27.9	-4.5
B	(7,9,13)	(13.6,68.2,312.5)	21.0	19.5	7.1
C	(6,3,18)	(-13.6, -95.5,437.5)	37.8	34.7	8.2

印度的巴巴原子中心开发的 3D SPECT 成像表征废物桶的技术还局限于实验室技术,真正用于实际应用仍然需要进行大量的研究工作。SPECT 成像需要数据点较多,在医学成像得以充分应用,对废物桶以旋转测量,可获取较多数据点,满足 SPECT 成像基本要求。中国工程物理研究院材料研究所开展并从原理上实现基于有限的 γ 相机二维图像数据重建放射源三维分布,以 3 个热点体源验证,位置与标称值吻合,相对强度与标称一致,偏差小于 5%。

5.6.5　同位素分析

γ 谱法测定钚同位素组成[36]属非破坏性分析技术,无料损和次生废物产生,测量速度快、成本较低。还可以为量热法、中子符合计数法等非破坏性方法提供关键的同位素数据,一并应用于物料衡算和核保障等领域。

在现行美国材料试验学会标准中有 γ 射线能谱法测定钚同位素组成的方法(ASTM C1030 – 10)[37],适用于测定同位素组成均匀的含钚物料中钚同位素丰度,钚量范围在数十毫克至最大临界量,^{239}Pu 在 50% ~99% 范围适用,超出该范围也可采用。以高分辨率

高纯锗 γ 谱仪(HPGe,推荐在 122keV 处 FWHM 优于 0.65keV,1.33MeV 处 FWHM 优于 2.0keV)测量并获得钚样品感兴趣的特征 γ 射线的相对强度,计算同位素间的原子比,其中相对效率由拟合的相对效率曲线获得[38,39]。界定了死时间范围,推荐了镅(铀)的干扰校正。该标准列出了相关核素的半衰期、特征 γ 射线及其强度。

在 5.5.3 节中提及的 γ 谱解析专用解析软件 PC/FRAM 是目前分析钚及其他锕系同位素丰度最先进的分析工具[21],Sampson 系统地介绍了 PC/FRAM 软件分析铀和钚同位素[22]。

5.6.6　核材料年龄测定

核材料(尤其是特殊核材料,如铀和钚等)的年龄是其主要的属性之一,核材料的原始矿物年龄也是研究矿石的主要特征之一,为此测量核材料年龄具有重要意义。其基本原理基于同位素核素级联衰变链特征,在级联衰变链上某两个核素的原子比与时间(年龄)存在额定的关系,只要测量获得级联衰变链某两个核素的原子比,即可计算出核材料的年龄。原子比测量有较多的方法,如质谱法、α 谱法、γ 谱法等。由于 γ 谱法属非破坏性分析,其测量快速、便捷,因此,γ 谱法是测量核材料年龄适宜的技术手段。

1. 钚年龄评估

韦孟伏等人[40]探讨了基于 ^{241}Pu 的级联衰变链评估钚年龄的技术,推导出样品中 ^{241}Pu、^{237}U、^{241}Am 原子比随时间(年龄)的变化关系,即以 γ 谱测量或其他方法可以实现评估钚的年龄。由 γ 辐射强度比确定钚年龄时,实验中优选了测量 ^{237}U 与 ^{241}Am 共存的两条能量为 $E_{\gamma 1}=332.4keV$、$E_{\gamma 2}=335.4keV$ 的 γ 射线强度比 $R_{\gamma 1-\gamma 2}$,确定钚的年龄。计算评估了 $R_{\gamma 1-\gamma 2}$ 测量误差引起钚年龄变化情况,还探讨了钚年龄与初始时刻样品中 $N(^{241}Am)/N(^{241}Pu)$ 的原子比 R 的关联(实验中通常假设镅钚完全分离,即 $R=0$)。实验测量的 ^{237}U 与 ^{241}Am 共存的两条 γ 射线强度比来判断钚年龄属性具有 3 个特点:①两条 γ 射线能量间隔小,可认为探测效率相同;②两条 γ 射线能量较高,穿透力较强,适用性强;③非破坏、无源探测,操作方便。因此,通过测量 ^{237}U 与 ^{241}Am 共存的两条 γ 射线强度比来判断钚年龄属性是最佳选择。

2. 高浓铀年龄测定

张宏俊等人[41]利用 HPGe γ 谱仪测量高浓铀样品,以 MGA^{++} 计算出铀同位素比,再基于 120.9keV 和 609.3keV 强度,计算样品中 $N(^{114}Bi)/N(^{234}U)$ 的值,然后获得高浓铀的年龄,其测量结果与参考值吻合较好。综合分析了可用于测量高浓铀年龄的其他途径,判定测定 $N(^{114}Bi)/N(^{234}U)$ 比值法是最佳的选择。

5.6.7　某些核参数测定

1. γ 法测量中子核数据

石宗仁[42]探讨了以瞬发 γ 法测量中子核数据的技术。以测量 ^{239}Pu(n,2n)反应截面为例,比较了直接测量的中子法和间接测量的瞬发 γ 射线法的原理及其优缺点,阐明了瞬发 γ 射线法的物理内涵,阐述了如何从测量的 $\sigma_m(k)$ 约束程序中的反应机制及其参数和得到最小漏失的 $\sigma_m(0)$,并分析了 $\sigma_{(n,2n)}$ 的不确定度的来源及其贡献,瞬发 γ 射线法适合不宜采用直接方法测量的中子核数据,具有一定的普适性。

2. ^{239}Puγ 强度测量

Iwata Y 等人[43]用 Ge 探测器精确测定了^{239}Puγ 射线的相对强度和每次衰变强度,其准确度为 1% ~2%(强 γ 射线)。以^{133}Ba、^{152}Eu、^{154}Eu 或^{182}Ta 等标准源刻度探测器探测效率、自吸收校正和相对效率刻度,测量^{133}Ba 标准源获得绝对探测效率,测量^{152}Eu 和^{154}Eu 与等当量铀的混合溶液(2h/次,重复 12 次),确定探测器的相对探测效率。样品为钚溶液或混合溶液,用同为稀释质谱法标定钚溶液的钚同位素丰度和含量。测量以空容器、装满钚(约 100mg)溶液容器和不同位置组合完成自吸收校正。γ 谱解析进行了峰漂移校正、康普顿本底扣除、重叠峰解析、和峰校正。测量 Pu(约 220mg) +^{133}Ba(约 130mg)混合溶液(2h/次,重复 24 次)获得^{239}Puγ 射线的每次衰变强度,测量其他溶液(Pu 220mg,重复 48 次)获得相对强度。

3. 半衰期测定

杨志红等人[44]以 HPGe γ 谱仪精确测定了^{88}Kr 半衰期。先从辐照铀靶中分离获得纯度较高的^{88}Kr,并加入^{85}Kr(10.7 a)内标源;然后以 HPGe γ 谱仪同时测量样品和外标源(^{137}Cs 和^{57}Co),测量时间长于 $8 \cdot T_{1/2}(^{88}\text{Kr})$。分别以^{88}Kr 特征峰强度及其与内外标源特征峰强度比拟合,获得^{88}Kr 半衰期为(2.796 ±0.003)h,是当前最为准确的结果。

5.7　现状与展望

自 1900 年法国物理家维拉德发现 γ 射线以来,历经一百多年的研究与应用,γ 测量技术已成为最为成熟的射线探测方法之一。γ 测量技术在国防军事、科学研究、工农业生产和医疗卫生等领域应用十分广泛:①在核武器研制、核能源开发、军控核查、物料衡算、核设施退役、核安全、核取证、核医学等核事业中起着举足轻重的作用;②在核物理研究中,测量原子核激发能级、研究核衰变纲图、测定短的核寿命、进行核反应实验等都离不开 γ 射线的测量;③在核化学和放射化学研究及其实践中也发挥着不可替代的作用;④在地质、环保、航空航天和公共安全等领域也发挥着重要作用。

5.7.1　仪器硬件

在硬件方面,不断推出适用于非破坏分析的探测器和电子学系统。在探测器方面,高效率、高分辨率新型探测器(BGO、PbWO$_4$、CdTe、HgI$_2$、HPGe、CdZnTe[45]以及超导微量热[46]等)给非破坏分析技术的发展和应用带来了新的前景;在 20 世纪 80 年代中后期,γ 谱仪电子学从核仪器插件式(Nuclear Instrument Methods,NIM)迅速发展到一体化组合件,不再需要由实验人员自己去用 NIM 件选配,省去了许多繁杂的中间连接与匹配。20 世纪 90 年代初期,从一体化组合件衍生了便携式 γ 谱仪。随着一体化模拟 γ 谱仪以及数字技术发展日趋成熟,1995 年德国试制出了世界上第一套数字化谱仪(Digital Signal Processor,DSP)电子学(用于 NaI 探测器)系统,1996 年美国推出了世界上第一台用于 HPGe γ 探测器的数字化 γ 谱仪电子学系统。美国洛斯·阿拉莫斯国家实验室(LANL)将数字化谱仪和传统的模拟化系统进行比较,充分肯定了数字化谱仪的优越性,预言数字化谱仪代表谱仪的发展方向,并将最终取代模拟系统。LANL 的科学家对 9 种用于锗探测器的商用 γ 谱仪的电子学系统进行了性能评价,得出如下结论:在被评估的系统中,最好的是

DSP 系统,在 γ 通量很高并且对能量分辨率要求高的情况下,DSP 是最佳的选择。尽管超导微量热 γ 谱仪目前还处于实验室研究阶段[46],但是它已经具有超高分辨的能力,随着相应的技术和工艺的发展,它可能会引领 γ 精细分析的发展。经济实用、便捷和专用是仪器硬件发展方向。

5.7.2　能谱分析软件

在软件方面主要涉及 γ 能谱解析软件、无源效率刻度软件[47,48]、铀钚同位素丰度分析软件[22-24]等,核素识别软件可归入解析软件,同位素分析软件与无源效率刻度软件也有关联。γ 能谱解析软件是最基本的软件,主要包含 γ 能量刻度、峰形刻度、峰形拟合、本底扣除等,Gunnink 等人成功地把峰形拟合技术应用于 γ 谱仪,广泛地用该技术计算能谱特征 γ 射线全能峰面积净计数。Gunnink 等人率先实现了起源于峰形拟合技术的计算程序 GRPANL 自动化。目前,基本解析软件很成熟,各大厂商均标配了 γ 能谱解析软件,满足基本应用。但是,针对复杂 γ 能谱(如铀钚、反应堆)解析还不适宜,准确解析复杂 γ 能谱是一个发展方向。无源效率刻度软件是无标分析的基础软件,基于蒙特卡罗法模拟光子输运过程,计算出绝对探测效率,各大厂商也均标配了无源刻度软件,Gent4[49]和 MCNP[50]均能实现无源刻度,不过,都需要准确描述源、测量条件和探测器,否则,结果不准确。实现确准描述未知源是一项很困难的任务,尤其是源分布形式,通用程序基于均匀分布假设进行模拟计算,为此,测量结果可能存在较大的不确定度。结合透射校正、旋转或分层分段测量等实用技术,可以缩小不确定度范围,实现较准确测量。为了提高测量准确度,无源效率刻度软件以及评估源分布技术均有待进一步发展,如适用于非均匀源的无源效率刻度软件和以 γ 相机评估源分布的研究已经启航。铀钚同位素丰度分析软件是美国武器实验室的科学家长期从事铀、钚材料 γ 能谱研究的结晶,相继推出了适用于不同形态铀、钚物质的同位素组分分析软件:在非破坏分析中确定钚同位素丰度的多组分分析(MGA)软件、铀浓缩的多群分析(MGAU)软件、MGA++(由 MGA 和 MGAU 组成的软件包)软件、钚同位素丰度的 PC/FRAM 软件等。用铀、钚同位素标准物质验证了这些软件的可靠性。γ 能谱解析软件、无源效率刻度软件和专用分析软件等仍然是 γ 能谱分析的主流软件,放射性源分布及其容器结构重建软件和比较分析软件是新兴发展的软件,分析精准、使用友好一直是分析软件的发展方向。

5.7.3　探测系统

在 γ 测量系统方面(含硬件和软件),基于前期硬件和软件的研究成果,开发了许多探测分析系统。首先便携式(小型化)、专用化、在线式 γ 测量系统日趋完善,如针对核设施核材料滞留量测量的 ISOCS(In Situ Object Counting System)、HMS4(Holdup Measurement System)和 EMBAC(管道滞留量测量)等系统,针对核废物桶残留量测量的 SGS(Segmented Gamma Scanner)、TGS(Tomographic Gamma Scanner)和 IQ3 等测量系统。其次是集成系统发展迅速。任何单一技术都有自身的优势和适宜的应用范围,取得的实用信息也必然是有限的,γ 探测技术也不例外。核材料(或放射性物质)通常还伴随 α、β、n 等射线和热效应,固然涵盖着其他实用信息。为此,开发符合测量(n - γ)或组合测量技术和测量系统又是 γ 探测技术发展的重要方向,以获取综合信息,适用于源项调查、核安保和军控核查等。

目前,研发并投入使用的集成系统也比较丰富,如:集成 n、γ 的金属罐内 PuO$_2$ 认证系统[51]可实现准确地测量金属罐内 PuO$_2$ 的钚的质量;集成 n、γ 的 HENC(High Efficiency Neutron Counter)[52]系统用于 208L 桶装核废物中铀、钚量的无损检测;ARIES(Advanced Recovery and Integrated Extraction System)[53]被称为适宜于 21 世纪非破坏分析钚问题的综合测量手段,该系统集成了分段 γ 扫描技术、钚量热技术、γ 能谱法测量钚同位素丰度技术以及符合中子测量技术等,适用于运输容器内的混合裂变材料进行无损测量,可确定每个运输容器内混合裂变材料的罐数、混合裂变材料的同位素组分、铀钚总量等;用 n 和 γ 集成的无人值守核保障监视报警系统也广泛应用;在军控核查领域具有代表性的集成系统有 NMIS(Nuclear Materials Identification System)[54]和 MAMS(多功能的裂变材料属性和炸药的测量系统),都集成并充分发挥了 n、γ 探测技术优势,用于核材料和核部件属性识别,能较好地实现铀钚和炸药的属性测量,如铀钚(炸药)存在、质量、丰度、年龄、氧化钚不存在和对称性等。

5.7.4　探测技术

γ 探测主要涉及定性定量分析技术。如前面提及在源项调查时需要获悉放射性核素种类、分布和活度。显然,源分布是一个重要的信息,目前商用 γ 相机可以实现二维分布测量,还不能实现三维分布测量。活度与源分布密切关联(均匀样品例外),显然主要是几何效应和吸收效应的影响。目前常用的旋转、透射源校正、分段均匀假设、模拟逼近等实用技术针对不同测量对象可以适度降低源分布的影响,然而从根本上还未有效解决源三维分布的问题。寻求某种辐射成像技术用于评估放射源三维分布会成为焦点问题。γ 探测不失为有效的备选有效有段,γ 相机成像在医学上,人为植入 γ 放射源,如 CT 测量方式多点测量,重建三维分布,已经在医学领域广泛应用(SPECT)。而 SPECT 成像需要数据点较多,对废物桶而言,以旋转测量可获取较多数据,为此,可以借鉴 SPECT 技术重建桶装容器内放射源三维分布的,这方面的研究已经有报道[35]。然而对于不规则或不能获取多点数据的物体内放射源三维分布的重建是具有极大挑战性的。国内也启动了探索以最大释然(EMLM)和压缩感知算法结合 MC 模拟的三维重建研究工作。随着 γ 相机探测器能量分辨率性能提高和三维重建深入研究,以单一 γ 相机即可同时实现识别核素和测量评估放射源三维分布及其活度的期望一定会实现。在源项调查、核取证、核安全等领域,时常会存在对未知容器结构内放射源的分析,与放射源三维分布一样需要重建容器结构,对于多层容器材料结构、低原子序数材料及其较薄厚度的重建具有较大的技术挑战性。

γ 探测技术是核辐射探测领域很重要的技术之一,一直活跃在定性定量检测、核研究以及众多核安全领域,如核设施退役、核废物处理处置、物料衡算、军控核查、核安保、核取证、核应急等。γ 探测相关软件(无源效率刻度、解析、专用等)会持续完善和更新换代,硬件性能指标(高分辨率、高效、高稳定性)还会持续进一步提高,γ 探测系统将向便携式、专用化、实用性强、多项辐射探测技术集成化方向蓬勃发展。同时,源三维分布和源容器结构重建评估技术将是一个新的发展方向。总之,更快、更准、更便捷是 γ 探测技术发展的目标。

随着全球核设施退役、核废物处理处置、核材料管制、核应急、核反恐、核取证、军控核查等核安全领域的需求日益强烈，促使了核材料或放射性材料的非破坏分析技术得以迅速发展，γ射线探测是其中的重要组成内容。随着需求牵引和科学技术的进步，γ射线探测必将会迎来更大的发展和应用。

参考文献

[1] Heath R L. Gamma – ray spectrum catalogue Ge and Si detector spectra[M]. Fourth edition(Electronic Version), 1998:123.

[2] Peelle R W, Maienschein F C. Spectrum of photons emitted in coincidence with fission of ^{235}U by thermal neutrons[J]. Physical Review C,1971,3(1):373 – 390.

[3] Fetter S, Hippel F. The black sea experiment:measurement of radiation from a Soviet warhead[J]. Science and global security,1990,1(3 – 4):323 – 327.

[4] Cutler C S, Hennkens H M, Sisay N, et al. Radiometals for combined imaging and therapy[J]. Chem Rev,2013,113(2):858 – 883.

[5] 潘自强,程建平. 电离辐射防护和辐射源安全[M]. 北京:原子能出版社,2006.

[6] 吴治华. 原子核物理实验方法[M]. 北京:原子能出版社,1997.

[7] 王选廷,刘书田,徐新,等译. 放射性同位素和辐射物理学导论[M]. 北京:原子能出版社,1986.

[8] 清华大学工程物理系. 核辐射物理及探测学[M]. 北京:原子能出版社,2004.

[9] 张玉敏,张先京,李月辉,等. LaBr$_3$:Ce^{3+}与NaI(Tl)探测器的性能比较[J]. 船舶防化,2012,(4):1 – 5.

[10] 高鑫,何元金. LaBr$_3$:Ce^{3+}闪烁晶体研究进展[J]. 核电子学与探测技术,2010,30(1):5 – 11.

[11] 丁富荣,班勇,夏宗璜. 辐射物理[M]. 北京:北京大学出版社,2004.

[12] ANSI – IEEE Std 325 – 1996. IEEE standard test procedures for germanium gamma – ray detectors[S]. 1996.

[13] Conny C T Hansson, Alan Owens, Johannes v d Biezen. X – ray, γ – ray and neutron detector development for future space instrumentation[J]. Acta Astronautica,2014,93:121 – 128.

[14] Fleissner J G. GRPAUT:A program for Pu isotopic analysis (a user´s guide) – ISPO task A. 76[R]. MLM – 2799,1981.

[15] Gunnink R. MGA:A gamma – ray spectrum analysis code for determining plutonium isotopic abundances:Volume 1, Methods and algorithms[R]. UCRL – LR – 103220 – vol1 ISPO – 317 or DE90013529,1990.

[16] Ruhter W D, Gunnink R. Recent improvements in plutonium gamma – ray analysis using MGA[R]. UCRL – JC – 109620,1992.

[17] Gunnink R, Ruther W D. MGA:A gamma – ray spectrum analysis code for determining plutonium isotopic abundances:Volume 2,A guide to using MGA[R]. UCRL – LR – 103220 – vol2,1990.

[18] Sampson T E, Nelson G W, Kelley T A. FRAM:A versatile code for analyzing the isotopic composition of plutonium from gamma – ray plus height spectra[R]. LA – 11720 – MS,1989.

[19] Kellry T A, Sampson T E, Delapp D. PC/FRAM:Algorithms for the gamma – ray spectrometry measurement of plutonium isotopic composition[R]. LA – UR – 95 – 3326,1995.

[20] Sampson T E, Kelley T A. PC/FRAM:A code for the nondestructive measurement of the isotopic composition of actinides for safeguards applications[R]. LA – UR – 96 – 3543,1996.

[21] Kelley T A, Sampson T E, Keyser R M, et al. Recent Developments of LANL PC/FRAM code[R]. LA – UR – 99 – 2010.

[22] Sampson T E, Kelley T A. Application guide to gamma – ray isotopic analysis using the FRAM software. LA – 14018, 2003.

[23] Canberra Industries, Inc. Multi – group analysis software[R]. C38690,2011.

[24] Canberra Industries, Inc. Multi – group analysis for uranium[R]. C39051,2011.

［25］　ASTM C1268 – 15. Standard test method for quantitative determination of americium – 241 in plutonium by gamma – ray spectrometry［S］. 2015.

［26］　吴伦强,韦孟伏,张连平,等. γ 能谱技术鉴定放射性核素的应用研究［J］. 核电子学与探测技术,2009,29(5): 931 – 934.

［27］　Fetter S,Cochran T B,Grodzins L,et al. Gamma – ray measurements of a Soviet cruise missile warhead［J］. Science, 1990,(248):828 – 834.

［28］　ASTM C1221 – 10. Standard test method for nondestructive analysis of special nuclear material in homogeneous solutions by gamma – ray spectrometry［S］. 2010.

［29］　Parker J L. Plutonium solution assay system based on high – resolution gamma – ray spectroscopy［R］. LA – 8146 – MS,1980.

［30］　Li T K. Automated in – line measurement of plutonium solution in a plutonium purification process［J］. Nuclear technology,1981,55:674 – 682.

［31］　WU Lun – Qiang,WEI Meng – Fu,ZHANG Lian – Ping,et al. Primary study on holdup measurement of 235U in pipe by gamma – ray spectrometry and Monte Carlo simulation［J］. Nuclear Science and Techniques,2006,17(4):241 – 245.

［32］　张连平,吴伦强,韦孟伏,等. 过滤器中放射性总量 γ 无损测量方法研究［J］. 核电子学与探测技术,2014,34 (5):566 – 568.

［33］　杨明太,高戈,齐红莲. γ 谱法测定铀废料中的铀量［J］. 核电子学与探测技术,2001,21(1):59 – 61.

［34］　ASTM C1133 – 10. Standard test method for nondestructive assay of special nuclear material in low – density scrap and waste by segmented passive gamma – ray scanning［S］. 2010.

［35］　Tushar Roy,Jilju Ratheesh,Amar Sinha. Three – dimensional SPECT imaging with LaBr3:Ce scintillator for characterization of nuclear waste［J］. Nuclear Instruments and Methods in Physics Research A,2014,(735):1 – 6.

［36］　Sampson T E. Plutonium isotopic composition by gamma – ray spectroscopy:a review［R］. LA – 10750 – MS,1986.

［37］　ASTM C1030 – 10. Standard Test method for determination of plutonium isotopic composition by gamma – ray spectrometry［S］2010.

［38］　Fleissner J G. Grpaut:A computer code for automated isotopic analysis of plutonium spectra［J］. Nuclear materials management,1981,(10):461 – 466.

［39］　Ruhter W D,Camp D C. A portable computer to reduce gamma – ray spectra for plutonium isotopic ratios［R］. UCRL – 53145,1981.

［40］　韦孟伏,张连平,吴伦强,等. 钚年龄评估技术［J］. 原子能科学技术,2004,38(6):561 – 564.

［41］　张宏俊,任忠国,胡碧涛,等. 被动法高浓铀年龄测量技术研究［J］. 原子核物理评论,2012,29(1):77 – 80.

［42］　石宗仁. 一个测量中子核数据的新技术——瞬发 γ 射线法［J］. 原子核物理评论,2002,19(1):42 – 46.

［43］　Iwata Y,Yoshizawa Y,Suzuki T,et al. The gamma – ray absolute branching intensities of 239Pu［J］. Int J Appl Radiat Isot,1984,35(1):1 – 6.

［44］　杨志红,张生栋,杨磊,等. 88Kr 半衰期测量［C］. 第十一届全国核化学与放射化学学术讨论会,2012.

［45］　Carini G A,Bolotnikov A E,Camarda G S,et al. High – resolution X – ray mapping of CdZnTe detectors［J］. Nuclear Instruments and Methods in Physics Research A,2007,(579):120 – 124.

［46］　Doriese W B,Ullom J N,Beall J A,et al. 14 – pixel multiplexed array of gamma – ray microcalorimeters with 47 eV energy resolution at 103 keV［J］. Applied Physics Letters,2007,(90):193508 – 1 – 3.

［47］　Cornejo Díaz N,Jurdo Vargas M. DETEFF:An improved Monte Carlo computer program for evaluating the efficiency in coaxial gamma – ray detectors［J］. Nuclear Instruments and Methods in Physics Research A, 2008,(586):204 – 210.

［48］　Wang Tzu – Fang. Monte Carlo calculations of gamma – ray spectra for calibration［R］. UCRIAD – 125685,Lawrence Livermore National Laboratory,1996.

［49］　Hurtado S,García – León M,García – Tenorio R. GEANT4 code for simulation of a germanium gamma – ray［J］. Nuclear Instruments and Methods in Physics Research A,2004,(518):764 – 774.

［50］　Haddad Kh,Boush M. Validation of MCNP volume efficiency calculation for gamma spectrometric assay of large NORM samples[J]. J Radioanal Nucl Chem,2011,(289):97 – 101.

[51] PuO$_2$ Canister Verification System[Z]. MC&A Instrumentation catalog (3rd edition). http://www. canberra. com.

[52] Veilleux J M,Cramer D. Non – destructive assay nuclear waste using the high efficiency neutron counter(HENC)[R]. LA – UR – 04 – 4202,2004.

[53] SampsonT E,Cremers T L. Integrated nondestructive assay solutions for plutonium measurement problems of thc 21st century[R]. LA – 13367 – MS,1997.

[54] Mihalczo J T,Mullens J A,Mattingly J K,et al. Physical description of nuclear materials identification system(NMIS) signatures[J]. Nuclear Instruments and Methods in Physics Research A,2000,(450):531 – 555.

第6章　放射性测量的一般考虑

6.1　辐射防护的一般考虑

在核材料的分析测试中,用于 α、β、γ 和 n(中子)测量的样品是一类非常特殊的样品。其试样制备和测试时,对操作人员的安全防护和防止放射性核素对环境的污染应置于首要地位。本章中所述辐射防护仅针对样品进行分析测试(包括试样制备、转移、探测等)全过程的安全防护,而非广义上的核辐射防护。

6.1.1　相对危害

6.1.1.1　α辐射

α 辐射是放射性核素发生核衰变时从原子核内放射出的一种带电粒子流。α 粒子能量分布在几 MeV 至十几 MeV 范围,与物质相互作用时主要是以电离、激发的形式损失能量[1]。α 粒子具有极强的电离本领,这一特性既可利用,也可带来一定的破坏,尤其是对人体组织的破坏力较大。由于其质量较大,其穿透力很弱,在空气中的射程只有几厘米,只要一张纸或健康的皮肤就能将其阻挡。因此,α 粒子一般不会以外照射的方式穿透人体皮肤对人体构成损害,对 α 粒子防护的重点是防止具有 α 放射性的物质进入人体内,形成内照射损伤。

在进行 α 测量的相关操作时,一旦具有 α 放射性的物质(如钍、镭、铀等)进入人体内,就会被人体器官组织包围、沉积,那将十分危险。沉积在体内的 α 放射性的物质发生 α 衰变时,所放射的 α 粒子会以电离损失的形式将其全部能量(MeV 级)释放在周围的人体器官组织内,直接破坏人体器官组织的细胞,造成内照射损伤。由于 α 粒子在人体内照射损伤的程度远大于其他射线的辐射损伤,因此,人体对 α 粒子的辐射损伤修复的难度也较大。

1. DNA 分子的一般损伤

在核辐射损伤中,最容易造成损伤的就是 DNA。目前,已有大量的资料证明,DNA 是受照细胞中的主要靶子。当 α 放射性物质进入体内后,α 衰变所释放的 α 粒子就会直接作用于生物分子(主要是 DNA),使 DNA 分子电离激发而产生损伤。不过,在一般情况下细胞能在数小时将损伤 DNA 分子修复。在修复过程中如进行无差错的修复,将恢复 DNA 分子原来的形状,此种修复不会产生任何不良影响;在修复过程中如发生差错,虽然整个 DNA 分子仍保持完整,但其始发损害部位却发生了基因的突变或更大的改变(如基因缺失或基因重组等)。如这种情况发生,将可能导致细胞遗传的严重后果,致使器官或组织的功能障碍,甚至死亡。

2. DNA 分子的特定部分损伤

如 DNA 分子的特定部分受损,在修复 DNA 分子过程中,有可能产生基因突变。此时,突变基因的细胞虽仍能继续进行细胞分裂,但细胞的某些性质已随基因突变而发生变化。如果这种变化出现在体细胞内,就有可能变得具有恶性肿瘤(癌)细胞的性质;如果这种变化发生在生殖细胞,将会把这种可遗传的损害遗传给后裔,其后裔身上就有可能表现为某种遗传疾患,这就是辐射损伤的遗传效应。

在此,有必要说明的是,致癌因素包括物理因素和化学因素,辐射致癌也只是物理因素之一。实际上,因环境污染引起的化学致癌是主要的致癌因素。

6.1.1.2　β 辐射

β 辐射与 α 辐射同属于带电粒子流。β 粒子能量分布在几 keV 至几 MeV 范围内,β 射线电子与物质作用时主要是发生非弹性碰撞和电磁辐射损失能量,相比于 α 粒子,β 粒子的比电离值较小,电离本领较弱些;不过,β 的运动速度快(速度可高达光速的 99%),穿透能力比 α 粒子强,在空气中的射程有 15m(4MeV 能量 β 粒子)。具有 β 放射性的核素几乎遍及整个元素周期表,以低原子序数的轻核居多。这些具有 β 放射性的轻核极易以气体或化合物的形式广泛存在于自然界(如 $^3H_2$、^3H_2O、$^{14}CO_2$、$^{14}N_2$、$^{17}O_2$、^{36}Cl、^{40}K 等等)。β 射线的性质决定了 β 辐射防护具有内外照射兼具的特点。

β 射线比 α 粒子更具穿透力,但在穿过同样距离时,其引起的损伤比 α 粒子小得多。人体皮肤沾上含 β 放射性的物质后,沾染处会有较明显的烧伤感。有些 β 放射性物质(如 ^3H)可通过完整皮肤扩散、交换、渗入人体,也可通过呼吸、食入和伤口进入人体。含 β 放射性的物质一旦进入体内,就会引起较大的危害。含 β 放射性的物质进入体内后,很容易沉积于人体高敏感部位(淋巴组织、甲状腺、性腺、胚胎组织、胸腺、骨髓组织、胃肠上皮)和中敏感部位(角膜、晶状体、结膜、内皮细胞等)。当进入体内的含 β 放射性核素发生 β 衰变时,β 射线的电离辐射能引起细胞化学平衡的改变,某些改变会引起癌变。电离辐射能引起体内细胞中遗传物质 DNA 的损伤,这种影响甚至可能传到下一代,导致新生一代畸形,如先天白血病。在大量辐射的照射下,能在几小时或几天内引起病变,或是导致死亡。

6.1.1.3　中子辐射

中子不带电,属中性粒子,其能量分布在 1eV 至几十 MeV 范围。由于中子不带电,不存在库仑势垒的阻挡,几乎任何能量的中子都能与任何核素发生反应。当中子进入原子核内时,就会引起核反应,并释放大量具有杀伤力的高能中子。中子与原子核或电子之间没有静电作用,当中子与物质相互作用时,主要是与原子核内的核力相互作用,与外壳层的电子不会发生作用。中子通过物质时具有很强的穿透力,对人体产生的危险比相同剂量的 X 射线、γ 射线更为严重。由于中子的特殊性质决定了中子测量时的辐射防护的独特性,中子测量时的辐射防护主要在于外照射的防护。

在人的机体组织中,按重量的百分比计算,碳、氢、氧、氮四种元素的含量占整个人体重量的 95% 以上;如果按原子数计算,氢原子数量占到人体原子总数的 60% 以上。中子与原子相互作用时产生次级带电粒子,然后次级带电粒子通过电离和激发的形式把其能量传给组织和器官,从而引起人体的辐射损伤。人体组织主要由 C、H、O、N 等四种元素组成。快中子通过与人体组织中的 C、H、O、N 等原子核的弹性和非弹性散射,不断地将能量传递给人体组织而被慢化,慢化后的热中子又通过 $^1H(n,\gamma)^2H$ 和 $^{14}N(n,p)^{14}C$ 反应而被组织吸收。核反应中放出的反冲质子(0.6MeV)、γ 射线(2.2MeV)的能量最终也将被机体所吸收。人体组织中氢元素的含量很多,中子在和氢原子核碰撞时损失的能量很大,并且快中子与氢原子核的弹性散射截面也相当大,因此快中子与人体组织或器官的作用主要是与氢原子核的作用。而对于慢中子与机体组织的作用主要是氢原子核的中子俘获反应和氮原子核的(n,p)反应。在中子与人体组织的各种作用中,由弹性散射产生的反冲质子和碳、氮反冲核,(n,α)和(n,p)反应产生的质子和 α 粒子,都将使人体组织产生很大的电离,危害很大。另外,在上述反应过程中还会放出的 γ 射线,这也将在人体组织中通过间接的电离而损耗能量,被机体组织所吸收。

人体受中子辐射后,肠胃和雄性性腺会严重损伤,诱导肿瘤的生物效应高,并易导致早期死亡。同时,受损伤的机体易感染且程度重,所致眼晶体混浊的相对生物效应为 γ 或 X 射线的 2~14 倍。

6.1.1.4　γ辐射

γ 射线是放射性核素发生衰变时从原子核内发射的一种波长极短的电磁波,其能量分布在 10keV 至几十兆电子伏范围。由于 γ 射线不带电,具有极强的穿透本领,又携带较高能量,很容易进入或穿透人体,对人体造成危害。γ 射线与物质相互作用时,主要以光电效应、康普顿效应和电子对效应损失能量。γ 射线的穿透能力相对于 α、β 射线而言非常强,因此 γ 测量时的辐射防护主要在于外照射的防护,同时也不能忽视内照射防护。

当 γ 射线进入或穿透人体时,容易造成生物体细胞内的 DNA 断裂进而引起细胞突变、造血功能缺失、癌症等疾病。人体受到 γ 射线照射时,γ 射线可以进入到人体的内部,并与体内细胞发生电离作用,电离产生的离子能侵蚀复杂的有机分子,如蛋白质、核酸和酶,它们都是构成活细胞组织的主要成分,一旦它们遭到破坏,就会导致人体内的正常化学过程受到干扰,严重的可以使细胞死亡。

统计结果显示,当人体受到 γ 射线的辐射剂量达到 2~6Sv 时,人体造血器官如骨髓将遭到损坏,白血球严重减少,内出血、头发脱落,在两个月内死亡的概率为 0~80%;当辐射剂量为 6~10Sv 时,在两个月内死亡的概率为 80%~100%;当辐射剂量为 10~15Sv 时,人体肠胃系统将遭破坏,发生腹泻、发烧、内分泌失调,在两周内死亡概率几乎为100%;当辐射剂量为 50Sv 以上时,可导致中枢神经系统受到破坏,发生痉挛、震颤、失调、嗜眠,在两天内死亡的概率为 100%。

6.1.2　防护方法

6.1.2.1　内照射防护

放射性测量的辐射防护分为内照射和外照射防护。在进行 α、β、γ 和中子测量的相关操作时,根据源和射线的特点,内外照射防护应兼顾,并且必须严格遵守国家标准[2]和实验室相关规定。

在进行放射性测量的相关操作时,内照射防护就是防止放射性物质进入体内,避免造成内照射损伤。通常,放射性的物质进入体内主要有呼吸、进食和伤口等三种途径。

(1) 呼吸:吸入被测放射性物质污染的空气,主要是吸入放射性物质的粉尘和气溶胶。

（2）进食：食入被测放射性物质污染的水和食物。

（3）伤口：在从事放射性物质分析相关操作时，发生意外或事故情况下造成工作人员皮肤损伤，放射性物质就有可能通过血液循环进入体内或附着于伤口。

1. 防止吸入

进入放射性工作场所必须穿戴工作服和手套、必须佩戴口罩或专用防护面罩。佩戴口罩或专用防护面罩是防止吸入产生内照射最有效的措施。同时，应净化和保持放射性工作场所空气清洁，保证必要的通排风、过滤除尘等设备运行正常。放射性的物质及其样品应存入密闭的容器内，必要时，应在密闭的手套箱内进行操作（α 测量时常会出现）；样品转移应包装妥当，不允许裸露在外，以防止放射性元素的散落对空气和环境的污染。

特别提示：由于具有 β 放射性的 ^3H 极易挥发在空气中，被处于该环境的有关人员吸入。因此对 ^3H 或含 ^3H 物质进行测量时，有关操作结束后不仅要及时洗澡，还应在作结束后及时留尿样（最好不要超过 24h）进行含 ^3H 量的检测。

2. 防止食入

禁止在放射性工作场所进食、饮水或吸烟。不食用被放射性物质污染的水和食物。

3. 防止从伤口进入

在从事放射性物质或被放射性物质污染物的相关操作时，必须穿戴工作服和手套。当发生意外或事故时，应采取以下应急措施：①如遇工作人员皮肤损伤，应立即停止工作；②如遇伤口直接碰触放射性物质，应立即冲洗伤口，防止 α 放射性物质通过血液循环进入体内，并及时对伤口进行放射性剂量检测；③事后，应进行人体放射性剂量跟踪检测和身体健康状况观察。

必要时（如 ^3H 物质分析、操作），放射性测量工作结束后应及时留尿样检测，便于及时采取有效的救治措施应对可能发生的内照射。留尿检测是检验内照射防护是否有效的技术手段。

6.1.2.2 外照射防护

在进行放射性测量的相关操作时，外照射防护应遵循辐射防护三原则，即时间防护、距离防护和屏蔽防护。

1. 时间防护

累积剂量与受照时间成正比，操作时间越长，危害越大。因此，在测量前准备要充分，如有必要，可进行冷实验演练，以最大限度地减少受照射时间。

2. 距离防护

剂量率与距离的平方成反比，离放射源距离越近，伤害越大。实际测量时，应尽量远距离操作，还可设计远距离遥控操作。

3. 屏蔽防护

按辐射屏蔽一般原则（表6-1），利用 α、β、γ 和 n 射线与物质相互作用的性质，通过屏蔽（衰减）材料，其强度会降低，从而降低其伤害。选用适宜的材料防护对应的射线粒子。此外，还要注意测量仪器设备的防护。高能 X、γ、β 射线和较高通量 n 会损伤仪器或产生新的放射性物质，为此，仪器设备的防护也遵循外照射防护三原则和辐射屏蔽一般原则。

表 6-1　辐射屏蔽一般原则

射线类型	作用形式	材料选择原则	常用屏蔽材料
α	电离	一般低 Z 材料	—
β	电离、激发、韧致辐射	低 Z 材料 + 高 Z 材料	铝、有机玻璃、混泥土、铅
γ、X	光电、康普顿、电子对	高 Z 材料	铅、铁、钨、混泥土、砖
n	弹性、非弹性、吸收	高 Z 材料慢化快中子[3]	铅、钨
		低 Z 材料、含硼材料等	水、石蜡、含硼聚乙烯

6.1.2.3　中子的特别防护

通常,中子测量的放射性辐射环境较为复杂,其中子辐射防护难度也较大。对于中子测量,除表 6-1 中提及的屏蔽一般原则外,操作人员还应穿戴中子辐射防护服。穿戴中子辐射防护服这一最后一道防护屏障,对于中子测量操作人员是非常必要的。基于中子重点防护部位和使用场合,常见的中子辐射防护服分全身式、马甲式、围裙式和性腺防护四种类型,根据需要选配。

1. 全身式中子辐射防护服

全身式中子辐射防护服包括带袖上衣、裤子、帽子和手套,胸襟采用尼龙搭扣粘接,穿戴方便。该防护服适用于环境温度较低、需长时间置身于剂量较高区域内的人员穿用。防护服对人体的大部分器官和组织进行防护,可大大降低人体所接受的有效剂量。必要时可将经常面对辐射源一侧的芯加厚,以增强防护效果。全身防护服可用于核反应堆、核电站等的抢险服。

2. 马甲式中子辐射防护服

马甲式中子辐射防护服的特点是将人体躯干、性腺及头部加以有效防护。为不妨碍穿用人员弯腰和下蹲,下摆采用前长后短的设计,穿用后可方便行走,两臂活动自如。马甲式中子辐射防护服还可加大芯层厚度而不致于影响操作人员的灵活性,所以适合于核反应堆、核电站、中子源测油井、中子源探煤和中子源测公路密度等场所,尤其适合于检修或校准仪器的人员使用。

3. 围裙式中子辐射防护服

围裙式中子辐射防护服在环境温度较高、剂量较低、中子流为单向源时,防护围裙可将大部分红骨髓、内脏和全部性腺予以有效防护,并可大大降低成本,进一步提高穿用的灵活性,因而具有更大的实用性,对于进行野外中子源作业的人员尤为适宜。

4. 性腺中子辐射防护服

在人体的器官和组织中,性腺对射线最为敏感,因此需注意特别防护。该防护服是将性腺防护器装配、固定于防护服腰间部位,对性腺和下腹进行防护,还可加厚芯层到对中能中子也有较好屏蔽效果的厚度。它适用于存在大量中能中子场所的个体防护,如中子源石油测井、中子源探煤和中子探测公路密度等。

6.1.2.4　中子活化分析的特别防护

在中子活化分析中,用于诱发核反应的中子可来自反应堆、加速器或核素中子源,其中反应堆中子活化分析占绝大多数。在大通量中子的辐照下,被辐照的样品中几乎所有元素都被活化。在短期内,整个样品就是一个极强的高活度放射源。即使已放置较长时间,其放射性活度也是不可忽视的。然而,中子活化分析技术在非核领域广泛应用中,将中子活化分析样品与 X 射线荧光光谱分析样品视为同类,造成放射性事故的事件时有发生。因此,对于中子活化分析的辐射防护除严格遵守相关规定和要求外,还应特别注意以下几点:

1. 样品转移

中子活化分析样品应封装于特制的容器内,并加外包装。转移中,操作人员还应穿戴专用防护服和手套,操作人员不得直接接触样品。

2. 试样制备

通常,被中子辐照后的样品需经分装、分割、分离等处理,才能进行分析测试。尤其是进行材料的中子辐照性能研究实验时,其样品一般需要进行切割、打磨、抛光等处理。所有中子辐照后的样品处理与制备均应在全密封的特制手套箱中完成。

3. 废物处置

对于样品制备过程中产生的废物和已完成分析测试的样品,不能将其按放射性实验室一般废物处置,应按强放射性废物处置。

6.2　分析测试的一般考虑

进行放射性(α、β、γ 和 n)测试时,一般应考虑测量设备、样品制备、测量条件和数据处理等因素,就其一般考虑分别简述如下。

6.2.1　α 测量

6.2.1.1　试样制备

在 α 测量中,无论定性分析还是定量分析,用于测量的样品一般需经适当处理和制备,才能提供给由各种类型的探测器和相应的核电子学部件组成的 α 测量系统测量,实现对样品的 α 强度测量或 α 能谱分析的目的。

1. 制样方法的确定

选择合适的制样方法是试样制备的关键。在本书第 2 章 2.5 节中已较为详细地介绍常用制样方法,可根据分析要求、实验室条件和仪器现状,综合考虑、确定合适的制样方法。

2. 试样要求

用于测量的试样应满足:①试样分布薄而均匀。因为 α 粒子只能穿过几个原子层,超过一定厚度的试样中的 α 粒子不能被探测。②通常用于 α 能谱测量的试样直径不应大于探测器直径。③对于核材料样品的 α 能谱分析,其试样量应控制在 $1\sim3\mu g$ 之间。④试样表面不应有任何覆盖层。

6.2.1.2　探测与解析

1. 探测器选择

适宜的探测器与测量对象和测量目的密切关联。因此,α 探测时应根据探测要求,根据本书第 2 章 2.3 节的介绍,选择合适的探测器。

2. 真空要求

除常规物品表面 α 放射性监测而外,试样测量都应在真空状态下进行。对于 α 能谱的测量,其真空度维持在 1Pa 左右即可;α 能谱的测量不宜在高真空状态下进行,在高真空状态下 α 粒子会发生非弹性散射,致使 α 能谱峰形变差。

3. 测量

(1) 对于强样品源,可调节测量源与α探头的距离,以减弱进入探测器的α粒子强度,改善α能谱峰形。

(2) 对于源面积较大且α粒子强度较大的测量源,可用一张干净纸片,在其中心位置剪一小圆孔,覆盖于测量源上,然后进行测量。

(3) 对于用液体滴加法、真空蒸发法和喷涂法制备的计数率过高的测量源,可在手套箱内用酒精棉球擦洗测量源表面,除去多余的试样,待酒精蒸发后,方可进行测量。

4. 峰面积计算

(1) 在能谱分析中,针对不同的样品和分析要求,应采用不同的能谱数据处理方法(见本书第 2 章 2.6 节)。

(2) 在能谱分析中,为了减少计数统计误差,通常对于最弱能峰的总计数应不小于 10^4。

(3) 对于电镀源,峰面积计算时应考虑不同元素的电镀效率,对峰面积进行修正。

6.2.2　β 测量

6.2.2.1　试样制备

1. 制样方法的确定

应根据样品形态、分析测试目的、实验室条件和仪器现状等,综合考虑、确定合适的制样方法。在本书第 3 章 3.5 节中介绍了几种常规分析的试样制备方法,可供参考。

2. 包装与分装

① 对用于测量的样品应采用轻材料(如聚酯薄膜或塑料薄膜)严密包装,不得裸露。但包装层不宜过厚,以免影响测量。

② 对于强 β 辐射样品,尽可能地对样进行分装,控制样品量。

6.2.2.2　探测与计算

1. 测试

(1) 选择测量环境:样品测量应尽量避免在强 β 辐射环境进行。

(2) 考虑环境本底:样品测量前必须检测测量室的本底计数。

(3) 屏蔽测量装置:样品测量应在具有屏蔽功能的测量室进行。

2. 结果计算

(1) 扣除本底:在计算测量结果时,应考虑扣除天然 β 本底计数。

(2) 吸收修正:对测量结果应进行包装材料的吸收修正。

(3) 环境影响:在强 β 辐射环境测量时,其结果还应考虑 β 反散射的影响。

6.2.3　中子测量

6.2.3.1　严禁超临界质量

在对核材料的自发裂变中子测量时,首要的考虑就是防止超临界质量。因此,在对核材料进行测量、转移和存放时,必须单件操作,严禁将两件或两件以上物件放置在一起或间距较近。

6.2.3.2　中子屏蔽

中子屏蔽的主要目的是降低样品测量中的干扰中子(如散射中子)本底,而不是对人体的辐射防护。通常,中子屏蔽由两部分组成:第一部分为直接置于中子源与被屏蔽对象之间的部分;第二部分为防止被空气、实验结构架、地板、墙壁和天花板散射的中子射入被屏蔽对象的部分。一般来说,第二部分的厚度应比第一部分小。

1. 中子屏蔽的类型

中子实验的内容千变万化,因此对中子屏蔽的要求也是多种多样的。实践表明,对于具体的实验要求,设计专门的中子屏蔽是十分必要的。粗略地讲,中子屏蔽可归纳为影屏蔽和全屏蔽两种类型。

影屏蔽是将屏蔽材料安置于中子源与探测器之间,使探测器位于屏蔽体形成的、中子源发射的中子直射束的"阴影"里,避开中子辐照。与光学类比,将这种类型的中子屏蔽称作影屏蔽,这是一种最简单的中子屏蔽方案。影屏蔽的优点是简单、省料、体积较小,因而价格便宜。由于影屏蔽或多或少地影响实验室中总的扩散本底,所以对测量结果进行分析时必须考虑到这一点。

为使中子本底进一步降低,需采用全屏蔽。全屏蔽就是指将中子源,或探测器,或中子源连同探测器全部用屏蔽材料围起。此时屏蔽材料所占立体角几乎为4π。

2. 屏蔽中子源或探测器的选择

(1)总截面测量时,应将探测器加以屏蔽。屏蔽设计中应考虑到使探测器能在4π角度上探测样品发射的中子。

(2)加速器中子源的靶周围有许多阀门、仪表。这种情形下,不能屏蔽中子源,不得不屏蔽探测器。

(3)采用圆环几何体的实验时,散射体为圆环状,因此只能对中子源进行屏蔽。

(4)微分截面测量时,屏蔽中子源和探测器都可能导致有利或不便,应视实际实验条件而定。

(5)中子源或探测器全屏蔽的总厚度确定时,应将此厚度分成相近的两部分,分别全屏蔽中子源和探测器,以便所有屏蔽材料用量最小。

3. 中子屏蔽材料选择

任何中子探测器都应当对外来的本底中子加以屏蔽,以提高信号/本底比。选择中子屏蔽材料的原则,是将中子慢化为低能中子。最有效的中子慢化材料是低原子序数元素组成的物质,故含氢材料是绝大多数屏蔽材料的主要成分。常用的材料有水、石蜡、混凝土及聚乙烯等。快中子在这类材料中的平均自由程一般为几十厘米。为达到充分慢化,要求其厚度不小于1 m。

中子被慢化后,再通过俘获将中子吸收。作为慢化剂的含氢物质中的氢,也是一种很好的慢中子吸收剂。不过,其俘获截面较小,所以,热中子可能扩散相当距离后才被吸收,这样会降低屏蔽效果。另外,氢俘获中子后,释放出一个 2.2MeV 的 γ 射线,这对于很多核实验场合是不利的。为此,通常应在中子屏蔽材料中加入第二种成分——慢(热)中子吸收剂。它可以与慢化剂均匀混合,也可以吸收层形式置于慢化剂与被屏蔽空间之间。热中子吸收剂必须具有高中子俘获截面。

6.2.3.3　中子探测器选择

由于中子探测器不是一类独立的自成系列的核探测器,而是几类核探测器在中子探测中的应用,其种类繁多。它们各有不同的性能和特点,适用于不同场合。本书第 4 章表 4－3 列出常用中子探测器,第 4 章第 4.4.2 节、4.4.3 节和 4.4.4 节对中子探测器进行了较为详细的介绍,可供选择。

6.2.3.4　中子测量仪器选择

中子测量仪器亦是种类繁多,它们各有不同的性能和特点,适用于不同场合。本书第 4 章 4.5 节对常用中子测量仪器进行了较为详细的介绍,可供选择。

6.2.4　γ 测量

6.2.4.1　初设测试方案

按图 6-1 所示思路设计测量方案。若有相关的标准、工艺和参考文献,可以直接引用、借鉴或进一步优化测量方案。

6.2.4.2　了解被测量对象

影响 γ 谱特征的因素主要有探测器因素(不同类型、尺寸)和测量对象(周围环境、样品的几何因素、源项－单源多光子符合相加)。明确进行 γ 测量的目的,即通过 γ 测量需要获得哪些结果,如定性鉴别放射性核素、定量分析某核素、γ 总计数、测量某个物理常数等,根据需求确定相应的测量方案。尽可能多地掌握被测对象的已知信息,包括来源、含可能的放射性核素、基体、包装材料和尺寸等,为测量方案设定或准确分析提供支撑。

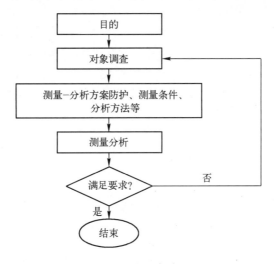

图 6-1　γ 测量方案总体思路

6.2.4.3 测量条件

测量条件包括测量用 γ 谱仪类型、屏蔽材料及其厚度、测量时间、测量距离和环境等。

1. 探测器选择

适宜的探测器与测量对象(特征 γ 射线能量、活度)和测量目的密切关联。按感兴趣的特征 γ 射线能量(表 6-2)或常用探测器的性能(表 6-3)选择适宜探测器。在用探测器或新购置的探测器应按照相应的规程方法或标准对其主要性能指标(见本书第 5 章第 5.4.7 节)进行检验或校准。

表 6-2 按感兴趣的特征 γ 射线能量选择

能量/E_γ	可选探测器
$E_\gamma < 100\text{keV}$	正比计数管,Si(Li)探测器,HPGe 探测器,CdTe,CdZnTe,NaI(Tl)
$100\text{keV} < E_\gamma < 5\text{MeV}$	闪烁体探测器,HPGe 探测器,CdZnTe
$E_\gamma > 5\text{MeV}$	闪烁体探测器,电子对谱仪

表 6-3 常用探测器性能指标

探测器	分 辨 率	峰康比	能量线性
HPGe	0.1%~0.2%(对 1.33MeV)	20:1~90:1	0.1keV~0.2keV(对 0.15MeV~1.3MeV)
NaI(Tl)	6%~10%(对 662keV)	约 5:1	12keV~200keV(对 0.15MeV~1.3MeV)
LaBr$_3$(Ce)	约 3%(对 662keV)	NA	3.6keV~60keV(对 60keV~1000keV)

2. 屏蔽和衰减

在 γ 能谱测量分析中,屏蔽和衰减与样品活度和环境本底密切相关。测量低活度样品时主要考虑屏蔽,防止或减少外界干扰。而测量高活度样品时主要考虑衰减,有效降低活度至 γ 谱仪适宜强度范围,否则,会导致探测器出现明显的计数率损失和能谱失真,影响特定能量 γ 射线的测量和分析,因此,需要在这些射线到达探测器之前降低其强度。目前的商用 γ 谱仪均有标配的屏蔽体、屏蔽室或衰减块,屏蔽和衰减最主要材料为铅和钨,其次常用不锈钢材料。若未配置标配件或标配件不能满足要求时,可根据测量特征 γ 射线能量、材料的质量吸收系数以及探测器的探测效率,计算设计出适宜的屏蔽衰减材料及其厚度(通常用铅当量表示),组装完成即可;同时需要考虑内衬材料,主要作用是衰减在测量过程中可能产生的低能 X 射线,常用材料为铜薄片。

3. 测量时间

测量时间取决于特征 γ 射线强度的测量统计误差(v_{n0}),样品特征 γ 射线的净计数与测量时间成正比关系,如下式所示:

$$N_0 = n_0 \cdot t \tag{6.1}$$

式中　N_0——样品中特征 γ 射线的净计数;

　　　n_0——特征 γ 射线的净计数率;

　　　t——测量时间。

当本底非常低或忽略本底的影响时,根据 $v_{n0} = (N_0)^{-1/2} = (n_0 \cdot t)^{-1/2}$,则测量时间 $t = (v_n^2 \cdot n_0)^{-1}$。然而,γ 测量通常存在本底,主要源于宇宙射线、天然环境本底和仪器噪声等,需要获得净计数,可进行两次测量。首先测量本底计数 N_b,测量时间为 t_b;然后测量样品(含本底)计数 N_s,测量时间为 t_s。可得

$$n_0 = \frac{N_s}{t_s} - \frac{N_b}{t_b} = n_s - n_b; \sigma_{n_0} = \sqrt{\frac{n_s}{t_s} + \frac{n_b}{t_b}}; v_{n_0} = \frac{\sigma_{n_0}}{n_0} = \frac{1}{n_s - n_b} \cdot \sqrt{\frac{n_s}{t_s} + \frac{n_b}{t_b}} \quad (6.2)$$

假设 $t_s = t_b = t$,则化简得

$$t = \frac{1}{v_{n_0}^2 \cdot (n_s + n_b)} \quad (6.3)$$

式中　n_s——样品中特征 γ 射线的净计数率;

　　　n_b——特征 γ 射线的本底计数率。

当 $t_s \neq t_b$ 时,需要合理分配测量样品时间 t_s 和本底测量时间 t_b。设定总测量时间 $t_{总} = t_s + t_b$,在 $t_{总}$ 时间内测量统计误差最小 $\sigma_{n_{0\min}}$,由极值条件可得:$\frac{t_s}{t_b} = \sqrt{\frac{n_s}{n_b}}; t_s = \frac{\sqrt{n_s/n_b}}{1 + \sqrt{n_s/n_b}}$

$t_{总}; t_b = \frac{1}{1 + \sqrt{n_s/n_b}} t_{总}$;则在期望的统计误差 v_{n_0} 时,所需最小测量时间($t_{总\min}$)由下式计算:

$$t_{总\min} = \frac{1}{v_{n_0}^2 (\sqrt{n_s} - \sqrt{n_b})^2} \quad (6.4)$$

4. 测量距离

测量强度(I)与测量距离(d)的关系为 $I \propto d^{-2}$。据此,调节测量距离,可使 γ 谱仪工作在适宜的百分死时间区间。若较近距离测量高活度样品时,百分死时间大,也会导致探测器出现明显的计数率损失和能谱失真。为此,需要增大测量距离,降低百分死时间至 γ 谱仪的适宜区间,若在有限距离内不能满足要求,可结合衰减片,协同调节。若较远距离测量低活度样品时,峰强低,统计误差大,测量时间长,为此,需要缩短测量距离,甚至可以接触探测器表面。不过,在近距离测量时,测量距离会引入较大的不确定度,还需要注意能谱中可能出现的和峰以及不要损害 γ 谱仪。

6.2.4.4　γ 谱解析

解析 γ 谱是 γ 定量分析的基础,一般解析过程为:

1. 能量刻度

通常在 γ 能谱正式测量前需要进行能量刻度,确定能量与道数的关系。在常用能量范围内,通常为线性关系。

2. 数据的光滑

本书第 5 章 5.5.2 节介绍了数据的光滑,可选择采用。目前常用 SmoothData 函数工具,可对 γ 能谱进行指定次数的光滑,次数越多光滑效果越好,展宽越大,通常光滑次数控制在 3 次以内。

3. 寻峰

本书第 5 章 5.5.2 节介绍了寻峰的基本方法。

4. 扣除本底

本书第 5 章 5.5.2 节介绍了扣除本底方法,可选择采用。

5. 峰形拟合

Gunnink 等人[4]成功地将迭代逼近法拟合峰形技术应用于 γ 能谱解析,广泛地用该

技术计算能谱特征 γ 射线全能峰净计数；Gunnink 等人[5]还实现了起源于峰形拟合技术的计算程序 GRPANL 的自动化。

6. 峰面积求解

本书第 5 章 5.5.2 节介绍了求解峰面积的基本方法。选用合适的峰面积计算方法计算峰面积及峰位能量。

7. 峰标识

将核素特征峰存储在核素库中，根据寻峰结果依次将在偏差范围内的峰标识在谱上，亦称为核素识别。

8. 谱比较

在当前活动谱中可打开多个谱数据进行比较。可设置激活谱比较框，调整滑杆来缩放各个能谱。在专用谱比较软件中设置了算法，可比较其相似性。

9. 效率曲线

本书第 5 章 5.5.4 节对效率曲线的刻度做了原理性的介绍。在现代 γ 谱分析软件中，均备有效率曲线刻度功能。因此，只要启用解谱软件中设置效率曲线刻度功能，输入相应参数，即可按能量绘制效率曲线。

10. 比对验证

按实验测量方案，测量标准源或参照源，以测量结果与标称值的偏差评定测量方法的准确度。

参考文献

[1] 汤家镛,张祖华. 离子在固体中的阻止本领、射程和沟道效应[M]. 北京:原子能出版社,1988.

[2] 核工业标准化研究所. GB18871—2002 电离辐射防护与辐射源安全基本标准[S]. 北京:中国标准出版社,2002.

[3] 刘林茂,刘雨人,景士伟. 中子发生器及其应用[M]. 北京:原子能出版社,2005.

[4] Gunnink R,Niday J B. Computerized quantitative analysis by gamma – ray spectrometry – vol1 – Description of the gamma program[R]. UCRL – 51061,1972.

[5] Gunnink R,Ruhter W D. GRPANL:A program for fitting complex peak groupings for gamma and X – ray energies and intensities[R]. UCRL – 52917,1980.

附录 1 放射性测量常用符号

附表 1 放射性测量常用符号及其名称

符　号	名　　称	符　号	名　　称
a	年	NAA	中子活化分析
A	质量数、原子量、面积	NDA	非破坏性分析
ADC	模拟数字转换器	p	质子
Bq	放射性活度	R	核半径,射程
cps	每秒计数	R_β	β 粒子射程
d	天	S	比活度
$d_{1/2}$	半减弱层厚度,半吸收厚度	T	氚
D	氘	T	计数总时间,温度
e	电子	t_b	本底计数时间
E	能量,电场强度	t_d	延迟时间
$E_{\beta max}$	β 射线最大能量	t_D	死时间
E_e	光电子能量	t_r	上升时间
E_0	入射粒子能量,粒子初始能量	t_R	恢复时间
E_β	β 射线能量	t_s	样品计数时间
FWHM	能峰半高宽(eV)	u	原子质量单位
FWTM	峰 1/10 极大值处宽度(eV)	V	电压,体积,脉冲幅度
I	粒子强度	$T_{1/2}$	半衰期
k	自由度,玻耳兹曼常数	Z	原子序数,质子数
m	原子质量、核素质量	Ω	立体角
m_e	电子[静]质量	θ	散射角
m_n	中子[静]质量	Φ	反冲角
m_p	质子[静]质量	σ	截面,标准偏差
M	放大倍数,倍增系数,增益	σ_p	电子对效应截面
MCA	多道脉冲分析器	σ_{ph}	光电效应截面
n	中子	σ_γ	γ 总截面
n_0	净计数率	μ	线衰减系数,线性吸收系数
n_b	本底计数率	μ_m	质量衰减系数,质量吸收系数
n_s	样品计数率	ε	探测效率
N	计数,中子数	ω	平均电离能
N_A	阿伏加德罗常数	λ	衰变常数,平均自由程

附录2 常用物理量及换算

附表2-1 基本物理常数

物理量或单位	符 号	数 值	单 位
精细结构常数	a	$7.297352568 \times 10^{-3}$	
玻尔半径	a_0	$5.291772108 \times 10^{-11}$	m
真空中光速	c	2.99792458×10^{8}	m/s
基本电荷	e	$1.60217653 \times 10^{-19}$	C(库仑)
电子伏	eV	$1.60217653 \times 10^{-19}$	J
牛顿引力常数	G	6.6742×10^{-11}	$m^3 \cdot kg^{-1} \cdot s^{-2}$
普朗克常量	h	$4.13566743 \times 10^{-15}$	$eV \cdot s$
玻耳兹曼常数	k	8.617343×10^{-5}	eV/K
电子[静]质量	m_e	$9.1093826 \times 10^{-28}$	g
中子[静]质量	m_n	$1.674927289 \times 10^{-24}$	g
质子[静]质量	m_p	$1.67262171 \times 10^{-24}$	g
阿伏伽德罗常数	N_A	6.0221415×10^{23}	mol^{-1}
摩尔气体常数	R	8.314472	$J \cdot mol^{-1} \cdot K^{-1}$
经典电子半径	r_e	$2.817940325 \times 10^{-15}$	m
原子质量单位	u	$1.66053886 \times 10^{-24}$	g

注:表中数据引自 Mohr P J,Taylor B N,Rev. Mod. Phys. 2005,77(1)

附表2-2 能量单位换算因子

兆电子伏(MeV)	原子质量单位(u)	焦耳(J)	卡(cal)
1	$1.07354417 \times 10^{-3}$	$1.60217653 \times 10^{-13}$	$3.82673290 \times 10^{-14}$
931.494043	1	$1.49241790 \times 10^{-10}$	$3.56457891 \times 10^{-10}$
$6.24150948 \times 10^{12}$	6.70053609×10^{9}	1	0.238846
$2.61319519 \times 10^{13}$	2.80538045×10^{9}	4.1868	1

附表2-3 放射性活度换算

居里(Ci)	毫居里(mCi)	微居里(μCi)	衰变(s^{-1})	衰变(min^{-1})
1	10^3	10^6	3.703×10^{10}	2.22×10^{12}
10^{-3}	1	10^3	3.703×10^7	2.22×10^9

（续）

居里（Ci）	毫居里（mCi）	微居里（μCi）	衰变（s^{-1}）	衰变（min^{-1}）
10^{-6}	10^{-3}	1	3.703×10^4	2.22×10^6
2.703×10^{-11}	2.703×10^{-8}	2.703×10^{-5}	1	60
4.505×10^{-13}	4.505×10^{-10}	4.505×10^{-7}	0.01667	1

附表2-4　核辐射测量常用物理量及其单位

物理量	法定计量单位		非法定计量单位	
	名称	符号	名称	符号
时间（半衰期）	秒、分、[小]时、天、年	s,min,h,d,a		
长度	米、毫米、微米	m,mm,μm		
质量	千克、克、原子质量单位	kg,g,u		
计数（粒子数）	个	无量纲（无符号）		
计数率	每秒	s^{-1}	每秒计数	cps
衰变常数	每秒	s^{-1}		
电荷（电量）	库[仑]、单位电荷（电子电量）	C,e		
能量（功、热量）	焦耳、电子伏	J,eV		
放射性活度	贝可[勒尔]	Bq	居里	Ci
放射性比活度	贝可每千克、贝可每克	$Bq \cdot kg^{-1}$,$Bq \cdot g^{-1}$		
照射量	库[仑]每千克	$C \cdot kg^{-1}$	伦琴	R
剂量当量	希[沃特]	Sv	雷姆	Rem
吸收剂量	戈[瑞]	Gy	拉德	rad
核反应截面	靶恩	b		

附录 3　常用放射源

附表 3-1　常用 α 放射源

核　素	半衰期 $T_{1/2}$	α 粒子能量/MeV	强度/(%/衰变)
^{241}Am	432.2a	5.443 5.486	13.3 85.1
^{239}Pu	24110a	5.1058 5.1443 5.1556	11.5 15.1 73.3
^{238}Pu	87.7a	5.4563 5.4990	29.0 70.9
^{210}Po	138.38d	5.3050	100
^{235}U	7.038×10^8a	4.3661 4.3978	17 55
^{238}U	4.468×10^9a	4.151 4.198	21 79
^{244}Cm	18.10a	5.763 5.805	23.6 76.4

注:数据引自《简明放射性同位素手册》(卢玉楷,上海科学普及出版社,2004 年)

附表 3-2　常用 β 放射源

核　素	半衰期 $T_{1/2}$	β 最大能量/keV	强度/(%/衰变)
^{3}H	12.33a	18.586	100
^{14}C	5730a	156.467	100
^{60}Co	5.271a	317.9	100
^{22}Na	2.6027a	545.4	89.8
^{131}I	8.0207d	333.8 606	7.3 89.9
^{137}Cs	30.01a	513.0 1173	94.4 5.6

注:数据引自《简明放射性同位素手册》(卢玉楷,上海科学普及出版社,2004 年)

附表 3-3　常用 γ 放射源

核　素	半衰期 $T_{1/2}$	γ 射线能量/keV	强度/(%/衰变)
^{57}Co	271.80d	122.1 136.5	85.5 10.7
^{60}Co	5.271a	1173 1332	100 100
^{137}Cs	30.01a	661.657	84.99

(续)

核 素	半衰期 $T_{1/2}$	γ 射线能量/keV	强度/(%/衰变)
^{152}Eu	13.525a	121.8 344.3 1408	28.4 26.5 20.8
^{241}Am	432.2a	59.5409	35.8
^{137}Cs	30.01a	513.0 1173	94.4 5.6

注:数据引自《简明放射性同位素手册》(卢玉楷,上海科学普及出版社,2004 年)

附表 3-4　常用(α,n)中子源

核 素	半衰期 $T_{1/2}$	中子平均能量/MeV	中子产额/($10^6 \cdot s^{-1} \cdot Ci^{-1}$)
^{210}Pb—Be	22a	4.5~5.0	2.3~2.5
^{210}Po—Be	138.4a	4.2	2.3~3.0
^{226}Ra—Be	1600a	3.9~4.7	约13
^{227}Ac—Be	21.8d	4.0~4.7	约15
^{238}Pu—Be	87.7a	5.0	约2.2
^{239}Pu—Be	24110a	4.5~5.0	1.5~2.7
^{241}Am—Be	432.2a	5.0	约2.2

附录4 常用名词术语

α粒子 放射性核素衰变时所放射的由两个质子和两个中子组成的带有两个正电荷的氦原子核。

α衰变 放射性核素的原子核自发地放出 α 粒子而变成另一种核素的原子核的过程称为 α 衰变。

β粒子 从放射性核素的原子核中所放射的负电子或正电子。

β衰变 放射性核素的原子核自发地放出 β 粒子或俘获一个轨道电子而变成另一个核素的原子核的过程。

γ射线 核跃迁或粒子湮灭过程中从原子核发射的电磁波。

γ衰变 处于激发态的原子核退激到基态或较低能态时发射电磁波的现象，又称 γ 跃迁或 γ 退激。

K 俘获 原子核俘获一个核外 K 层电子的过程。

K 辐射 K 俘获后，核外电子填充 K 层时发生的特征 X 辐射。

X 辐射 在原子核外部产生的一种波长比可见光短得多的贯穿性电磁波辐射，它不包括湮灭辐射。

X 射线 一种短波长的电磁波，其波长大致介于 γ 射线和紫外线之间，亦称伦琴射线。

X 射线荧光（XRF） 用 X 射线辐照物质时，物质中受激元素内层电子退激时发射的特征 X 射线，或称二次 X 射线。使用"荧光"一词的目的在于与原级（辐照）X 射线的区别。

锕系元素 元素周期表中，从 89 号元素锕到 103 号元素铹的总称。

锕铀系 从 ^{235}U 到 ^{207}Pb，质量数按 $4n+3$（n 为正整数）规律变化的天然放射性衰变系。

靶恩 核物理中表示某一反应截面的单位，符号为 b，$1b = 10^{-24} cm^2$。

半衰期 放射性核素的数量衰变减少到原来数量 1/2 所需要的时间（a、d、h、min、s），用 $T_{1/2}$ 表示。

贝可（Bq） 放射性活度的国际制单位，也是我国的法定计量单位，定义为每秒一次衰变（$1Bq, s^{-1}$）。

背散射 单一散射事件中，粒子被物质所散射，其散射角与原始方向相比大于 90°。广义而言，为在一定容积物质内经一次或多次的散射而形成的反射。

比活度 单位质量的某种物质的放射性活度。

比释动能 能导致电离产生的中性粒子，在某种单位质量的物质中释放出来的全部带电电离粒子的初始动能的总和。

超冷中子 特指动能为微电子伏量级或更低量级的冷中子。

超热中子 动能高于热扰动能的中子。通常仅指能量刚超过热能(即可与化学键能相比)的能量范围的中子。

超铀元素 元素周期表中,原子序数大于 92 的元素的总称。

超子 短寿命基本粒子的总称,其质量大于中子。

测量源 在核测量中,经样品制备处理,可直接供核探测器测试的放射性试样。

等离子体 由离子、电子以及未电离的中性粒子的集合组成,整体呈中性的物质状态。等离子体是不同于固体、液体和气体的物质第四态。

电磁相互作用 发生在带电荷的粒子之间的相互作用,是一种长程力。

电离 原子或原子团由于失去电子或得到电子而变成离子的过程。

电离辐射 致使产生直接或间接电离的辐射,如 α、β、γ 和中子辐射。

电子 一种稳定的基本粒子。不加说明时,指带负电荷的电子,称为负电子;它的反粒子是带正电荷的电子,称为正电子。

电子对产生 一个具有足够能量(大于 1.02MeV)的光子在原子核或其他粒子的场作用下产生一个正电子和一个负电子的过程。

电子对湮没 动能较小的电子与正电子相遇后,转化为两个或两个以上光子的过程。

电子伏 物理学中用来量度微观粒子能量的一种单位。其值等于一个电子通过 1V 电势差时能量的改变量。

电子俘获 放射性核素发生 β 衰变时,它不是放射正电子的形式衰变,而是从原子核外壳层中俘获一个电子,将原子核内的一个质子转换成中子,同时放出一个中微子,这一衰变现象称为电子俘获。

多普勒效应 是指物体辐射的波源和观察者有相对运动时观察者接收到的波的频率与波源发出不同频率的现象。

俄歇电子 通过俄歇效应发射出来的轨道电子。

俄歇效应 处于激发态的原子,由于外壳层电子填充内壳层空穴,以发射轨道电子而不是发射 X 射线的退激发过程。

发射率 一个辐射源在单位时间内发射出的给定类型和能量的粒子数。

反粒子 反粒子与相应的粒子具有相同的质量、平均寿命和自旋以及数值相等、符号相反的重子和轻子数。反粒子和粒子呈电中性或带正负相反的等量电荷。

反物质 由反粒子组成的物质。

反应能 核反应过程中,反应生成物的动能和光子能量的总和减去反应物的动能和光子能量的总和。

放射化学 研究放射性物质的化学分支学科。它包括用化学方法处理辐照后的或自然界存在的放射性物质,以达到放射性核素及其化合物,将化学技术用于核研究以及将放射性物质用于研究化学问题。

放射性 原子核自发地发射粒子,或电磁辐射、俘获核外电子,或自发裂变的现象。

放射性标准源 性质和活度在某一确定的时间内都是准确已知的,并能用作比对标准或参考的放射源。

放射性测年 通过确定物品内各种放射性核素与稳定核素的比例以测定其年代的

方法。

放射性核素　具有放射性的核素。

放射性活度　表征放射性核素特征的物理量,单位时间内处于特定能态的一定量的核素发生自发核转变数。

放射性衰变　核从一种能态转变为较低的能态,通常包括放出质子、中子、α 粒子、β 粒子或 γ 射线。

放射性同位素　某种元素中发生衰变或自发裂变,并伴随有辐射的不稳定同位素。

放射性元素　其所有的同位素都具有放射性的元素。

非弹性散射　总动能发生改变的散射。

非相干散射　由两个或两个以上散射中心发出的散射波不能相互干涉的散射。

分辨时间　在核电子学中,两个相邻脉冲之间的最短时间间隔。

分支比　两种或两种以上特定方式衰变的分支份额之比。

分支衰变　一种核素能以两种或多种不同方式进行的放射性衰变。

丰度比　在给定样品中,同一元素的一种同位素的原子数与另一种同位素的原子数之比。

峰康比　在 X、γ 能谱中,全能峰中心道最大计数与康普顿坪内平均计数之比。

峰总比　在 X、γ 能谱测量中,全能峰内的脉冲数与全谱下的脉冲数之比。

复合核　在核反应过程中形成的核体系中间阶段而存在的高度激发的短寿命核。

富集因子　某种特定同位素在同位素混合物中的相对组分与该同位素在天然同位素混合物中的相对组分之比。

俘获　原子或原子核系统获得粒子的过程。

俘获 γ 辐射　辐射俘获放出的 γ 辐射。

辐射俘获　原子核俘获一个粒子,并发射射线的过程。

负电子　带负电荷的电子。

负 β 衰变　从放射性核素的原子核中放射负电子的衰变,负 β 衰变使该核的原子序数增加 1。

感生放射性　由辐射产生的放射性。

光电截面　一个入射光子单位面积上的一个靶原子发生光电效应的概率。

光电吸收系数　光子发生光电效应的吸收概率。

光电效应　物质在光的照射下发射电子的现象。

光核反应　高能光子与靶核相互作用放射出一个或几个光子、中子、质子等,产生另一种新的原子核,这一核反应称为光核反应。

光子　或称光量子。基本粒子的一种。稳定,不带电。是光(电磁辐射)的能量量子。

核半径　通常,表征核电荷分布或核内核子分布或原子核内自洽场的半径。它们均可表示为 $R = r_0 A^{1/3}$,其中:A 为质量数;r_0 的值在 $1.1 \times 10^{-15} \sim 1.5 \times 10^{-15}$ m 范围内。

核磁共振(NMR)　射频辐射被处于磁场中的物质吸收时所观察到的共振现象。

核反冲　核碰撞、核转变或辐射作用赋予剩余核的运动。

核反应　由一种或多种原子核参与的,并导致原子核的质量、电荷或能量状态改变的现象。

核化学　用化学方法或化学与物理相结合的方法研究原子核及核反应的化学分支学科。有时,核化学泛指涉及核科学化学方面的分支学科。核化学主要研究核性质、核转变的规律及核转变的化学效应。

核聚变　两个较轻的原子核(质量数大致小于16)聚合成一个较重的原子核,同时放出巨大原子能的核反应。

核裂变　不稳定的重核或重核受到其他粒子(中子、带电粒子、光子)轰击时分裂成两块或两块以上较轻原子核的核反应。

核力　核子之间存在的短程强相互作用力。

核能　核反应(通常指裂变和聚变)或放射性衰变释放出的能量。

核能级　由能量、自旋和宇称确定的核态,包括单粒子能级和集体服从能级。

核势　原子核内核子所受到的核内其他核子所产生的核势场或入射粒子(质子、中子、α粒子、轻子、重子等)在反应碰撞过程中所受到的靶核的核力势场。

核衰变　放射性核素的原子核自发地从一种核素的原子核变成另一种核素的原子核,并伴随放出射线的现象。

核素　具有特定质量数、原子序数和核能态,而且其平均寿命长得可以被观察到的一类原子。

核物质　一种假想的由大量核子组成的均匀体系。在这种体系中,核子间具有完全的核相互作用而忽略其可能存在的电磁相互作用。

核跃迁　核系统从一种量子能态转变成另一种量子能态的过程。

核子　原子核内组成粒子的通称,通常指质子和中子。

和峰效应　核辐射测量中,两个射线同时被探测器晶体吸收,产生幅度更大的脉冲,其对应能量为两个射线能量之和。

荷质比　带电粒子的电荷与质量之比。

缓发中子　核裂变中不直接产生,而是受裂变产物放射性衰变延迟发射的中子。

活化分析　通过鉴别和测量试样受中子、光子和其他带电粒子辐照感生的放射性同位素的特征辐射,进行元素和核素分析的核分析方法,又称放射化分析。从原理上讲,活化分析是一种绝对分析方法。

基本电荷　最小的电荷单位($1.602\ 1\times10^{-19}$ C)。电荷仅以此单位的整数倍存在。

激发态　原子或原子核的能量处于比基态高的状态,这种状态称为激发态。

激光加速器　利用激光束的高电场来加速带电粒子的加速器。

剂量当量　是指在研究的组织中某点处的吸收剂量、品质因素和其他一切修正因数的乘积。

基态　原子或原子核处于能量最低的状态,这种状态称为基态。

加速器　一种使带电粒子增加动能的装置。

胶子　粒子物理标准模型理论中假设的传递强相互作用的一种粒子。胶子不带电荷,质量为零。

介子　重子数为零的强子。

介子原子　有若干电子被负电荷介子取代的原子。含某种介子的原子称某介子原子。

结合能 通常包括两种定义：①把一个粒子从一个系统中取出所需的净能量，有时也称分量能；②把一个系统分解为它的组成粒子所需的净能量。

截面 入射粒子与靶核之间发生某种特定相互作用概率的度量。它是指每一靶核发生某种指定过程所生成的粒子数除以该入射粒子的注量所得的商，其量纲为 cm^2。

静电加速器 一种直流高压加速器。它的直流高电压是用机械方式把电荷传送到并积累在一个对地绝缘的金属电极上获得的。

康普顿边 发生康普顿散射时，当康普顿散射角为 180° 时所形成的边。

康普顿坪 当康普顿散射角为 0° ~ 180° 时所形成的平台。

康普顿效应 X 辐射和 γ 辐射光子被物质散射的一种效应。散射是由光子与自由电子或被看成是自由电子的电子相互作用而发生的。入射光子的部分能量和动量转移给电子，其余部分被散射光子带走。

可裂变材料 含一种或几种可裂变核素的材料。

可裂变核素 可发生裂变（无论由何种过程引起）的核素。

库仑激发 原子核被掠过的带电粒子的电磁场所激发。

库仑散射 一个带电粒子从另一个带电粒子附近经过时，由于两种带电粒子间电磁场的相互作用而损失能量和改变方向（有时它只改变方向而不损失能量），这种散射称为库仑散射。

夸克 与轻子处于同一层次的一种基本粒子，是构成强子的基本组分。

快中子 动能大于某指定值的中子。该值可因应用的场合（如反应堆物理、屏蔽或剂量学）的不同而异。在反应堆物理中，此值通常选为 0.1MeV。

镧系元素 元素周期表中，从 57 号元素镧到 71 号元素镥之间元素的总称。

冷中子 动能为毫电子伏量级或更低量级的中子。

离子 带有净电荷的原子或原子团。

量子 原子或核系统从一个离散能态跃迁至另一个离散能态所需的最小离散能量（或动能）。

裂变产额 核裂变中产生某一裂变产物核素的概率。

裂变产物 核裂变生成的裂变碎片及其衰变产物。

裂变能 原子核裂变时释放的能量。

裂变碎片 裂变产生的具有一定动能和激发能的各种核素。

裂变中子 由裂变过程产生的初始中子。

慢中子 动能低于某指定值的中子。该值可因应用的场合（如反应堆物理、屏蔽或剂量学）的不同而异。在反应堆物理中，此值通常选为 1eV。

渺子 一种平均半衰期为 2.2×10^{-6} s、静止能量为 105.658MeV 的带电的不稳定基本粒子，其静止能量是电子的 206.786 倍。

穆斯堡尔效应 γ 辐射的无反冲发射和无反冲共振吸收。

母体核素 在一个衰变链中，衰变时直接地或间接地产生某种特定核素（子体）的任何放射性核素。

镎系 从 ^{237}Np 到 ^{209}Bi，质量数按 $4n+1$（n 为正整数）规律变化的人工放射性衰变系。

内转换　原子核从能量较高的状态跃迁到能量较低的状态时,原子核所放射的电磁波直接将其能量传递给原子的内层电子,使该电子受激,发射出电子而不是 γ 射线。这种 γ 发射现象叫作内转换。

内转换电子　通过向其转移核内发射出的 γ 量子能量从而使其从核外壳上释放出的电子。转换电子的动能等于 γ 量子与电子的结合能的能量差。

能量分辨率　表征核辐射探测器分辨相近能量射线的本领,即探测器能够分辨的两射线能量之间的最小值,是探测器的一项重要指标。能量分辨力为测量单能峰分布的峰值 1/2 处曲线上两点的横坐标间的距离,俗称半高宽(FWHM),单位为 keV。能量分辨率则用 FWHM 与峰值能量的相对百分比表示。

能谱　某一辐射量或反应量的值随着出射能量的分布。

碰撞阻止本领　带电粒子通过物质时,在所经过的单位路程上,由于电离和激发而损失的平均能量。

平均电离能　在物质中产生一个离子对所需要的平均能量。

平均射程　在一给定的材料中,某种特定能量的带电粒子在其完全停止前所经过的平均距离。

平均寿命　在某特定状态下,原子或原子核系统平均存活时间。对于按指数规律衰变的体系,平均寿命是在该特定状态下原子或原子核数减少到原来的 $1/e$ 的时间。

强相互作用　强相互作用发生在带色荷的粒子(如夸克和胶子)之间,是一种短程相互作用,力程约 10^{-15} m。

强子　可以发生强相互作用的粒子,强子又分为重子和介子。

轻子　与夸克家族属于同一层次,可以用点粒子的模型来描述的一类基本粒子。轻子可参与电磁、弱、引力相互作用,但不参与强相互作用。

热核反应　参与反应的轻原子核(如氕、氘、氚、锂等)在高温、高密度状态下从热运动获得必要的动能而引起的聚变反应。

热中子　通常有两种定义:①与所在介质处于热平衡状态的中子,其能谱为麦克斯韦分布,平均能量为 0.0253eV;②运动速度平均为 2200m/s 的单能中子。

人工放射性　人工放射性核素具有的放射性。

人工放射性核素　由人工产生的放射性核素。

韧致辐射　高速带电粒子在原子或原子核场中改变运动方向和运动速率时,伴生的电磁辐射现象。

弱相互作用　弱相互作用发生在各种粒子之间,是一种短程相互作用,在改变粒子种类和造成对称性破缺方面起决定性的作用。

散射　入射粒子(包括电磁辐射)与粒子或粒子系统碰撞而改变运动方向和/或能量的过程。

散射效应　被散射的辐射,即改变了运动方向和能量的辐射对辐射场的影响。

衰变常数　是描述放射性核素衰变速度的物理量,指原子核在某一特定状态下,经历核自发跃迁的概率。衰变常数用 λ 表示,它与半衰期呈反比($\lambda = \ln2/T_{1/2}$)。

衰变链　一个包含若干核素的系列。该系列中,每一种核素通过放射性衰变(不包含自发裂变)转变为下一种核素,直至形成一种稳定核素。

衰变率 放射性核素在单位时间内发生衰变的概率。

衰变能 放射性核素发生核衰变所释放的能量。

衰变曲线 放射性核素的放射性活度随时间变化的关系曲线。

衰减 进入物体的粒子或光子由于吸收和散射,其辐射数目减少的过程。

双逃逸峰 指两个湮没光子不再进行相互作用就从探测器逃出去。

示踪 在化学或生物过程中通过加入易跟踪的放射性核素对物质进行确定的方法。

示踪剂 具有某些明显的特征而易于辨别的物质。将少量该物质与待测物质相混合或附着于此物质时,待测物质的分布状况或其所在的位置就能被确定。

瞬发中子 伴随着裂变产生而没有可测延迟的中子。

弹性散射 在相互作用中,总动能保持不变的散射。

天然放射性 天然存在的核素具有的放射性。

天然放射性元素 其所有的同位素都具有放射性的天然元素。

天然丰度 在一种元素中特定同位素天然存在的丰度。

同步辐射 带电粒子注入与其运动平面垂直的磁场中时,由于磁作用引起轨道偏转而发出的电磁辐射。

同位素 具有相同原子序数但质量数不同的核素。

同位素丰度 一种元素的同位素混合物中,某特定同位素的原子数与该元素的总原子数之比。

同位素交换 两种同位素原子在两个不同分子或离子间或一个分子的不同位置上的化学交换,以及两种同位素分子在不同聚集态之间的交换过程。

同位素稀释分析 在样品中加入一定量已知丰度的某元素的同位素(或包含该同位素的物质),通过测定混合前后其在样品中的丰度,从而求得样品中该元素(或该物质)含量的分析方法。

同位素组分 用原子百分数表示的某元素中各同位素的含量。

同质异能素 具有相同质量数和相同原子序数而半衰期有明显差别的核素。

同质异能态 核的某种平均寿命长得可以被观察到的亚激发态。

同质异能跃迁 核由同质异能态(亚稳态)跃迁到更低的能态(通常为核的基态),同时发出 γ 射线的过程。

钍系 从 ^{232}Th 到 ^{208}Pb,质量数按 $4n$(n 为正整数)规律变化的天然放射性衰变系。

稳定同位素 不发生放射性衰变或自发裂变的同位素。

线衰减系数 射线在物质中穿行单位距离时被吸收的概率。

相干散射 由两个或两个以上的散射中心发出的散射波能相互干涉的散射。

湮灭 一个正粒子与一个负粒子相互作用,二者同时消失,它们的能量(包括静止能量)均转化为电磁辐射。

湮灭辐射 发生一个正粒子与一个负粒子湮灭时所释放的电磁辐射。

诱发裂变 重核在外来粒子轰击下发生的裂变。

铀系 从 ^{238}U 到 ^{206}Pb,质量数按 $4n+2$(n 为正整数)规律变化的天然放射性衰变系。

元素 按核外电荷数和化学性质分类的原子。

原子 物质结构的一个层次,保持物质化学性质的最小单位。

原子核 原子中带正电的核心,通常由质子和中子组成。原子的质量几乎全集中于此。

原子核反应 由加速的粒子(质子、中子、氘核、氦核等)或光子轰击某些物质的原子核(靶)而引起的反应,称为原子核反应。

原子核基态 处于最低能量状态的原子核,这种核的能级状态称为基态。

原子量 元素的平均原子质量与核素 ^{12}C 原子质量的 1/12 之比,又称相对原子质量。

原子能 原子核结构发生变化时释放出的能量。

原子序数 原子在元素周期表上的序号,等于原子核内质子的数目。

原子质量单位 一个 ^{12}C 中性原子处于基态的静止质量的 1/12,用"u"表示。$1u = 1.660\ 538\ 86 \times 10^{-27}kg$。

跃迁 微观粒子系统从某一状态到另一状态的过渡。

自发裂变 处于基态或同质异能态的重原子核在没有外加粒子或能量的情况下发生的裂变。

子体核素 衰变链中某一特定放射性核素后面的任何放射性核素。

质量过剩 核素的原子质量减去它的质量数与原子质量常数的乘积所得之差。

质量亏损 构成原子核的各个核子的质量和与该原子核质量之差。

质量数 原子核中的核子数目。

质量衰减系数 射线穿过单位质量介质时被吸收的概率或衰减的强度,即线衰减系数除以密度。

质子 质子就是氢的原子核,带正电,稳定,与中子的质量很接近,是组成原子核的基础。

总截面 入射粒子与特定靶核发生所有各种相互作用的截面之和。

中能中子 动能在慢中子与快中子能量之间的中子。该值可因应用的场合(如反应堆物理、屏蔽或剂量学)的不同而异。在反应堆物理中,此值通常选为 $1eV \sim 0.1MeV$。

中微子 中微子是不带电荷的轻子,其静止质量几乎为零,是参与弱相互作用的粒子。

中子 中子是一种不带电荷的粒子。它和质子组成原子核,并和质子一起统称为核子。

中子活化分析(NAA) 入射粒子为中子的活化分析。

重子 重子是一类属于强子的复合粒子,是由 3 个夸克组成的 3 个夸克系统。重子数为 1 的基本粒子包括中子、质子、超子。

参考文献

[1] 核工业标准化研究所. GB/T 4960.1 — 2010 核科学技术术语 第一部分:核物理与核化学[S]. 北京:中国标准出版社,2011.

[2] 科技丛书编写组. 原子能名词浅释[M]. 北京:原子能出版社,1973.

［3］　复旦大学,清华大学,北京大学. 原子核物理实验方法［M］. 北京:原子能出版社,1997.

［4］　杨明太,任大鹏. 实用 X 射线光谱分析［M］. 北京:原子能出版社,2008.

［5］　王祥云,刘元方. 核化学与放射化学［M］. 北京:北京大学出版社,2007.

［6］　陈伯显,张智. 核辐射物理及探测学［M］. 哈尔滨:哈尔滨工程大学出版社,2011.

［7］　汤彬,葛良全,方方,等. 核辐射测量原理［M］. 哈尔滨:哈尔滨工程大学出版社,2011.

［8］　丁富荣,班勇,夏宗璜. 辐射物理［M］. 北京:北京大学出版社,2004.

［9］　郑成法. 核辐射测量［M］. 北京:原子能出版社,1983.

附录5 元素 *K*、*L* 壳层特征 X 射线能量及其相对强度

附表5-1 *K* 壳层临界吸收限和 *K* 系特征 X 射线能量   keV

Z	元素	K_{ab}	$K_{\alpha3}$	$K_{\alpha2}$	$K_{\alpha1}$	$K_{\beta2}$	$K_{\beta1}$	$K_{\beta4}$	$K_{\beta3}$	$K_{\beta5}$
1	H	0.01360								
2	He	0.02460								
3	Li	0.05470	0.04940		0.05430					
4	Be	0.11150	0.10350	0.10850	0.10850					
5	B	0.18800	0.17540	0.18330	0.18330					
6	C	0.28420	0.26620	0.27700	0.27700					
7	N	0.40990	0.37260	0.39240	0.39240					
8	O	0.54310	0.50150	0.52490	0.54900					
9	F	0.69670	0.65170	0.67680	0.67680					
10	Ne	0.87020	0.82170	0.84850	0.84860					
11	Na	1.07080	1.00730	1.04040	1.04030					
12	Mg	1.30300	1.21440	1.25340	1.25379	1.30200	1.30200			
13	Al	1.55900	1.44120	1.48610	1.48650	1.55700	1.55700			
14	Si	1.83900	1.68930	1.73920	1.73980	1.83700	1.83700			
15	P	2.14550	1.95650	2.00950	2.01050	2.13850	2.13950			
16	S	2.47200	2.24110	2.30840	2.30950	2.46400	2.46500			
17	Cl	2.82200	2.55200	2.62000	2.62200	2.81200	2.81200			
18	Ar	3.20590	2.87960	2.95530	2.95750	3.19000	3.19020			
19	K	3.60840	3.22980	3.31110	3.31380	3.59010	3.59010			
20	Ca	4.03850	3.60010	3.68880	3.69230	4.01310	4.01310			
21	Sc	4.49200	3.99400	4.08840	4.09330	4.46370	4.46370			
22	Ti	4.96600	4.40510	4.50580	4.51220	4.93340	4.93340			
23	V	5.46500	4.83830	4.94520	4.95290	5.42780	5.42780		5.46300	
24	Cr	5.98900	5.29300	5.40520	5.41490	5.94680	5.94680		5.98700	
25	Mn	6.53900	5.76990	5.88910	5.90030	6.49180	6.49180		6.53700	
26	Fe	7.11200	6.26740	6.39210	6.40520	7.05930	7.05930		7.11000	
27	Co	7.70900	6.78390	6.91580	6.93090	7.65010	7.64910		7.70600	
28	Ni	8.33300	7.32440	7.46300	7.48030	8.26500	8.26680		8.32900	
29	Cu	8.97900	7.88230	8.02670	8.04630	8.90170	8.90390		8.97400	

（续）

Z	元素	K_{ab}	$K_{\alpha3}$	$K_{\alpha2}$	$K_{\alpha1}$	$K_{\beta2}$	$K_{\beta1}$	$K_{\beta4}$	$K_{\beta3}$	$K_{\beta5}$
30	Zn	9.65900	8.46280	8.61410	8.63720	9.56760	9.57040		9.64880	
31	Ga	10.3670	9.06800	9.22380	9.25060	10.2635	10.2670		10.3483	
32	Ge	11.1030	9.68840	9.85490	9.88600	10.9781	10.9822		11.0732	
33	As	11.8670	10.3400	10.5079	10.5434	11.7208	11.7258	11.8253	11.8640	
34	Se	12.6580	11.0060	11.1837	11.2241	12.4915	12.4973	12.6025	12.6550	
35	Br	13.4740	11.6920	11.8780	11.9240	13.2850	13.2920	13.4040	13.4710	
36	Kr	14.3260	12.4050	12.5951	12.6476	14.1038	14.1116	14.2310	14.3119	
37	Rb	15.2000	13.1350	13.3360	13.3960	14.9513	14.9609	15.0870	15.1837	
38	Sr	16.1050	13.8890	14.0980	14.1650	15.8247	15.8350	15.9690	16.0834	
39	Y	17.0380	14.6650	14.8820	14.9580	16.7274	16.7392	16.8803	17.0136	
40	Zr	17.9980	15.4660	15.6910	15.7750	17.6545	17.6682	17.8169	17.9695	
41	Nb	18.9860	16.2880	16.5210	16.6150	18.6099	18.6254	18.7810	18.9534	
42	Mo	20.0000	17.1340	17.3750	17.4800	19.5884	19.6060	19.7689	19.9624	
43	Tc	21.0440	18.0010	18.2510	18.3670	20.5964	20.6263	20.7864	21.0017	
44	Ru	22.1170	18.8930	19.1500	19.2790	21.6337	21.6555	21.8328	22.0707	
45	Rh	23.2200	19.8080	20.0740	20.2160	22.6987	22.7235	22.9081	23.1695	23.2180
46	Pd	24.3500	20.7460	21.0200	21.1770	23.7901	23.8177	24.0095	24.2943	24.3480
47	Ag	25.5140	21.7080	21.9900	22.1630	24.9102	24.9410	25.1400	25.4503	25.5100
48	Cd	26.7110	22.6930	22.9840	23.1730	26.0584	26.0926	26.2991	26.6471	26.6993
49	In	27.9400	23.7020	24.0020	24.2100	27.2368	27.2747	27.4886	27.8665	27.9223
50	Sn	29.2000	24.7350	25.0440	25.2710	28.4435	28.4854	28.7068	29.1164	29.1751
51	Sb	30.4910	25.7930	26.1110	26.3590	29.6783	29.7246	29.9535	30.3954	30.4577
52	Te	31.8140	26.8750	27.2020	27.4730	30.9432	30.9932	31.2306	31.7107	31.7721
53	I	33.1690	27.9810	28.3170	28.6120	32.2380	32.2940	32.5382	33.0460	33.1184
54	Xe	34.5610	29.1080	29.4540	29.7750	33.5589	33.6204	33.8720	34.4143	34.4915
55	Cs	35.9850	30.2710	30.6260	30.9730	34.9140	34.9820	35.2445	35.8126	35.9052
56	Ba	37.4410	31.4520	31.8170	32.1940	36.3040	36.3780	36.6453	37.2490	37.3484
57	La	38.9250	32.6590	33.0340	33.4420	37.7160	37.7970	38.0720	38.7192	38.8197
58	Ce	40.4430	33.8950	34.2790	34.7200	39.1690	39.2560	39.5406	40.2198	40.3340
59	Pr	41.9910	35.1560	35.5510	36.0270	40.6540	40.7490	41.0427	41.7547	41.8759
60	Nd	43.5690	36.4430	36.8470	37.3610	42.1660	42.2720	42.5657	43.3257	43.4485
61	Pm	45.1840	37.7560	38.1710	38.7250	43.7126	43.8270	44.1320	44.9420	45.0640
62	Sm	46.8340	39.0970	39.5220	40.1180	45.2930	45.4142	45.7231	46.5684	46.7050
63	Eu	48.5190	40.4670	40.9020	41.5420	46.9050	47.0380	47.3604	48.2350	48.3860
64	Gd	50.2390	41.8630	42.3090	42.9960	48.5510	48.6950	49.0171	49.9530	50.0964
65	Tb	51.9960	43.2880	43.7440	44.4820	50.2280	50.3850	50.7191	51.6736	51.8455

（续）

Z	元素	K_{ab}	$K_{\alpha3}$	$K_{\alpha2}$	$K_{\alpha1}$	$K_{\beta2}$	$K_{\beta1}$	$K_{\beta4}$	$K_{\beta3}$	$K_{\beta5}$
66	Dy	53.7890	44.7430	45.2080	45.9990	51.9470	52.1130	52.4560	53.4555	53.6354
67	Ho	55.6180	46.2240	46.7000	47.5470	53.6950	53.8770	54.2260	55.2745	55.4580
68	Er	57.4860	47.7350	48.2220	49.1280	55.4800	55.6740	56.0330	57.1198	57.3184
69	Tm	59.3900	49.2740	49.7730	50.7420	57.3000	57.5050	57.8750	59.0041	59.2145
70	Yb	61.3320	50.8460	51.3540	52.3880	59.1590	59.3820	59.7560	60.9433	61.1408
71	Lu	63.3140	52.4440	52.9650	54.0700	61.0500	61.2900	61.6750	62.9016	63.1079
72	Hf	65.3510	54.0800	54.6120	55.7900	62.9860	63.2440	63.6350	64.9128	65.1310
73	Ta	67.4160	55.7340	56.2800	57.5350	64.9470	65.2220	65.6230	66.9526	67.1781
74	W	69.5250	57.4250	57.9810	59.3180	66.9500	67.2440	67.6530	69.0346	69.2691
75	Re	71.6760	59.1490	59.7170	61.1410	68.9940	69.3090	69.7270	71.1573	71.4021
76	Os	73.8710	60.9030	61.4860	63.0000	71.0790	71.4140	71.8400	73.3219	73.5779
77	Ir	76.1110	62.6920	63.2870	64.8960	73.2020	73.5600	73.9950	75.5332	75.7991
78	Pt	78.3950	64.5150	65.1220	66.8310	75.3680	75.7500	76.1930	77.7859	78.0634
79	Au	80.7250	66.3720	66.9910	68.8060	77.5770	77.9820	78.4340	80.0823	80.3718
80	Hg	83.1020	68.2630	68.8930	70.8180	79.8230	80.2550	80.7170	82.4218	82.7238
81	Tl	85.5300	70.1830	70.8320	72.8720	82.1140	82.5730	83.0450	84.8095	85.1243
82	Pb	88.0050	72.1440	72.8050	74.9700	84.4510	84.9390	85.4190	87.2431	87.5707
83	Bi	90.5260	74.1380	74.8150	77.1070	86.8300	87.3490	87.8380	89.7208	90.0620
84	Po	93.1050	76.1660	76.8610	79.2910	89.2510	89.8030	90.3070	92.2540	92.6050
85	At	95.7300	78.2370	78.9450	81.5160	91.7220	92.3040	92.8210	94.8440	95.1970
86	Rn	98.4040	80.3550	81.0670	83.7850	94.2450	94.8660	95.3820	97.4750	97.8370
87	Fr	101.137	82.4980	83.2300	86.1060	96.8100	97.4740	98.0010	100.157	100.534
88	Ra	103.922	84.6850	85.4380	88.4780	99.4320	100.130	100.674	102.864	103.286
89	Ac	106.755	86.9150	87.6720	90.8840	102.099	102.846	103.385	105.675	106.080
90	Th	109.651	89.1790	89.9580	93.3510	104.821	105.605	106.160	108.483	108.939
91	Pa	112.601	91.4960	92.2870	95.8680	107.600	108.427	108.990	111.377	111.858
92	U	115.606	93.8490	94.6580	98.4400	110.424	111.303	111.878	114.335	114.828
93	Np	118.669	96.2420	97.0690	101.059	113.303	114.234	114.820	117.341	117.853
94	Pu	121.791	98.6870	99.5250	103.734	116.244	117.228	117.821	120.411	120.945
95	Am	124.982	101.174	102.030	106.472	119.243	120.284	120.886	123.544	124.102
96	Cm	128.241	103.715	104.590	109.271	122.304	123.403	124.017	126.743	127.325
97	Bk	131.556	106.300	107.185	112.121	125.418	126.580	127.203	129.998	130.601
98	Cf	134.939	108.929	109.831	115.032	128.594	129.823	130.455	133.319	133.948

注：原始数据引自" A new atomic database for X - ray spectroscopic calculations"（Elam,et al,Radiation Physics and Chemistry,2002），杨明太整理、计算，邹乐西校对

附表5-2　K 壳层荧光产额（ω_K）和 K 系特征 X 射线相对于 $K_{\alpha 1}$ 的强度　%

Z	元素	ω_K	$K_{\alpha 3}$	$K_{\alpha 2}$	$K_{\alpha 1}$	$K_{\beta 3}$	$K_{\beta 1}$	$K_{\beta 4}$	$K_{\beta 2}$	$K_{\beta 5}$
4	Be	0.00003	0.00732	50.2000	100					
5	B	0.000700	0.00730	50.2001	100					
6	C	0.001400	0.01098	50.2001	100					
7	N	0.003100	0.01281	50.2001	100					
8	O	0.005800	0.01464	50.1999	100					
9	F	0.009200	0.01647	50.1999	100					
10	Ne	0.016000	0.01829	50.1999	100					
11	Na	0.021006	0.02013	50.1999	100					
12	Mg	0.025675	0.02196	50.2005	100	6.36933	12.2960			
13	Al	0.032977	0.02379	50.2000	100	6.43822	12.4290			
14	Si	0.042911	0.02562	50.1999	100	6.50711	12.5620			
15	P	0.055481	0.02745	50.2001	100	6.57601	12.6950			
16	S	0.070677	0.02928	50.1999	100	6.64491	12.8280			
17	Cl	0.080085	0.03111	50.2001	100	6.71380	12.9610			
18	Ar	0.108973	0.03294	50.2000	100	6.78269	13.0940			
19	K	0.132070	0.03477	50.2000	100	6.85159	13.2270			
20	Ca	0.146786	0.03660	50.2000	100	6.92048	13.3600			
21	Sc	0.183053	0.03843	50.1999	100	6.98937	13.4930			
22	Ti	0.218425	0.04026	50.2421	100	7.05827	13.6260			
23	V	0.252903	0.04209	50.3491	100	7.12716	13.7590		0.10856	
24	Cr	0.286487	0.04392	50.4559	100	7.19605	13.8920		0.11328	
25	Mn	0.319181	0.04575	50.5627	100	7.26494	14.0249		0.11800	
26	Fe	0.350985	0.04758	50.6694	100	7.33384	14.1579		0.12272	
27	Co	0.381903	0.04941	50.7763	100	7.40274	14.2910		0.12744	
28	Ni	0.411937	0.05124	50.8832	100	7.47164	14.4240		0.13216	
29	Cu	0.441091	0.05307	50.9903	100	7.54053	14.5570		0.13688	
30	Zn	0.469369	0.05490	51.0978	100	7.60943	14.6899		0.14160	
31	Ga	0.496774	0.05673	51.2057	100	7.67832	14.8229		0.14632	
32	Ge	0.523313	0.05856	51.3140	100	7.74721	14.9560		0.15104	
33	As	0.548989	0.06039	51.4231	100	7.81610	15.0889	0.15576	0.25000	
34	Se	0.573809	0.06222	51.5327	100	7.88499	15.2220	0.16048	0.80000	
35	Br	0.597778	0.06405	51.6432	100	7.95389	15.3550	0.16520	1.35000	
36	Kr	0.620904	0.06588	51.7544	100	8.02278	15.4880	0.16992	1.89999	
37	Rb	0.643193	0.06771	51.8665	100	8.09167	15.6210	0.17464	2.45000	
38	Sr	0.664652	0.06954	51.9796	100	8.16056	15.7539	0.17936	3.00000	
39	Y	0.685290	0.07137	52.0941	100	8.22946	15.8869	0.18408	3.35001	

（续）

Z	元素	ω_K	$K_{\alpha3}$	$K_{\alpha2}$	$K_{\alpha1}$	$K_{\beta3}$	$K_{\beta1}$	$K_{\beta4}$	$K_{\beta2}$	$K_{\beta5}$
40	Zr	0.705114	0.07320	52.2095	100	8.29836	16.0199	0.18880	3.70000	
41	Nb	0.724133	0.07503	52.3264	100	8.36726	16.1529	0.19352	3.90001	
42	Mo	0.742357	0.07686	52.4445	100	8.43616	16.2860	0.19824	4.09999	
43	Tc	0.759795	0.07869	52.5641	100	8.50504	16.4189	0.20296	4.29999	
44	Ru	0.776456	0.08052	52.6852	100	8.57394	16.5519	0.20768	4.50000	
45	Rh	0.792352	0.08235	52.8081	100	8.64284	16.6849	0.21240	4.65000	0.05940
46	Pd	0.807494	0.08418	52.9327	100	8.71173	16.8180	0.21712	4.80000	0.06072
47	Ag	0.821892	0.08601	53.0589	100	8.78062	16.9510	0.22184	5.05000	0.06204
48	Cd	0.835558	0.08784	53.1871	100	8.88003	17.0839	0.22656	5.30001	0.06336
49	In	0.848505	0.08967	53.3173	100	8.94344	17.2169	0.23128	5.40000	0.06468
50	Sn	0.860745	0.09150	53.4496	100	9.00717	17.3500	0.23600	5.50000	0.06600
51	Sb	0.872291	0.09333	53.5841	100	9.07119	17.4829	0.24072	5.65000	0.06732
52	Te	0.883157	0.09516	53.7207	100	9.13555	17.6159	0.24544	5.80000	0.06864
53	I	0.893357	0.09699	53.8598	100	9.20027	17.7490	0.25016	6.10000	0.06996
54	Xe	0.902905	0.09882	54.0012	100	9.26529	17.8820	0.25488	6.40001	0.07128
55	Cs	0.911816	0.10065	54.1452	100	9.33067	18.0150	0.25960	6.70001	0.07260
56	Ba	0.920106	0.10248	54.2917	100	9.39640	18.1480	0.26431	7.00000	0.07392
57	La	0.927789	0.10431	54.4408	100	9.46249	18.2809	0.26904	7.30000	0.07524
58	Ce	0.934882	0.10614	54.5927	100	9.52899	18.4140	0.27376	7.60000	0.07656
59	Pr	0.941402	0.10797	54.7476	100	9.59585	18.5470	0.27848	7.95000	0.07788
60	Nd	0.947365	0.11352	54.9053	100	9.66312	18.6800	0.28320	8.30001	0.07920
61	Pm	0.952790	0.12850	55.0661	100	9.73077	18.8130	0.28792	8.45000	0.08052
62	Sm	0.957693	0.01434	55.2301	100	9.79886	18.9460	0.29264	8.60001	0.08184
63	Eu	0.962094	0.01585	55.3971	100	9.86736	19.0790	0.29736	8.75000	0.08316
64	Gd	0.966011	0.01742	55.5676	100	9.84165	19.0290	0.30293	8.89999	0.08575
65	Tb	0.969464	0.01908	55.7414	100	10.0344	19.4006	0.32300	8.90001	0.08771
66	Dy	0.972471	0.02086	55.9185	100	10.2147	19.7472	0.34307	8.90001	0.09017
67	Ho	0.975053	0.02279	56.0995	100	10.3831	20.0698	0.36313	8.85000	0.09313
68	Er	0.977231	0.02491	56.2838	100	10.5399	20.3691	0.38320	8.79999	0.09659
69	Tm	0.979026	0.02725	56.4720	100	10.6861	20.6467	0.40326	8.75000	0.10057
70	Yb	0.980458	0.02984	56.6638	100	10.8218	20.9031	0.42333	8.69999	0.10507
71	Lu	0.981550	0.03271	56.8597	100	10.9478	21.1398	0.44340	8.59998	0.11010
72	Hf	0.982324	0.03591	57.0596	100	11.0646	21.3575	0.46346	8.50000	0.11565
73	Ta	0.982803	0.03945	57.2637	100	11.1726	21.5574	0.48353	8.55001	0.12175
74	W	0.983010	0.04337	57.4719	100	11.2725	21.7401	0.50360	8.60000	0.12838
75	Re	0.982968	0.04771	57.6842	100	11.3648	21.9072	0.52366	8.65001	0.13556

（续）

Z	元素	ω_K	$K_{\alpha3}$	$K_{\alpha2}$	$K_{\alpha1}$	$K_{\beta3}$	$K_{\beta1}$	$K_{\beta4}$	$K_{\beta2}$	$K_{\beta5}$
76	Os	0.982702	0.05250	57.9009	100	11.4499	22.0593	0.54373	8.70000	0.14329
77	Ir	0.982236	0.05777	58.1220	100	11.5284	22.1978	0.56379	8.90000	0.15158
78	Pt	0.981595	0.06355	58.3477	100	11.6009	22.3235	0.58386	9.09999	0.16044
79	Au	0.980803	0.06987	58.5780	100	11.6679	22.4361	0.60392	9.35000	0.16986
80	Hg	0.979888	0.07678	58.8129	100	11.7299	22.5406	0.62399	9.59999	0.17986
81	Tl	0.978875	0.08430	59.0527	100	11.7874	22.6340	0.64406	9.89999	0.19044
82	Pb	0.977791	0.09246	59.2971	100	11.8409	22.7187	0.66412	10.2000	0.20160
83	Bi	0.976663	0.10129	59.5467	100	11.8912	22.7960	0.68419	10.5001	0.21336
84	Po	0.975518	0.11084	59.8014	100	11.9385	22.8665	0.70425	10.8000	0.22572
85	At	0.974385	0.12113	60.0611	100	11.9834	22.9314	0.72432	11.0500	0.23867
86	Rn	0.973292	0.13219	60.3259	100	12.0266	22.9918	0.74439	11.29999	0.25224
87	Fr	0.972267	0.14406	60.5961	100	12.0685	23.0486	0.76445	11.50000	0.26642
88	Ra	0.971341	0.15676	60.8717	100	12.1096	23.1027	0.78452	11.7000	0.28122
89	Ac	0.970542	0.17034	61.1529	100	12.1505	23.1557	0.80459	11.8500	0.29665
90	Th	0.969901	0.18483	61.4394	100	12.1918	23.2079	0.82465	12.0000	0.31270
91	Pa	0.969448	0.20025	61.7319	100	12.2339	23.2608	0.84472	12.1500	0.32941
92	U	0.969215	0.21664	62.0298	100	12.2775	23.3151	0.86478	12.3000	0.34674
93	Np	0.969233	0.23403	62.3336	100	12.3230	23.3722	0.88485	12.4000	0.36472
94	Pu	0.969533	0.25246	62.6434	100	12.3710	23.4327	0.90491	12.4999	0.38336
95	Am	0.970149	0.27196	62.9592	100	12.4222	23.4981	0.92498	12.6500	0.40265
96	Cm	0.971113	0.29255	63.2810	100	12.4769	23.5689	0.94505	12.8000	0.42261
97	Bk	0.972458	0.31428	63.6090	100	12.5358	23.6467	0.96511	13.0000	0.44324
98	Cf	0.974218	0.33718	63.9432	100	12.5995	23.7319	0.98518	13.2000	0.46454

注：原始数据引自"A new atomic database for X-ray spectroscopic calculations"（Elam,et al,Radiation Physics and Chemistry,2002），杨明太整理、计算,邹乐西校对

附表 5-3　L 壳层临界吸收限和 L 系特征 X 射线能量　　　keV

Z	元素	$L_{\mathrm{I\,ab}}$	$L_{\mathrm{II\,ab}}$	$L_{\mathrm{III\,ab}}$	$L_{\alpha2}$	$L_{\alpha1}$	$L_{\alpha3}$	$L_{\beta1}$	$L_{\beta2}$	$L_{\beta3}$	$L_{\gamma3}$	$L_{\gamma1}$	$L_{\gamma2}$
4	Be	0.008	0.003	0.003									
5	B	0.0126	0.0046	0.0046									
6	C	0.0180	0.0072	0.0072									
7	N	0.0373	0.0175	0.0175									
8	O	0.0416	0.0182	0.0182									
9	F	0.0450	0.0199	0.0199									
10	Ne	0.0485	0.0217	0.0216									
11	Na	0.0635	0.0304	0.0305									

（续）

Z	元素	$L_{\mathrm{I\,ab}}$	$L_{\mathrm{II\,ab}}$	$L_{\mathrm{III\,ab}}$	$L_{\alpha2}$	$L_{\alpha1}$	$L_{\alpha3}$	$L_{\beta1}$	$L_{\beta2}$	$L_{\beta3}$	$L_{\gamma3}$	$L_{\gamma1}$	$L_{\gamma2}$
12	Mg	0.08860	0.04960	0.04921	0.08760	0.08760			0.04760			0.04721	
13	Al	0.11780	0.07290	0.07250	0.11580	0.11580			0.06890			0.06850	
14	Si	0.14970	0.09980	0.09920	0.14770	0.14770			0.09120			0.09120	
15	P	0.18900	0.13600	0.13500	0.18200	0.18300			0.12400			0.12300	
16	S	0.23090	0.16360	0.16250	0.22290	0.22390			0.14960			0.14850	
17	Cl	0.27000	0.20200	0.20000	0.26000	0.26000			0.18400			0.18200	
18	Ar	0.32630	0.25060	0.24840	0.31040	0.31060			0.22130			0.21910	
19	K	0.37860	0.29730	0.29460	0.36030	0.36030			0.26250			0.25980	
20	Ca	0.43840	0.34970	0.34620	0.41300	0.41300			0.30540			0.30190	
21	Sc	0.49800	0.40360	0.39870	0.46970	0.46970			0.35250			0.34760	
22	Ti	0.56090	0.46020	0.45380	0.52830	0.52830		0.40150	0.45820		0.39510	0.45180	
23	V	0.62670	0.51980	0.51210	0.58950	0.58950		0.45350	0.51780		0.44580	0.51010	
24	Cr	0.69600	0.58380	0.57410	0.65380	0.65380		0.50970	0.58180		0.50000	0.57210	
25	Mn	0.76910	0.64990	0.63870	0.72190	0.72190		0.56760	0.64790		0.55640	0.63670	
26	Fe	0.84460	0.71990	0.70680	0.79190	0.79190		0.62860	0.71790		0.61550	0.70480	
27	Co	0.92510	0.79320	0.77810	0.86620	0.86520		0.69220	0.79020		0.67710	0.77510	
28	Ni	1.00860	0.87000	0.85270	0.94060	0.94240		0.75920	0.86600		0.74190	0.84870	
29	Cu	1.09670	0.95230	0.93270	1.01940	1.02160		0.82980	0.94730		0.81020	0.92770	
30	Zn	1.19620	1.04490	1.02180	1.10480	1.10760	1.19520	0.90510	1.03470		0.88200	1.01160	
31	Ga	1.29900	1.14320	1.11640	1.19550	1.19900	1.29700	0.98369	1.12450		0.95689	1.09770	
32	Ge	1.41460	1.24810	1.21700	1.28970	1.29380	1.41160	1.06800	1.21830		1.03690	1.18720	
33	As	1.52700	1.35910	1.32360	1.38080	1.38580	1.52400	1.15440	1.31740		1.11890	1.28190	1.31560
34	Se	1.65200	1.47430	1.43390	1.48550	1.49130	1.64900	1.24470	1.41880		1.20430	1.37930	1.42190
35	Br	1.78200	1.59600	1.55000	1.59300	1.60000	1.77900	1.33900	1.52600		1.29300	1.48100	1.52300
36	Kr	1.92100	1.73090	1.67840	1.69880	1.70660	1.90690	1.43810	1.63590		1.38560	1.58460	1.65090
37	Rb	2.06500	1.86400	1.80400	1.81630	1.82590	2.04970	1.53730	1.75100		1.47730	1.69200	1.77350
38	Sr	2.21600	2.00700	1.94000	1.93570	1.94600	2.19590	1.64830	1.87100		1.58130	1.80580	1.90110
39	Y	2.37300	2.15600	2.08000	2.06240	2.07420	2.34990	1.76400	1.99830		1.68800	1.92420	2.03620
40	Zr	2.53200	2.30700	2.22300	2.18850	2.20220	2.50490	1.87670	2.12590		1.79270	2.04420	2.17240
41	Nb	2.69800	2.46500	2.37100	2.32190	2.33740	2.66720	1.99840	2.26000		1.90440	2.16870	2.31460
42	Mo	2.86600	2.62500	2.52000	2.45440	2.47200	2.83050	2.11870	2.39390		2.01370	2.29210	2.45680
43	Te	3.04300	2.79300	2.67700	2.59540	2.62530	3.00070	2.24900	2.53540		2.13300	2.42310	2.60750
44	Ru	3.22400	2.96700	2.83800	2.74070	2.76250	3.18080	2.38090	2.68280		2.25190	2.55800	2.76300
45	Rh	3.41200	3.14600	3.00400	2.89070	2.91550	3.36470	2.51790	2.83410	3.14400	2.37590	2.69680	3.00200
46	Pd	3.60400	3.33000	3.17300	3.04410	3.07170	3.55310	2.65840	2.98950	3.32800	2.50140	2.83780	3.17100
47	Ag	3.80600	3.52400	3.35100	3.20220	3.23300	3.74770	2.80500	3.15000	3.52000	2.63200	2.98270	3.34700

Z	元素	$L_{\text{I ab}}$	$L_{\text{II ab}}$	$L_{\text{III ab}}$	$L_{\alpha 2}$	$L_{\alpha 1}$	$L_{\alpha 3}$	$L_{\beta 1}$	$L_{\beta 2}$	$L_{\beta 3}$	$L_{\gamma 3}$	$L_{\gamma 1}$	$L_{\gamma 2}$
48	Cd	4.01800	3.72700	3.53800	3.36540	3.39960	3.95410	2.95500	3.31510	3.71530	2.76600	3.13280	3.52630
49	In	4.23800	3.93800	3.73000	3.53480	3.57270	4.16450	3.11080	3.48660	3.92030	2.90280	3.28610	3.71230
50	Sn	4.46500	4.15600	3.92900	3.70850	3.75040	4.38140	3.27130	3.66280	4.13110	3.04430	3.44410	3.90410
51	Sb	4.69800	4.38000	4.13200	3.88530	3.93160	4.60240	3.44000	3.84250	4.34670	3.19200	3.60380	4.09870
52	Te	4.93900	4.61200	4.34100	4.06820	4.11820	4.83570	3.60600	4.02860	4.57010	3.33500	3.76800	4.29910
53	I	5.18800	4.85200	4.55700	4.25700	4.31300	5.06500	3.78000	4.22120	4.80140	3.48500	3.93770	4.50640
54	Xe	5.45300	5.10700	4.78600	4.45090	4.51240	5.30750	3.95830	4.41800	5.03750	3.63730	4.10960	4.71650
55	Cs	5.71400	5.35900	5.01200	4.64300	4.71100	5.55270	4.14800	4.61850	5.27920	3.80100	4.28540	4.93220
56	Ba	5.98900	5.62400	5.24700	4.85200	4.92600	5.81040	4.33100	4.82830	5.53140	3.95400	4.46650	5.15440
57	La	6.26600	5.89100	5.48300	5.05700	5.13800	6.07000	4.52900	5.03800	5.78570	4.12100	4.64700	5.37770
58	Ce	6.54800	6.16400	5.72300	5.27400	5.36100	6.34150	4.72800	5.26160	6.05500	4.28700	4.83920	5.61400
59	Pr	6.83500	6.44000	5.96400	5.49800	5.59300	6.61740	4.92900	5.49170	6.32490	4.45300	5.03520	5.84890
60	Nd	7.12600	6.72200	6.20800	5.72300	5.82900	6.90140	5.14700	5.71870	6.60150	4.63300	5.22760	6.08750
61	Pm	7.42800	7.01300	6.45900	5.95660	6.07100	7.18600	5.36300	5.96100	6.89300	4.80900	5.43200	6.33900
62	Sm	7.73700	7.31200	6.71600	6.19600	6.31720	7.48960	5.58900	6.20110	7.18300	4.99300	5.63260	6.58700
63	Eu	8.05200	7.61700	6.97700	6.43800	6.57100	7.79500	5.81700	6.45840	7.48400	5.17700	5.84950	6.84400
64	Gd	8.37600	7.93000	7.24300	6.68800	6.83200	8.10500	6.04900	6.70810	7.78740	5.36200	6.05340	7.10040
65	Tb	8.70800	8.25200	7.51400	6.94000	7.09700	8.42390	6.28400	6.97510	8.10150	5.54600	6.27290	7.36350
66	Dy	9.04600	8.58100	7.79000	7.20400	7.37000	8.75280	6.53400	7.24800	8.42740	5.74300	6.49800	7.63640
67	Ho	9.39400	8.91800	8.07100	7.47100	7.65300	9.08580	6.79000	7.52600	8.75800	5.94300	6.72000	7.91100
68	Er	9.75100	9.26400	8.35800	7.74500	7.93900	9.43080	7.05800	7.81100	9.09640	6.15200	6.94900	8.19040
69	Tm	10.1160	9.61700	8.64800	8.02600	8.23100	9.78340	7.31000	8.10200	9.44150	6.34100	7.18000	8.47250
70	Yb	10.4860	9.97800	8.94400	8.31300	8.53600	10.1463	7.58000	8.40200	9.78680	6.54600	7.41600	8.75280
71	Lu	10.8700	10.3490	9.24400	8.60600	8.84600	10.5108	7.85800	8.71000	10.1429	6.75300	7.65500	9.03790
72	Hf	11.2710	10.7390	9.56100	8.90600	9.16400	10.8903	8.13800	9.02300	10.5190	6.96000	7.89900	9.34100
73	Ta	11.6820	11.1360	9.88100	9.21300	9.48800	11.2811	8.42800	9.34300	10.8981	7.17300	8.14600	9.64310
74	W	12.1000	11.5440	10.2070	9.52500	9.81900	11.6764	8.72400	9.67200	11.2881	7.38700	8.39800	9.95110
75	Re	12.5270	1.19590	10.5350	9.84500	10.1600	12.0802	9.02700	10.0100	11.6851	7.60300	8.65200	10.2611
76	Os	12.9680	12.3850	10.8710	10.1760	10.5110	12.4973	9.33600	10.3540	12.0919	7.82200	8.91100	10.5779
77	Ir	13.4190	12.8240	11.2150	10.5100	10.8680	12.9232	9.65000	10.7080	12.5121	8.04100	9.17500	10.9031
78	Pt	13.8800	13.2730	11.5640	10.8530	11.2350	13.3606	9.97700	11.0710	12.9414	8.26800	9.44200	11.2324
79	Au	14.3530	13.7340	11.9190	11.2050	11.6100	13.8067	10.3090	11.4430	13.3808	8.49400	9.71300	11.5658
80	Hg	14.8390	14.2090	1.22840	11.5600	11.9920	14.2624	10.6470	11.8240	13.8308	8.72200	9.98900	11.9058
81	Tl	15.3470	14.6980	12.6580	11.9310	12.3900	14.7375	10.9940	12.2130	14.2923	8.95400	10.2690	12.2523
82	Pb	15.8610	15.2000	13.0350	12.3070	12.7950	15.2175	11.3490	12.6140	14.7657	9.18400	10.5510	12.6007
83	Bi	16.3880	15.7110	13.4190	1.26920	13.2110	15.7092	11.7120	13.0230	15.2470	9.42000	10.8390	12.9550

（续）

Z	元素	$L_{\text{I ab}}$	$L_{\text{II ab}}$	$L_{\text{III ab}}$	$L_{\alpha 2}$	$L_{\alpha 1}$	$L_{\alpha 3}$	$L_{\beta 1}$	$L_{\beta 2}$	$L_{\beta 3}$	$L_{\gamma 3}$	$L_{\gamma 1}$	$L_{\gamma 2}$
84	Po	16.9390	16.2440	13.8140	13.0850	13.6370	16.2340	12.0950	13.4460	15.7440	9.66500	11.1310	13.3140
85	At	17.4930	16.7850	14.2140	13.4850	14.0670	16.7530	12.4680	13.8760	16.2520	9.89700	11.4270	13.6810
86	Rn	18.0490	17.3370	14.6190	13.8900	14.5110	17.2810	12.8550	14.3150	16.7700	10.1370	11.7270	14.0520
87	Fr	18.6390	17.9070	15.0310	14.3120	14.9760	17.8290	13.2550	14.7710	17.3040	10.3790	12.0310	14.4280
88	Ra	19.2370	18.4840	15.4440	14.7470	15.4450	18.3580	13.6620	15.2360	17.8480	10.6220	12.3390	14.8080
89	Ac	19.8400	19.0830	15.8710	15.1840	15.9310	18.9500	14.0810	15.7130	18.4080	10.8690	12.6520	15.1960
90	Th	20.4720	19.6930	16.3000	15.6420	16.4260	19.5056	14.5110	16.2020	18.9809	11.1180	12.9680	15.5879
91	Pa	21.1050	20.3140	16.7330	16.1040	16.9310	20.0980	14.9470	16.7030	19.5710	11.3660	13.2910	15.9900
92	U	21.7570	20.9480	17.1660	16.5750	17.4540	20.4860	15.4000	17.2200	20.1697	11.6180	13.6140	16.3877
93	Np	22.4270	21.6000	17.6100	17.0610	17.9920	21.0990	15.8610	17.7510	20.7840	11.8710	13.9460	16.7940
94	Pu	23.1040	22.2660	18.0570	1.75570	18.5410	21.7240	16.3330	18.2960	21.4200	12.1240	14.2820	17.2110
95	Am	23.8080	22.9520	18.5100	18.0690	19.1100	22.3700	16.8190	18.8560	22.0720	12.3770	14.6200	17.6300
96	Cm	24.5260	23.6510	18.9700	18.5890	19.6880	23.0280	17.3140	19.4270	22.7350	12.6330	14.9610	18.0540
97	Bk	25.2560	24.3710	19.4350	19.1180	20.2800	23.6980	17.8260	2.00180	23.4160	12.8900	15.3080	18.4800
98	Cf	26.0100	25.1080	19.9070	19.6650	20.8940	24.3900	18.3470	20.6240	24.1170	13.1460	15.6600	18.9160

注：原始数据引自"A new atomic database for X-ray spectroscopic calculations"（Elam, et al, Radiation Physics and Chemistry, 2002），杨明太整理、计算，邹乐西校对

附表 5-4 L 壳层荧光产额和 L 系特征 X 射线相对于 $K_{\alpha 1}$ 的强度 %

Z	元素	$L_{\text{I ab}}$	$L_{\text{II ab}}$	$L_{\text{III ab}}$	$L_{\alpha 2}$	$L_{\alpha 1}$	$L_{\alpha 3}$	$L_{\beta 1}$	$L_{\beta 2}$	$L_{\beta 3}$	$L_{\gamma 3}$	$L_{\gamma 1}$	$L_{\gamma 2}$
12	Mg	0.00002	0.00120	0.00120	0.41383	0.58617							
13	Al	0.00003	0.00075	0.00075	0.41383	0.58617							
14	Si	0.00003	0.00037	0.00038	0.41383	0.58617							
15	P	0.00004	0.00003	0.00003	0.41383	0.58617							
16	S	0.00007	0.00026	0.00026	0.41383	0.58617							
17	Cl	0.00012	0.24000	0.24000	0.41383	0.58617							
18	Ar	0.00018	0.00022	0.00022	0.41383	0.58617							
19	K	0.00024	0.00027	0.00027	0.41383	0.58617							
20	Ca	0.00031	0.00033	0.00033	0.41383	0.58617							
21	Sc	0.00039	0.00084	0.00084	0.41383	0.58617							
22	Ti	0.00047	0.00110	0.00150	0.41383	0.58617		0.08117	0.91883		0.09910	0.90090	
23	V	0.00058	0.00180	0.00260	0.41383	0.58617		0.07945	0.92054		0.09910	0.90090	
24	Cr	0.00071	0.00230	0.00370	0.41383	0.58617		0.07773	0.92227		0.09910	0.90090	
25	Mn	0.00084	0.00310	0.00500	0.41383	0.58617		0.07600	0.92400		0.09910	0.90090	
26	Fe	0.00100	0.00360	0.00630	0.41383	0.58617		0.07426	0.92574		0.09904	0.90090	
27	Co	0.00120	0.00440	0.00770	0.41383	0.58617		0.07252	0.92748		0.08539	0.91461	

（续）

Z	元素	$L_{\text{I ab}}$	$L_{\text{II ab}}$	$L_{\text{III ab}}$	$L_{\alpha2}$	$L_{\alpha1}$	$L_{\alpha3}$	$L_{\beta1}$	$L_{\beta2}$	$L_{\beta3}$	$L_{\gamma3}$	$L_{\gamma1}$	$L_{\gamma2}$
28	Ni	0.00140	0.00510	0.00930	0.41383	0.58617		0.06852	0.93148		0.07503	0.92497	
29	Cu	0.00160	00570	0.01100	0.41383	0.58617		0.06619	0.93381		0.06734	0.93266	
30	Zn	0.00180	0.00950	0.01200	0.38224	0.54142	0.07634	0.06392	0.93608		0.06172	0.93827	
31	Ga	0.00210	0.01200	0.01300	0.34973	0.49537	0.15491	0.06172	0.93828		0.05761	0.94239	
32	Ge	0.00240	0.01300	0.01500	0.34850	0.49363	0.15787	0.05959	0.94041		0.05450	0.94544	
33	As	0.00280	0.01400	0.01600	0.34796	0.49286	0.15978	0.05752	0.94248		0.05199	0.94772	0.00032
34	Se	0.00320	0.01600	0.01800	0.34741	0.49208	0.16051	0.05551	0.94449		0.04980	0.94918	0.00059
35	Br	0.00360	0.01800	0.02000	0.34684	0.49128	0.16171	0.05357	0.94643		0.04773	0.95142	0.00086
36	Kr	0.00410	0.02000	0.02200	0.34626	0.49046	0.16328	0.05169	0.94831		0.04570	0.95320	0.00112
37	Rb	0.00460	0.02200	0.02400	0.34567	0.48962	0.16471	0.04987	0.95013		0.04376	0.95485	0.00139
38	Sr	0.00510	0.02400	0.02600	0.34507	0.48877	0.16616	0.04812	0.95188		0.42050	0.95485	0.00166
39	Y	0.00590	0.02600	0.02800	0.34446	0.48789	0.16765	0.04643	0.95357		0.04085	0.95723	0.00193
40	Zr	0.00680	0.02800	0.03100	0.34383	0.48701	0.16916	0.04481	0.95519		0.03969	0.95811	0.00220
41	Nb	0.00940	0.03100	0.03400	0.34319	0.48610	0.17071	0.04324	0.95676		0.03897	0.95856	0.00247
42	Mo	0.01000	0.03400	0.03700	0.34195	0.48561	0.17243	0.04174	0.95826		0.03832	0.95895	0.00274
43	Te	0.01100	0.03700	0.04000	0.33698	0.48785	0.17518	0.04030	0.95970		0.03771	0.96928	0.00300
44	Ru	0.01200	0.04000	0.04300	0.33222	0.48988	0.17790	0.03892	0.96109		0.03716	0.95956	0.00327
45	Rh	0.01300	0.04300	0.04600	0.32769	0.49170	0.18061	0.03481	0.89112	0.07407	0.03366	0.88103	0.00853
46	Pd	0.01400	0.04700	0.04900	0.32340	0.49330	0.18329	0.03339	0.88574	0.08087	0.03286	0.87090	0.09536
47	Ag	0.01600	0.05100	0.05200	0.31935	0.49469	0.18595	0.03206	0.88084	0.08710	0.03217	0.86200	0.10593
48	Cd	0.01800	0.05600	0.05600	0.31556	0.49586	0.18858	0.03082	0.87638	0.09280	0.03156	0.85386	0.11460
49	In	0.02000	0.06100	0.06000	0.31203	0.49679	0.19118	0.02966	0.87231	0.09803	0.03104	0.84667	0.12230
50	Sn	0.03700	0.06500	0.06400	0.30877	0.49750	0.19373	0.02858	0.86860	0.10283	0.03059	0.84028	0.12913
51	Sb	0.03900	0.06900	0.06900	0.30578	0.49798	0.19624	0.02756	0.86522	0.10723	0.03021	0.15866	0.13566
52	Te	0.04100	0.07400	0.07400	0.30308	0.49822	0.19870	0.02661	0.86213	0.11126	0.02990	0.82971	0.14039
53	I	0.04400	0.07900	0.07900	0.30066	0.49822	0.20112	0.02573	0.85930	0.11497	0.29658	0.82541	0.14494
54	Xe	0.04600	0.08300	0.08500	0.29853	0.49799	0.20378	0.02491	0.85670	0.11838	0.02948	0.82169	0.14874
55	Cs	0.04900	0.09000	0.09100	0.29669	0.49753	0.20507	0.02413	0.85433	0.12152	0.29351	0.86854	0.14681
56	Ba	0.05200	0.09600	0.09700	0.29514	0.49684	0.20802	0.02344	0.85214	0.12442	0.02928	0.81589	0.15488
57	La	0.05500	0.10300	0.10400	0.293892	0.495905	0.21020	0.02279	0.85012	0.12709	0.02927	0.81373	0.15728
58	Ce	0.05800	0.11000	0.11100	0.29294	0.49475	0.21177	0.02218	0.84824	0.12958	0.02930	0.81202	0.15276
59	Pr	0.06100	0.11700	0.11800	0.29228	0.49336	0.21334	0.02163	0.84648	0.13189	0.02938	0.80947	0.15376
60	Nd	0.06400	0.12400	0.12500	0.29192	0.49175	0.21487	0.02112	0.84483	0.13405	0.02952	0.80875	0.15436
61	Pm	0.06600	0.13200	0.13200	0.29185	0.48992	0.21823	0.02066	0.84327	0.13607	0.02970	0.80822	0.15452
62	Sm	0.07100	0.14000	0.13900	0.29208	0.48787	0.22005	0.02024	0.84179	0.13797	0.02992	0.80909	0.15431
63	Eu	0.07500	0.14900	0.14700	0.29259	0.48562	0.22180	0.01987	0.84036	0.13978	0.030179	0.80917	0.15376

（续）

Z	元素	$L_{I\ ab}$	$L_{II\ ab}$	$L_{III\ ab}$	$L_{\alpha2}$	$L_{\alpha1}$	$L_{\alpha3}$	$L_{\beta1}$	$L_{\beta2}$	$L_{\beta3}$	$L_{\gamma3}$	$L_{\gamma1}$	$L_{\gamma2}$
64	Gd	0.07900	0.15800	0.15500	0.29324	0.48294	0.22382	0.01953	0.83897	0.14150	0.03048	0.80949	0.15288
65	Tb	0.08300	0.16700	0.16400	0.29441	0.48044	0.13206	0.01923	0.83762	0.14315	0.03083	0.72886	0.15170
66	Dy	0.08900	0.17800	0.17400	0.29581	0.47767	0.13342	0.01897	0.83629	0.14475	0.03121	0.72958	0.15026
67	Ho	0.09400	0.18900	0.18200	0.29742	0.47464	0.13472	0.01874	0.83496	0.14630	0.03163	0.73049	0.14857
68	Er	0.10000	0.20000	0.19200	0.29923	0.47134	0.13595	0.01855	0.83363	0.14782	0.03209	0.73157	0.14667
69	Tm	0.10600	0.21100	0.20100	0.30123	0.46778	0.13713	0.01839	0.83229	0.14932	0.03258	0.73277	0.14457
70	Yb	0.11200	0.22200	0.21800	0.30342	0.46397	0.13823	0.01826	0.83093	0.15081	0.033097	0.73375	0.14272
71	Lu	0.12000	0.23400	0.22000	0.30577	0.45990	0.13925	0.01816	0.82955	0.15229	0.03333	0.72789	0.14883
72	Hf	0.12800	0.24600	0.23100	0.30827	0.45559	0.14020	0.01809	0.82813	0.15378	0.03361	0.72292	0.15388
73	Ta	0.13700	0.25800	0.24300	0.31091	0.45105	0.14108	0.01804	0.82667	0.15529	0.03396	0.71871	0.15804
74	W	0.14700	0.27000	0.25500	0.31367	0.44628	0.14187	0.01802	0.82517	0.15681	0.03435	0.71513	0.16143
75	Re	0.14400	0.28300	0.26800	0.31655	0.44130	0.14258	0.01803	0.82362	0.15835	0.03478	0.71208	0.16418
76	Os	0.13000	0.29500	0.28100	0.31952	0.43611	0.14321	0.01806	0.82202	0.15992	0.03526	0.70946	0.16641
77	Ir	0.12000	0.30800	0.29400	0.32258	0.43073	0.14376	0.01811	0.82036	0.16153	0.03578	0.70718	0.16823
78	Pt	0.11400	0.32100	0.30600	0.32570	0.42516	0.14423	0.01818	0.81866	0.16316	0.03632	0.70517	0.16970
79	Au	0.10700	0.33400	0.32000	0.32888	0.41943	0.14461	0.01787	0.79882	0.16119	0.03631	0.69209	0.16816
80	Hg	0.10700	0.34700	0.33300	0.33210	0.41355	0.14491	0.01793	0.79500	0.16244	0.03683	0.68910	0.16882
81	Tl	0.10700	0.36000	0.34700	0.33534	0.40752	0.14512	0.01801	0.79134	0.16376	0.03738	0.68626	0.16934
82	Pb	0.11200	0.37300	0.36000	0.33860	0.40136	0.14526	0.01812	0.78780	0.16515	0.03795	0.68354	0.16978
83	Bi	0.11700	0.38700	0.37300	0.34187	0.39509	0.14531	0.01823	0.78440	0.16660	0.03854	0.68089	0.17019
84	Po	0.12200	0.40100	0.38600	0.34513	0.38872	0.14529	0.01837	0.78112	0.16811	0.03915	0.67830	0.17058
85	At	0.12800	0.41500	0.39900	0.34836	0.38227	0.14519	0.01852	0.77796	0.16967	0.03978	0.67574	0.17097
86	Rn	0.13000	0.42900	0.41100	0.35157	0.37574	0.14502	0.01869	0.77493	0.17129	0.04042	0.67321	0.17139
87	Fr	0.13000	0.44300	0.42400	0.35474	0.36914	0.14477	0.01887	0.77201	0.17296	0.04108	0.67069	0.17183
88	Ra	0.13000	0.45600	0.43700	0.35785	0.36251	0.14445	0.19060	0.76921	0.17467	0.04175	0.66818	0.17231
89	Ac	0.13000	0.46800	0.45000	0.36091	0.35583	0.14407	0.01927	0.76653	0.17642	0.042437	0.66571	0.17280
90	Th	0.13000	0.47900	0.46300	0.36391	0.34914	0.14362	0.01948	0.76396	0.17820	0.04314	0.66326	0.17330
91	Pa	0.13000	0.47200	0.47600	0.36683	0.34244	0.14311	0.01970	0.76151	0.18001	0.04386	0.66088	0.17378
92	U	0.14100	0.46700	0.48900	0.36967	0.33573	0.15206	0.01994	0.75918	0.18184	0.04461	0.65857	0.17419
93	Np	0.15000	0.46600	0.50200	0.37243	0.32904	0.15661	0.02018	0.75697	0.18367	0.04537	0.65637	0.17453
94	Pu	0.16400	0.46400	0.51400	0.37510	0.32237	0.16129	0.02042	0.75489	0.18551	0.04615	0.65431	0.17473
95	Am	0.17400	0.47100	0.52600	0.37768	0.31574	0.16608	0.02068	0.75294	0.18734	0.04697	0.65244	0.17473
96	Cm	0.18200	0.47900	0.53900	0.38016	0.30914	0.17098	0.02094	0.07511	0.18915	0.04781	0.65080	0.17450
97	Bk	0.18900	0.48500	0.55000	0.38254	0.30259	0.17597	0.02101	0.07444	0.19093	0.04869	0.64943	0.17395
98	Cf	0.19500	0.49000	0.56000	0.38481	0.29610	0.18104	0.02147	0.74791	0.19268	0.04961	0.64838	0.17302

注：原始数据引自" A new atomic database for X – ray spectroscopic calculations" (Elam,et al,Radiation Physics and Chemistry,2002），杨明太整理、计算，邹乐西校对

内 容 简 介

本书介绍放射性测量及其核技术应用。

本书共分六章,较全面、系统地介绍放射性测量的基本知识、相关理论及其最新进展,具有较强的专业性。着重论述了 α 测量、β 测量、中子测量和 γ 测量的基本原理、新仪器、新方法、新技术和新成果;简述了放射性测量的应用实例;收集了常用放射源、常用物理量、常用名词术语和元素 K、L 壳层特征 X 射线能量及其相对强度等最新放射性测量相关信息资料。

本书从实用角度出发,力求简洁明了。对从事核工程与核技术研究、放射性测量、放射性核素应用、辐射防护等工作者具有实用性和指导性,对相关科技人员亦具参考性。

This book is to introduce the radioactive measurement and nuclear technology applications of nuclear science and technology.

This book is divided into six chapters, comprehensively and systematically introduce the basic knowledge of radioactive measurement, related theory and the latest progress, with strong professional. Emphatically discusses the Alpha, Beta, neutron measurement and Gamma measurement, the basic principle of new equipment, new methods, new technology and new achievement. This book expounds the application instance, and collected the latest relevant information about the common radioactive source, comm on physical quantities, the commonly used terms and elements K, L shell characteristic X rays' energy and its relative intensity for radioactive measurement.

This book from a practical perspective, is concise and clear. To engage in the study of nuclear engineering and nuclear technology, radioactive measurement, radionuclide application, radiation protection workers is practical and instructive, also has the reference of related scientific and technical personnel.